Hyperschallbahn

Andreas Scholz

Hyperschallbahn

Anforderungen an ein Europanetz
für 7.200km/h

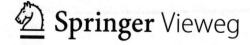 Springer Vieweg

Andreas Scholz
Berlin, Deutschland

ISBN 978-3-662-66583-1   ISBN 978-3-662-66584-8   (eBook)
https://doi.org/10.1007/978-3-662-66584-8

Die Deutsche Nationalbibliothek verzeichnet diese Publikation in der Deutschen Nationalbibliografie;
detaillierte bibliografische Daten sind im Internet über http://dnb.d-nb.de abrufbar.

Planung/Lektorat: Markus Braun
Springer Vieweg ist ein Imprint der eingetragenen Gesellschaft Springer-Verlag GmbH, DE und ist ein Teil von
Springer Nature.
Die Anschrift der Gesellschaft ist: Heidelberger Platz 3, 14197 Berlin, Germany

Inhaltsverzeichnis

Abkürzungsverzeichnis

Abkürzungen für Wörter und Bezeichnungen

bzw.	beziehungsweise
ca.	circa
CAGR	Compound Annual Growth Rate (jährliche Wachstumsrate)
CERN	Conseil européen pour la recherche nucléaire
d. h.	das heißt
ESA	European Space Agency
EUR	Euro
IATA	International Air Transport Association
ICE	Hochgeschwindigkeitszug Intercity-Express
inkl.	inklusive
ISS	International Space Station
JR	Japan Railways
LHC	Large Hadron Collider
Maglev	magnetic levitation (magnetisches Schweben)
max.	maximal
Mio.	Millionen
Mrd.	Milliarden
P	Passagier
TGV	Hochgeschwindigkeitszug Train à Grande Vitesse
U-Boot	Unterseeboot
v	Geschwindigkeit
vgl.	vergleiche
z. B.	zum Beispiel
ZEHST	Zero Emission High Supersonic Transport

Abkürzungen für Maßeinheiten

cm	Zentimeter
EUR/P	Euro pro Passagier
EUR/Pkm	Euro pro Passagierkilometer
g	Fallbeschleunigung 9,81 m/s^2
h	Stunde
km	Kilometer
km/h	Kilometer pro Stunde
km^2	Quadratkilometer
kW	Kilowatt
kWh	Kilowattstunde
m	Meter
m^2	Quadratmeter
m^3	Kubikmeter
m^3/h	Kubikmeter pro Stunde
m/s	Meter pro Sekunde
m/s^2	Meter pro Quadratsekunde
mbar	Millibar
min	Minute
Mio. P	Millionen Passagiere
Mio. Zug-km	Millionen Zugkilometer
Mrd. Pkm	Milliarden Passagierkilometer
P/h/Ri	Passagiere pro Stunde und Richtung
Pkm	Passagierkilometer
s	Sekunde
TWh	Terawattstunde
Wh	Wattstunde

Abkürzungen für Linien der Hyperschallbahn

W1	Interkontinentale Linie Nordamerika – Europa – Golfstaaten
W2	Interkontinentale Linie Nordamerika – Europa
W3	Interkontinentale Linie Europa – Golfstaaten
W4	Interkontinentale Linie Südamerika – Westafrika – Europa
W5	Interkontinentale Linie Europa – Ostasien
W6	Interkontinentale Linie Europa – Südostasien
E1	Kontinentale Linie Schottland – Côte d'Azur
E2	Kontinentale Linie Dublin – Region Valencia
E3	Kontinentale Linie London – Sankt Petersburg
E4	Kontinentale Linie London – Kiew

E5	Kontinentale Linie Oslo – Genf-Lyon
E6	Kontinentale Linie Amsterdam – Sizilien
E7	Kontinentale Linie Amsterdam – Casablanca
E8	Kontinentale Linie Hamburg – Athen
E9	Kontinentale Linie Manchester – Budapest
E10	Kontinentale Linie Lissabon – Moskau
E11	Kontinentale Linie Mailand – Kairo
E12	Kontinentale Linie Frankfurt – Helsinki
E13	Kontinentale Linie Sankt Petersburg – Tel Aviv

Abkürzungen für Stationen der Hyperschallbahn

ADA	Adana (Türkei)
AMS	Amsterdam (Niederlande)
AND	Andalusien (Spanien, Verbundstation Malága/Sevilla)
ANK	Ankara (Türkei)
ATH	Athen (Griechenland)
BAN	Bangkok (Thailand)
BAR	Barcelona (Spanien)
BEI	Beirut (Libanon)
BEL	Belgrad (Serbien)
BER	Berlin (Deutschland)
BRU	Brüssel (Belgien)
BUC	Bukarest (Rumänien)
BUD	Budapest (Ungarn)
CAI	Kairo (Ägypten)
CAS	Casablanca (Marokko, Verbundstation Casablanca/Marrakesch)
COA	Côte d'Azur (Frankreich, Verbundstation Nizza/Marseille)
COP	Kopenhagen (Dänemark)
DAK	Dakar (Senegal)
DBA	Dubai (Vereinigte Arabische Emirate)
DEL	Delhi (Indien)
DUB	Dublin (Irland)
DUS	Düsseldorf (Deutschland)
FRA	Frankfurt (Deutschland)
GEL	Genf-Lyon (Schweiz/Frankreich, Verbundstation)
GOT	Göteborg (Schweden)
HAM	Hamburg (Deutschland)
HEL	Helsinki (Finnland)
IST	Istanbul (Türkei)
KIE	Kiew (Ukraine)

LIS	Lissabon (Portugal)
LIT	Litauen (Verbundstation Vilnius/Kaunas)
LON	London (Großbritannien)
MAD	Madrid (Spanien)
MAN	Manchester (Großbritannien)
MIL	Mailand (Italien)
MIN	Minsk (Belarus)
MOS	Moskau (Russland)
MUN	München (Deutschland)
NAP	Neapel (Italien)
NYC	New York City (USA)
ODE	Odessa (Ukraine)
OSL	Oslo (Norwegen)
PAR	Paris (Frankreich)
PEK	Peking (China)
POZ	Poznan (Polen)
PRA	Prag (Tschechien)
RIA	Riad (Saudi-Arabien)
RIG	Riga (Lettland)
ROM	Rom (Italien)
SAL	Thessaloniki (Griechenland)
SAO	Sao Paulo (Brasilien)
SCO	Schottland (Großbritannien, Verbundstation Edinburgh/Glasgow)
SIC	Sizilien (Italien, Verbundstation Catania/Palermo)
SOF	Sofia (Bulgarien)
SPE	Sankt Petersburg (Russland)
SPO	Südpolen (Verbundstation Krakow/Katowice)
STO	Stockholm (Schweden)
TEL	Tel Aviv (Israel)
TOK	Tokio (Japan)
TOU	Toulouse (Frankreich)
VAL	Region Valencia (Spanien, Verbundstation Valencia/Alicante)
VEN	Venedig (Italien)
VIE	Wien (Österreich)
WAR	Warschau (Polen)
ZAG	Zagreb (Kroatien)
ZUR	Zürich (Schweiz)

Einführung

In weniger als einer Stunde von London nach New York oder in zwanzig Minuten von Mailand nach Paris? Dieses Buch beschreibt die Hyperschallbahn – ein neues Verkehrssystem, das sich bereits seit vielen Jahrzehnten als Vacuum Tube Train in Diskussion befindet, jedoch noch phantasiebehaftet und ohne Realisierungsperspektive ist. Welche Chancen bieten sich und welche Herausforderungen sind zu meistern, falls das neue System in Europa und weltweit in der zweiten Hälfte des 21. Jahrhunderts in Betrieb geht? In Szenarien wird eine Hyperschallbahn dargestellt, die in ferner Zukunft den Luftverkehr von seiner führenden Position am kontinentalen und globalen Verkehrsmarkt verdrängen kann.

Im Fokus – europäische Vakuum-Magnetbahn für Hyperschallgeschwindigkeit
Seit vielen Jahrzehnten schon existieren weltweit Visionen, Forschungen und Entwicklungen für neue Verkehrssysteme, die kontinentale und globale Entfernungen in unvergleichlich kurzer Zeit überwinden. Ein markantes Beispiel dieser Vorstellungen ist der Vacuum Tube Train in Magnetschwebetechnik, der London mit New York in weniger als einer Stunde durch einen Atlantiktunnel verbinden soll und dafür mehr als die fünffache Schallgeschwindigkeit (Hyperschallbereich) entwickeln muss [1].

Die vorherrschende Diskussion um derartige Verkehrssysteme hat noch weitgehend utopischen Charakter und es existiert bisher nur ein lückenhaftes Bild von der Hyperschallbahn, das sich zumeist auf einzelne technische Aspekte fokussiert. Das vorliegende Buch geht einen Schritt weiter, indem es das Thema der Hyperschallzüge mit Vakuum-Magnetschwebetechnik (fortan unter der Bezeichnung „Hyperschallbahn") in Betrachtung eines Europanetzes auf eine breitere konzeptionelle Basis stellt.

Es befasst sich mit den Nutzungsanforderungen an das System, die aus Marktsicht relevant sind. Im Zusammenhang mit den Anforderungen werden die erforderlichen technischen Parameter und Dimensionen der Hyperschallbahn abgeleitet. Die Betrachtungen münden in die Analyse der wirtschaftlichen Konsequenzen bei Realisierung des Systems.

A. Scholz, *Hyperschallbahn*, https://doi.org/10.1007/978-3-662-66584-8_1

Hauptziel – weitgehende Ablösung des Luftverkehrs

Zunächst muss jedoch der grundsätzliche Anwendungszweck der Hyperschallbahn definiert werden, bevor die Anforderungen an das System beschrieben werden können. Das Buch setzt als Hauptzweck die Ablösung des Luftverkehrs voraus, jedoch nicht uneingeschränkt, sondern nach wirtschaftlichem Nutzen und technischer Machbarkeit. Es betrachtet nur den Personenverkehrsmarkt, obwohl auch Hyperschallzüge für den schnellen Frachtverkehr vorstellbar sind.

Das System soll bei Realisierung ein möglichst großes Marktpotenzial erschließen. Dies setzt die Bildung von Liniennetzen innerhalb der Kontinente und interkontinental voraus. Aus dieser Prämisse heraus resultiert die künftige Position der Hyperschallbahn als schnellstes Langstreckensegment und Hochleistungssystem am Personenverkehrsmarkt. Das Buch beschreibt die Wirkung bei Teilinbetriebnahme ab dem Jahr 2060 und Vollinbetriebnahme ab dem Jahr 2085.

Systemparameter – Verkehrssystem mit neuen Dimensionen

In Kap. 2 wird die Hyperschallbahn zunächst in ihren relevanten technischen Systemelementen beschrieben. Zusätzlich wird die Hyperschallbahn mit anderen in Entwicklung befindlichen Verkehrssystemen für sehr hohe Geschwindigkeiten unter Auslotung von Kooperationsmöglichkeiten verglichen, darunter mit Landverkehrsprojekten der Gegenwart als Zubringersysteme und neuen Verkehrsträgern zu Luft und zu Wasser als Ergänzungssysteme.

Die Hyperschallbahn erfordert eine spezielle Fahrdynamik, die sich im Spannungsfeld zwischen der Ausnutzung des Systemvorteils kurzer Reisezeiten und dem Wohlbefinden der Passagiere befindet und in ihren Beschleunigungsdimensionen abgesteckt wird. Die fahrdynamischen Anforderungen bestimmen auch die Trassierung der Linien mit speziellen Bogenformen und Mindestradien von mehreren hundert Kilometern sowie das Betriebsprogramm, für das im Zeichen der Betriebssicherheit Mindestzugfolgezeiten definiert werden. Mindestzugfolgezeiten einerseits und ein großes Nachfragepotenzial andererseits erfordern Zugdimensionen, die weit größer sind als im Durchschnitt der heutigen Eisenbahnen in Europa.

Einen bedeutenden Platz nimmt die Darstellung der Verbundwirkung zwischen der Magnetschwebe- und der Vakuumtechnik ein. Je reiner das Vakuum, desto weniger Leistung benötigt die Magnetschwebetechnik und umgekehrt – dieser Zusammenhang wird mit Blick auf einen minimierten Gesamtenergieverbrauch der Hyperschallbahn näher beleuchtet.

Netzgestaltung – Schub für europäische Integration und Globalisierung

Die hochkomplexen Systemparameter der Hyperschnellbahn erfordern eine weltweit abgestimmte Linienplanung nach einheitlichen Prämissen, um Suboptimierungen infolge isolierter kontinentaler oder nationaler Planungen auszuschließen. Kap. 3 greift diesen Ansatz auf und schlägt ein integriertes europäisches Netz aus interkontinentalen und kontinentalen Linien mit konsistenten systemtechnischen Parametern vor, das auf einer Analyse der Verkehrsströme am Luftverkehrsmarkt basiert.

Die Linien werden durch Verkehrsstationen miteinander verknüpft, deren Auswahl unter Abwägung politischer, wirtschaftlicher und systemtechnischer Aspekte erfolgt. Das Liniennetz verbindet europäische Metropolen und ermöglicht ein Verkehrsangebot, das fahrzeitmäßig annähernd mit dem Nahverkehrsnetz einer großen Agglomeration vergleichbar ist. Die Metropolen bilden damit de facto ein Netzwerk von Subzentren in einer „Agglomeration Europa".

Gegenüber den kontinentalen Linien kann auf interkontinentalen Linien die Systemstärke Hyperschallgeschwindigkeit noch stärker zur Geltung kommen. Damit werden weltweite Tagesreisen zwischen Metropolen möglich. Kap. 3 identifiziert und beschreibt interkontinentale Linien, die für den Verkehr mit Europa relevant sind.

Ertragspotenzial – weltweit volumenstarker Wachstumsmarkt

Im Kap. 4 wird das Ertragspotenzial aus der Verkehrsverlagerung vom Luftverkehr und weiteren Effekten prognostiziert, um den wirtschaftlichen Erfolg einer europäischen Hyperschallbahn einschätzen zu können. Das Buch folgt dabei den Branchenprognosen eines ertragsstarken, dynamisch wachsenden Luftverkehrsmarkts, der jedoch perspektivisch sinkende jährliche Wachstumsraten aufweisen wird.

Wesentliche Systemelemente der Hyperschallbahn müssen aufgrund ihrer langen Nutzungsdauer für eine Kapazität ausgelegt werden, die erst nach vielen Betriebsjahren ausgeschöpft sein wird. Dies erfordert eine sehr weitblickende Einschätzung der Abschöpfung des ertragsrelevanten Marktpotenzials. Infolgedessen erstreckt sich die Bewertung des Ertragspotenzials für die Hyperschallbahn auf einen Prognosehorizont bis zum Jahr 2160, hundert Jahre nach der Erstinbetriebnahme der Hyperschallbahn.

In Fortschreibung der Marktprognose der Luftverkehrsbranche setzt das Buch ein perspektivisches Auslaufen des Marktwachstums bei Übergang in eine Stagnationsphase bis zum Jahr 2160 voraus. Mit diesem vorsichtigen Prognoseansatz sollen Unsicherheiten neutralisiert werden, die bei Prognosen über sehr lange Zeiträume naturgemäß entstehen.

Die Ertragsprognose für die Hyperschallbahn erfolgt in verschiedenen Marktsegmenten nach regionalen und weiteren Segmentierungskriterien, um die differenzierte Marktdynamik möglichst genau abzubilden. Sie unterstellt ein allmählich weiter sinkendes Preisniveau für die Luftfahrt, welches grundsätzlich auf die Hyperschallbahn übertragen wird.

Systemkosten – hoher Finanzierungsaufwand vor Inbetriebnahme

Die Kosten der Hyperschallbahn in der Summe aus Investitionen, Instandhaltungskosten, Kosten der Betriebsdurchführung und des Energieverbrauchs sind Gegenstand des Kap. 5. Das System wird besonders durch einen hohen Anteil der Investitionskosten geprägt und benötigt deshalb einen zeitlich sehr langen Finanzierungsvorlauf, bevor es vollständig in Betrieb geht. Die Finanzierung einer europäischen Hyperschallbahn erfordert das koordinierte Handeln der beteiligten Staaten und der Europäischen Union.

Die Kostenentwicklung der Hyperschallbahn wird in Abhängigkeit von der Kapazitätsplanung entsprechend dem Life Cycle Costing und parallel zur Ertragsprognose bis zum Jahr 2160 verfolgt. Für die relevanten technischen Systemelemente werden zunächst variablenbasierte Kostenmodelle hergeleitet und im Vergleich mit ähnlichen Technikanwendungen der Gegenwart plausibilisiert. Aus diesen Modellen und den erforderlichen Systemparametern entsprechend der Kapazitätsentwicklung resultieren dann die Kosten der Hyperschallbahn.

Der aktuell noch unvollständige Wissensstand über das technische System der Hyperschallbahn gebietet es, zusätzlich zu den Kostenmodellen einen angemessenen Anteil sonstiger Kosten für Unwägbarkeiten einzurechnen, um die Robustheit der gesamten Kostenermittlung zu erhöhen. Diesem Ansatz wird im Buch Rechnung getragen.

Ergebniswirkung – wirtschaftlich und wettbewerbsfähig
Das Buch beschreibt im Kap. 6 die Ergebnisentwicklung ab Erstinbetriebnahme im Jahr 2060 bis zum Jahr 2160. Eine vereinfachte Ergebnisrechnung zeigt auf, dass der Betrieb einer Hyperschallbahn anhand der Ertragsprognosen und Kostenentwicklung wirtschaftlich darstellbar ist. Die umfangreichen Kosten der Finanzierung vor der Inbetriebnahme des vollausgebauten Hyperschallbahn-Netzes können vollständig aus dem Betriebsergebnis zurückgezahlt werden.

Voraussetzung für diese Einschätzung ist allerdings eine bestimmte Mindestnachfrage des im Buch prognostizierten Marktpotenzials der Hyperschallbahn. In mehreren Nachfrage-Szenarien wird untersucht, ab welcher Nachfrage-Untergrenze der Betrieb eines Europanetzes der Hyperschallbahn noch wirtschaftlich ist. Die Nachfrage-Szenarien sind darüber hinaus notwendig, um die Prognoseunsicherheit über sehr lange Zeiträume einzugrenzen.

Der wirtschaftliche Erfolg der Hyperschallbahn hängt auch von ihrer Netzbildungsfähigkeit ab. Einige Beispiele im Kap. 6 zeigen, dass abgesehen von wenigen nachfragestarken Einzelrelationen nur kontinentale Netze in der Lage sind, ein wirtschaftliches Mindest-Verkehrsaufkommen zu generieren. Eine autarke Hyperschall-Atlantikquerung wäre zum Beispiel zu teuer für einen wirtschaftlichen Betrieb.

In einem europäischen Netz, wie es in Kap. 3 beschrieben wird, kann die Hyperschallbahn den Luftverkehr in der Verkehrsleistung deutlich übertreffen, jedoch nur auf den interkontinentalen Verkehrsrelationen. Im innereuropäischen Verkehr wird der Luftverkehr nach Einführung der Hyperschallbahn knapp die Marktführung behalten. Die europäischen Flughäfen werden annähernd die Hälfte ihrer Passagiere an die Hyperschallbahn verlieren.

Ausblick und künftige Handlungsfelder
Unstrittig ist: Wir wollen künftig besser und zeitsparender reisen. Die im Buch beschriebene Hyperschallbahn auf Basis der Vakuum-Magnetschwebetechnik könnte

diesem Anspruch über lange Distanzen gerecht werden – nicht nur in einem Europanetz, sondern auch auf anderen Kontinenten. Offen sind jedoch noch viele Fragen bis hin zur technischen Realisierbarkeit. Das Buch kann noch keine fertigen Lösungen anbieten, entwickelt und beschreibt jedoch die notwendige Charakteristik einer Hyperschallbahn aus möglichst klar definierten Marktanforderungen unter Berücksichtigung von technischen Notwendigkeiten sowie von Unwägbarkeiten und Risiken.

Es zeigt Handlungsfelder bei Realisierung des neuen Verkehrssystems auf. Die Hyperschallbahn kann ein neues Zeitalter für die Magnetschwebetechnik im Verbund mit der Vakuumtechnologie eröffnen und bietet große Zukunftschancen für die weitere Integration Europas in einer globalisierten Welt. Die Realisierung der Hyperschallbahn ist ein Projekt über mehrere Generationen. Das Buch spricht daher nicht nur interessierte erwachsene Leser an, sondern hat auch die nachfolgenden Generationen im Blick. Die Zukunftschancen einer Hyperschallbahn werden maßgeblich durch die junge Generation von heute bestimmt.

Systemparameter

2

Um dem Reisezeitanspruch gerecht zu werden, muss die Hyperschallbahn ein Vielfaches der Geschwindigkeit heutiger Flugzeuge erreichen. Das erfordert Züge, die mit Magnet-schwebeantrieb durch Vakuumröhren fahren. Magnetschwebe- und Vakuumtechnik bilden ein energetisches Verbundsystem. Die Fahrdynamik der Hyperschallbahn muss sowohl die Anforderungen an die Reisezeit als auch das Wohlbefinden der Passagiere berücksichtigen. Sie erzwingt eine Trassierung der Linien in überregionalen Dimensionen. Eine sicherheitsbedingte Mindest-Zugfolgezeit und eine maximale Verkehrsstrombündelung erfordern Züge mit hoher Sitzplatzkapazität.

2.1 Systembeschreibung

2.1.1 Grundsätzliche Systemcharakteristik

Einer allgemein verbreiteten Definition zufolge ist der „Vacuum Tube Train" ein vorgeschlagenes Transportsystem für sehr hohe Geschwindigkeiten. Es basiert auf der Magnetschwebetechnik und nutzt Vakuumröhren. Der reduzierte Luftwiderstand ermöglicht entsprechend der Definition einen Zugverkehr mit Hyperschallgeschwindigkeit im Bereich von 6400 bis 8000 km/h bei minimiertem Energiebedarf [1]. Diese Definition wird für die Beschreibung der Hyperschallbahn übernommen und durch nachfolgende Aspekte ergänzt und präzisiert.

Vorteile und Bestimmung des Systems
Die Hyperschallbahn soll dort, wo sie zur Anwendung kommt, den kontinentalen und interkontinentalen Linienluftverkehr in der heute bekannten Ausprägung ablösen. Voraussetzung dafür sind folgende klare Wettbewerbsvorteile gegenüber dem Flugzeug:

© Der/die Autor(en), exklusiv lizenziert an Springer-Verlag GmbH, DE, ein Teil von
Springer Nature 2022
A. Scholz, *Hyperschallbahn*, https://doi.org/10.1007/978-3-662-66584-8_2

- Maximales Geschwindigkeitsniveau im definierten Hyperschallbereich,
- Geringe Zugfolgezeiten wie bei Nahverkehrssystemen von Metropolen,
- Systemzugang möglichst in den Zentren von Metropolen,
- Kurze Abfertigungszeiten wie im heutigen Zugverkehr.

Mit diesen Vorteilen ist die Hyperschallbahn in der Lage, die Reisezeiten des kontinentalen und interkontinentalen Linienluftverkehrs deutlich zu unterbieten und die Angebotsfrequenz drastisch zu erhöhen.

Darüber hinaus werden im interkontinentalen Verkehr weltweite Tagesreisen zwischen Metropolen möglich. Dieses Ziel wird in den Abschn. 2.3 und 3.2 untermauert. Beispielsweise kann bei Abfahrt um 7 Uhr Ortszeit in Paris ein dreistündiges Meeting ab 17 Uhr Ortszeit in Tokio stattfinden mit anschließender Rückfahrt und Ankunft um 16 Uhr Ortszeit in Paris. Ebenso könnte bei Abfahrt um 17 Uhr Ortszeit in London ein fünfstündiges privates Programm ab 13 Uhr Ortszeit in New York City absolviert werden bei anschließender Rückfahrt und Ankunft um 24 Uhr Ortszeit in London.

Eine europäische Hyperschallbahn trägt zur Integration des Kontinents bei – auch die geographischen Ränder Europas profitieren von dem System. Während zum Beispiel die Relation Helsinki – Madrid aktuell mit einem Nonstop-Flug pro Tag bei einer Flugzeit von deutlich über vier Stunden bedient wird, kann das Hyperschallbahn-Netz entsprechend Abschn. 3.3 wenig über zwei Stunden dauernde Fahrten im 10-min-Takt für diese Relation anbieten. Ein flankierendes Preissystem, das sich an Tarifzonenmodellen im öffentlichen Nahverkehr von Metropolen orientiert (vgl. Abschn. 4.2), rückt Europa enger zusammen und schafft Neuverkehr.

Die Hyperschallbahn kann auch die Voraussetzung schaffen, den Landverkehr zwischen benachbarten Metropolen anteilig zu ersetzen. Das System wirkt integrierend auf benachbarte Metropolen. Beispielhaft nähern sich die Zentren von London und Paris auf etwa 10 min Fahrzeit an bei einer Zugfrequenz von durchschnittlich zwei Minuten, wenn ein Europanetz der Hyperschallbahn entsprechend Kap. 3 realisiert wird. Wohnen in Paris und tägliches Arbeiten in London – wie in einer zusammenhängenden Mega-City – kann mit Einführung des Systems durchaus Realität werden.

Systemplanung in Netzen und Linien

Aufgrund seiner technischen Komplexität wird das System in der Regel als isolierte Punkt – Punkt – Verbindung nicht wirtschaftlich bestehen können. Erst der Aufbau von Netzen, bestehend aus untereinander verknüpften Linien mit Zwischenstopps in Verkehrsstationen nach dem Gestaltungsprinzip heutiger Landverkehrsnetze, kann das für einen wirtschaftlichen Betrieb erforderliche Verkehrsaufkommen bündeln.

Zum Beispiel könnten bei Errichtung einer separaten Hyperschallbahn-Linie Prag – München bezogen auf das Referenzjahr nur 8 Flüge pro Tag auf diese Linie verlagert werden [2]. Die Einbettung der Linie Prag – München in ein gesamthaftes Hyperschallbahn-Europanetz würde hingegen eine potenzielle Verlagerung von täglich 410 Flügen auf diesen Abschnitt ermöglichen (vgl. Abschn. 3.5).

Die Verkehrsstrombündelung schafft die Voraussetzung für eine hohe Verfügbarkeit des Systems im Sinne geringer Zugfolgezeiten – einem der wesentlichen Erfolgsfaktoren für die Hyperschallbahn im Wettbewerb mit den anderen Verkehrsträgern. Es entsteht ein Massenverkehrsmittel mit hochverdichteten Verkehrsströmen zwischen Metropolen auf kontinentalen und globalen Distanzen.

In diesem Kontext wird unterstellt, dass beginnend ab dem Jahr 2060 abgegrenzte Netze auf den Kontinenten in Betrieb gehen, die ab dem Jahr 2085 durch inter-kontinentale Linien miteinander verbunden werden (vgl. Kap. 3). Die vorliegende Betrachtung beschreibt in den folgenden Kapiteln nur ein europäisches Netz und dessen Anteil an interkontinentalen Linien. Andere Kontinentalnetze sind nicht Gegenstand dieser Betrachtung. Der zeitliche Horizont der Betrachtung erstreckt sich bis zum Jahr 2160, dem Ende des ersten Lebenszyklus der Infrastruktur und anderer Elemente der Hyperschallbahn vor ihrer Erneuerung und eventuellen Anpassung an nachfolgende Anforderungen (vgl. Kap. 5).

Voraussetzung für interkontinentale Linien ist das Vorhandensein aufkommensstarker und gebündelter Verkehrsströme über globale Distanzen. Ist diese Voraussetzung nicht gegeben, können direkt aneinandergrenzende Kontinentalnetze miteinander verknüpft werden, ohne dass ergänzende interkontinentale Linien eingerichtet werden.

Geographische Ausdehnung des Systems
Das Europanetz der Hyperschallbahn soll mit seinen Linien grundsätzlich den gesamten Kontinent erschließen. Jedoch müssen hinsichtlich der geographischen Netzausdehnung folgende Prinzipien für kontinentale Netze berücksichtigt werden:

- In wirtschaftlicher Hinsicht ist es geboten, bedeutende europäische Standorte des Linienluftverkehrs in das Netz zu integrieren. Der Anschluss dünn besiedelter Rand-regionen oder abgelegener kleinerer Inseln ist wirtschaftlich nicht darstellbar.
- Systemtechnisch-betrieblich ist es vorteilhaft, große Metropolen an den Schnittstellen zwischen benachbarten Kontinenten als gemeinsame Stationen der Netze dieser Kontinente auszuwählen.
- Verlaufen Linien durch Ozeane oder sonstige Meere, werden diese Abschnitte paritätisch den Netzen der Anrainerkontinente zugeordnet. Im Ergebnis soll es welt-weit keinen Linienabschnitt ohne Zuordnung zu einem kontinentalen Netz geben.
- In diesem Sinn können Kontinente auch ein gemeinsames Kontinentalnetz mit angrenzenden Landbrücken oder Regionen an der Schnittstelle zu anderen Kontinenten bilden, wenn dies aus Sicht der Netzstrukturierung sinnvoll ist.
- Entwicklungspolitisch gebietet die ungleiche Wirtschaftskraft der Kontinente und Regionen die Unterstützung beim Bau und bei der Verknüpfung benachbarter kontinentaler Netze auf dem Gebiet der wirtschaftsschwächeren Seite.
- Innerhalb der kontinentalen Netze haben einige Linien interkontinentale Bedeutung. Diese Linien sind den jeweiligen kontinentalen Netzen zugeordnet, bilden aber global das Netzwerk interkontinentaler Linien.

Die genannten Prinzipien führen dazu, dass die geographischen Grenzen der Kontinente nicht mit den Grenzen kontinentaler Hyperschallbahn-Netze übereinstimmen. Speziell das Europanetz der Hyperschallbahn wird in seiner Ausdehnung nicht alle Regionen des Kontinents erschließen können, jedoch partiell die angrenzenden Kontinente, Regionen und Naturräume beinhalten. Das Europanetz der Hyperschallbahn wird in seiner Gestaltung und Ausdehnung in Kap. 3 näher beschrieben.

2.1.2 Technische Systemelemente im Überblick

Die definierten Systemparameter – allen voran die Geschwindigkeit – können ihre volle Wirkung nur auf globalen Distanzen entfalten und erfordern demzufolge einen weltweit homogenen technischen Systemansatz, der für die interkontinentalen Linien und die kontinentalen Netze einheitlich gelten muss. Im Rahmen der vorliegenden Betrachtung wird die Hyperschallbahn in der Gesamtheit technischer Systemelemente entsprechend Abb. 2.1 – der Modellbasis für die Dimensionierung, Erlös- und Kostenbewertung – charakterisiert.

Züge und Betrieb
Aufgrund der fahrdynamischen Parameter des Systems und noch unbekannter Ein- wirkungen aus dem Vakuumbetrieb wird der Einsatz von Zuggarnituren ausgeschlossen, die sich aus mehreren untereinander beweglichen Fahrzeugsektionen zusammensetzen. Mit Blick auf die Fahrzeugstabilität und Betriebssicherheit und in Anlehnung an die Luft- und Raumfahrtindustrie wird stattdessen der Einsatz von Zügen unterstellt, die jeweils aus einem einzigen starren Rumpf mit annähernd kreisförmigem Querschnitt bestehen.

Abb. 2.1 Relevante Systemelemente der Hyperschallbahn

Für die Dimensionierung der Züge müssen einerseits die verdichteten Verkehrsströme im Ergebnis der beschriebenen Systemplanung in Netzen und Linien berücksichtigt werden. Andererseits sind der Zugfolgezeit sicherheitsbedingte Mindestgrenzen
gesetzt (vgl. Abschn. 2.4). Kapazitätsverschärfend wirkt die eingeschränkte Nutzbarkeit
der Züge aufgrund der erforderlichen täglichen Betriebspausen auf jeder Linie zu verkehrsschwachen Zeiten und interkontinental infolge der Zeitverschiebung (vergleiche
Abschn. 2.4).

Unter Berücksichtigung dieser Prämissen erfordert das System den Einsatz von
Zügen, die besonders im interkontinentalen Verkehr erheblich mehr Sitzplätze aufweisen
als die heutigen Züge im Schienenschnellverkehr (vgl. Abschn. 2.5). Die beschriebenen
Parameter kenn-zeichnen die Hyperschallbahn als kontinentales und interkontinentales
Massenverkehrssystem.

Vakuumsystem

Die Züge verkehren in evakuierten Röhren. Jede Linie besteht aus einem Röhrenpaar
mit einer Röhre je Fahrtrichtung und mit einer Zugfahrbahn je Röhre. Interkontinentale
Linien müssen aus Kapazitätsgründen teilweise sogar durchgehend mit vier Röhren, d. h.
mit zwei Röhren je Fahrtrichtung ausgestattet werden (vgl. Abschn. 3.2). Die strikte Auslegung jeder Röhre für nur eine Fahrbahn und Fahrtrichtung ist eine Voraussetzung für
die Betriebssicherheit des Systems.

Die Röhren werden durchgehend und lückenlos über die gesamte Linienlänge ver-
legt. Abzweigungen sind nicht vorgesehen, auch in Stationen nicht, um die Stabilität der
Erzeugung und Aufrechterhaltung des Vakuums nicht zu gefährden. Damit kann jede
Linie der Hyperschallbahn ihr separates Betriebsprogramm unabhängig von den anderen
Linien realisieren und ein Ausfallrisiko des Gesamtnetzes kann vermieden werden.

In und entlang der Röhren ist Technik zur Vakuumerzeugung und -erhaltung installiert.
Die täglichen Betriebspausen in den Linien werden auch zur Vakuumregulierung genutzt.
Zusätzlich findet in regelmäßigen unterjährigen Zeitabständen eine Neuevakuierung der
Röhren in Verbindung mit der Instandsetzung der Vakuumtechnik statt.

Magnetschwebetechnik

In jede Vakuumröhre ist lückenlos über die gesamte Linienlänge die Magnetschwebetechnik eingebettet, mit der die Fahrzeuge geführt und in ihrer Geschwindigkeit reguliert
werden. Für die Betrachtung wird angenommen, dass sowohl das elektromagnetische
Schwebesystem (z. B. beim Transrapid) als auch das elektrodynamische Schwebesystem
(z. B. beim JR-Maglev) in Vakuumröhren und bei dem Geschwindigkeitsniveau der
Hyperschallbahn funktionsfähig sind. Offen bleibt an dieser Stelle, welche der beiden
Schwebetechnologien für das neue System geeigneter ist.

Für das Antriebssystem kommt die beim Transrapid und beim JR-Maglev genutzte
Langstator-Bauweise zur Anwendung, bei der der Antrieb aus dem Fahrweg erfolgt
[3]. Diese Bauweise ermöglicht den vollautomatischen Betrieb auf jeder Linie mit

Steuerung aus einer Betriebszentrale. Von dort werden alle Antriebs- und Bremsvorgänge
geregelt, die Fahrzeuge geortet und ihre Abstände gesichert. Das Antriebssystem ist auf
die Erreichbarkeit der definierten Maximalgeschwindigkeit der Hyperschallbahn in den
Vakuumröhren ausgelegt.

Fahrweg

Grundsätzlich werden die Linien der Hyperschallbahn unterirdisch gebaut, um die Zer-
schneidung von Siedlungsgebieten und die Beeinträchtigung des Landschaftsbildes zu
vermeiden. Infolgedessen besteht der Fahrweg zumeist aus Tunnelröhren. In Ausnahmen
werden tiefe Täler und große Senken aus Gründen der Baukosten und Linienführung mit
Brücken überspannt (vgl. Abschn. 2.7 und 5.1).

Die bereits aufgeführten Vakuumröhren zählen nicht zum Fahrweg. Sie werden mit
Ausnahme von Brücken in die Tunnelröhren eingebettet. Die regelmäßige Prüfung
und Korrektur der Linienführung und die Wartung der Vakuumröhren muss ohne Veränderung der sie umhüllenden Tunnelröhren möglich sein. Deshalb werden Tunnelröhren
und Vakuumröhren baulich getrennt (vgl. Abb. 2.2).

Im Unterschied zu den Vakuumröhren ist die umhüllende Tunnelröhre mit
atmosphärischem Luftdruck ausgefüllt und beherbergt Service- und Rettungstechnik
zwischen den Röhrenpaaren. Der Fahrweg kann je nach dem Grad der Linienbündelung
(vgl. Kap. 3) für die Aufnahme mehrerer Vakuumröhren ausgelegt werden.

Atlantiktunnel

Atlantiktunnel zählen zwar zum Fahrweg, werden jedoch aufgrund ihres hohen Kosten-
anteils und der überwiegend speziellen Bautechnologie als eigenes Systemelement
gewertet. Während in den ausgedehnten Schelfbereichen vor den Kontinenten die gleiche

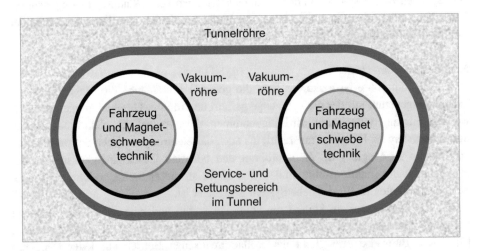

Abb. 2.2 Prinzipdarstellung des Systemverbunds

Tunnelbau-weise wie bei Landtunneln angewendet werden kann, ist im Tiefseebereich der Bau von Schwebetunneln erforderlich (vgl. Abschn. 5.2).

Der für den Fahrweg dargestellte Systemverbund mit Vakuumröhren gilt prinzipiell auch für Atlantiktunnel. Die im Bereich von Schwebetunneln verankerten Vakuumröhren erhalten eine Umhüllung. Durch einen Schwebetunnel führen zwei oder mehr Vakuum- röhren. Der Raum zwischen der Umhüllung und den Vakuumröhren beherbergt Service- und Rettungstechnik und ist mit atmosphärischem Luftdruck ausgefüllt.

In regelmäßigen Abständen werden Atlantiktunnel mit inselartigen Plattformen an der Meeresoberfläche verbunden, die zur Herstellung und Regulierung des Vakuums, für Inspektionen und Instandsetzungen sowie für die Rettung von Passagieren in Notfällen eingerichtet werden.

Örtliche Anlagen

Zu den örtlichen Anlagen der Hyperschallbahn werden die Verkehrsstationen, Fahrzeug- depots und Zubringersysteme gerechnet. Jede Linie verfügt außer den Start- und End- stationen über mehrere Stationen für Unterwegs-Verkehrshalte zum Beginn bzw. zur Beendigung einer Zugreise. In den Verkehrsstationen besteht für die Passagiere über- wiegend auch die Möglichkeit, auf andere Linien umzusteigen. Die Stationen werden überwiegend in den Zentren von Metropolen mit bedeutenden internationalen Flughäfen errichtet und befinden sich demzufolge in den Zentren der potenziellen Verkehrsnach- frage.

Unmittelbar vor jeder Startstation und nach jeder Endstation einer Linie befindet sich ein unterirdisch angelegtes Fahrzeugdepot. In den Depots werden die Züge abgestellt, gereinigt, inspiziert und instandgesetzt. Die Depots haben zugleich die Aufgabe der Fahrzeug-Kapazitätssteuerung für den Linienbetrieb und in Betriebspausen (vgl. Abschn. 2.4). Angekommene Züge müssen in den Depots durch eine systemspezifische Förderanlage quer zur Fahrtrichtung bewegt werden, um Zugang zur Parallel-Vakuum- röhre für die Fahrt in die Gegenrichtung erhalten.

Einige Verkehrsstationen der Hyperschallbahn benötigen zur vollen Erschließung der potenziellen Verkehrsnachfrage zusätzliche Vor- und Nachlaufverbindungen zu abseits gelegenen Potenzialstandorten auf der Basis der vorhandenen Schienenverkehrs- und Magnetschwebetechnik (vgl. Abschn. 3.4).

Die Vakuumröhren sind nicht nur in die Tunnelinfrastruktur eingebettet, sondern ver- laufen auch lückenlos durch Stationen und beginnen bzw. enden an den Übergängen zu den Depots. Die Zugangsbereiche zu den Zügen in den Stationen und zu den Depots erhalten Luft-Vakuum-Schleusen.

2.2   Vergleich mit anderen Innovationen

Wie im Abschn. 2.1 beschrieben, entsteht mit der Hyperschallbahn ein kontinentales und globales Massenverkehrsmittel für eine Geschwindigkeit im Hyperschallbereich und in Liniennetzen zwischen Metropolen, die in zeitlich dichten Verkehrstakten bedient werden. Zum Vergleich werden nachfolgend weitere Lösungen und Ansätze für sehr schnelle Transportsysteme kurz beschrieben und in ihrer Fähigkeit als mögliche Alternative bzw. Ergänzung zur Hyperschallbahn bewertet.

2.2.1   Vorhandene Magnetbahn-Technologie

Der Shanghai Maglev Train ging im Jahr 2002 in Betrieb und ist die weltweit erste kommerzielle Anwendung der Magnetbahntechnologie für hohe Geschwindigkeiten. Die oberirdisch geführte Bahn verbindet einen Außenbezirk von Shanghai mit dem Flughafen Shanghai-Pudong auf einer Länge von 30 km und erreicht eine Höchstgeschwindigkeit von 430 km/h. Das System basiert auf der in Deutschland entwickelten Transrapid-Technologie [4].

Im Jahr 2017 begann der Bau einer 440 km langen und zumeist unterirdisch verlaufenden Magnetbahnstrecke von Tokio nach Osaka. Die Bahn basiert auf der japanischen Maglev-Technologie und soll als Chūō-Shinkansen eine Geschwindigkeit von rund 500 km/h im Regelbetrieb erreichen. Ein erster Abschnitt von Tokio bis Nagoya soll im Jahr 2027 in Betrieb gehen. Um das Jahr 2040 ist die vollständige Inbetriebnahme bis Osaka vorgesehen. Einschließlich Nagoya sind auf der Gesamtstrecke sieben Zwischenstationen geplant [5].

Für die Verbindung Tokio – Osaka wird mit einem Verkehrsaufkommen von jährlich 88 Mio. Passagieren gerechnet. Zum Vergleich wurde für das Europanetz der Hyperschallbahn nach seiner Teilinbetriebnahme im Jahr 2060 ein Verlagerungspotenzial von 172 Mio. Passagieren im Abschnitt London – Paris ermittelt. Auf Grund der Größe und Linienverknüpfung wird das europäische Hyperschallbahn-Netz an seinen Rändern jedoch auch relativ schwach belastete Abschnitte umfassen, z. B. den Abschnitt Kiew – Warschau mit 29 Mio. Passagieren im Jahr 2060 (Übersicht kontinentaler Linien siehe Abschn. 3.3).

In China wurde ein Magnetschwebezug für eine Geschwindigkeit von maximal 600 km/h entwickelt. In den kommenden Jahren wird der Zug getestet. Gleichzeitig ist in China der Bau neuer Magnetbahnstrecken geplant, sodass in fünf bis zehn Jahren der Serienbetrieb der neuen Züge aufgenommen werden kann [6].

Die bereits vorhandene Magnetbahn-Technologie ist geeignet, die Fahrzeit auf kurzen und mittleren Distanzen gegenüber dem konventionellen Landverkehr deutlich zu reduzieren. In ihrer Transportkapazität wird sie den Anforderungen der Hyperschallbahn gerecht. Mit der vorhandenen Magnetbahn-Technologie wird aber das definierte

Geschwindigkeitsniveau der Hyperschallbahn bei Weitem nicht erreicht. Eine globale Netzwirkung ist deshalb mit dieser Technologie nicht absehbar. Zusammengefasst weist die vorhandene Magnetbahn-Technologie folgende Angebotsparameter im Vergleich zur Hyperschallbahn auf:

- hohe Beförderungskapazität,
- relativ geringes Geschwindigkeitsniveau,
- hohe zeitliche Verfügbarkeit,
- geringe globale Netzbildungsfähigkeit.

Magnetbahnsysteme auf heutiger technologischer Basis können demnach nicht als Alternative zur Hyperschallbahn in Betracht kommen. Sie sind jedoch fallweise als ergänzende regionale Zubringersysteme zur besseren Erschließung des Verlagerungspotenzials vom Luftverkehr auf das Hyperschallbahn-Netz geeignet, insbesondere auf Relationen, in denen noch keine als Zubringer geeigneten Landverkehrsverbindungen existieren (vgl. Abschn. 3.4).

2.2.2 Hyperloop-Projekte

Unter dem Begriff „Hyperloop" ist ein Verkehrssystem in Diskussion und Entwicklung, bei dem sich Kapseln in einer weitgehend evakuierten Röhre auf Luftkissen gleitend mit maximal 1200 km/h fortbewegen. Ein für die 570 km lange Verbindung Los Angeles – San Francisco vorgestelltes Konzept sieht eine oberirdische und aufgeständerte Strecke mit einer Fahrzeit von 35 min entlang einer bestehenden Autobahnverbindung vor [7].

Die Kapseln sollen maximal ca. 30 Passagieren Platz bieten und im Abstand von 2 min verkehren. Daraus resultiert für das vorgestellte Hyperloop-System eine Kapazität von ca. 12 Mio. Passagieren in beiden Richtungen pro Jahr. Das Projekt befindet sich in einer anfänglichen Planungsphase. Ein Realisierungstermin ist nicht bekannt.

Neben dem Kalifornien-Projekt wurden Konzepte für weitere Hyperloop-Anwendungen veröffentlicht, darunter in verschiedenen Staaten Europas, in Russland, den Vereinigten Arabischen Emiraten und den USA. In den Niederlanden nahm ein europäisches Hyperloop-Testzentrum mit Verbindungen zu Großunternehmen der Verkehrswirtschaft die Arbeit auf.

Auch in China wird an einem Projekt ähnlich dem Hyperloop gearbeitet. Das Projekt beinhaltet den Transport von Zügen mit 1000 km/h durch Vakuumröhren. Die angestrebte Technik befindet sich aktuell noch in der Forschungsphase.

Die Hyperloop-Technologie ist geeignet, die Fahrzeit auf kurzen und mittleren Distanzen gegenüber dem konventionellen Landverkehr deutlich zu reduzieren. Jedoch wird mit dieser Technologie das definierte Geschwindigkeitsniveau für eine Hyperschallbahn nicht erreicht. Auch die Transportkapazität wird nicht den Anforderungen an eine

Hyperschallbahn gerecht. Eine globale Netzwirkung ist mit der Hyperloop-Technologie nur partiell möglich.

Zusammengefasst weist die in Entwicklung befindliche Hyperloop-Technologie folgende Angebotsparameter im Vergleich zur Hyperschallbahn auf:

- geringe Beförderungskapazität,
- deutlich geringeres Geschwindigkeitsniveau,
- hohe zeitliche Verfügbarkeit,
- eingeschränkte globale Netzbildungsfähigkeit.

Die entwickelten Hyperloop-Konzepte kommen auf dieser Vergleichsbasis nicht als Alternative zur Hyperschallbahn in Betracht. Sie sind fallweise als ergänzende Zubringersysteme für die bessere Erschließung des Verlagerungspotenzials vom Luftverkehr auf Kontinentalnetze der Hyperschallbahn geeignet.

Hyperloop-Systeme können darüber hinaus ergänzend zur kontinentalen Hyperschallbahn eigenständig schwächer belastete und periphere Verkehrsrelationen übernehmen. Das betrifft zum Beispiel die Verknüpfung größerer regionaler Flughafenstandorte abseits von Metropolen und Ballungsräumen (vgl. Kap. 3).

2.2.3 Hyperschall-Flugzeuge

Hyperschall-Flugzeuge sollen per Definition eine Geschwindigkeit von mindestens Mach 5, d. h. über 6000 km/h erreichen. Zur Ermöglichung dieses Geschwindigkeitsniveaus werden Wasserstofftriebwerke entwickelt, die eine Flughöhe von ca. 30 km erfordern (Scramjet-Antrieb). Führende Flugzeughersteller und Institutionen der Raumfahrtindustrie arbeiten bereits seit Längerem an der Entwicklung dieser Technologie.

Der europäische Flugzeughersteller Airbus gab im Jahr 2011 bekannt, gemeinsam mit Japan unter dem Projektnamen Zero Emission High Supersonic Transport (ZEHST) ein Hyperschall-Flugzeug für 50 bis 100 Passagiere und eine Geschwindigkeit von mehr als 4200 km/h zu entwickeln. Die Marktreife soll allerdings erst nach 30 bis 40 Jahren erreicht werden. Im Jahr 2015 ließ sich Airbus einen senkrecht startenden Hyperschall-Jet mit Raketenantrieb für eine maximale Geschwindigkeit von 5500 km/h patentieren. Im Unterschied zum Projekt ZEHST weist der patentierte Hyperschall-Jet nur 20 Plätze auf. Wann die Pläne umgesetzt werden, ist derzeit noch unklar [8].

Die europäische Weltraumorganisation ESA koordiniert das Projekt „Long-Term Advanced Propulsion Concepts and Technologies" (LAPCAT), mit dem ein europäisches Hyperschall-Passagierflugzeug entwickelt werden soll. Ziel ist die Entwicklung eines Wasserstofftriebwerks, das für Flugzeuge, die für 300 Passagiere ausgelegt sind, eine Geschwindigkeit von ca. 6000 km/h ermöglicht. Nach den Plänen der ESA soll die Marktreife für Linienflugzeuge in 25 Jahren erreicht werden [9].

Der US-Flugzeugbauer Boeing stellte im Jahr 2018 das Konzept für ein Hyperschall-
flugzeug mit Platz für 150 Passagiere und eine Geschwindigkeit von 6200 km/h vor.
Boeing teilte mit, dass die Marktreife dieses Jets erst in 20 bis 30 Jahren erreicht wird.
Auch in China und Großbritannien werden Hyperschallflugzeuge entwickelt. China plant
Flugzeuge mit einer Spitzengeschwindigkeit von Mach 6. Ab dem Jahr 2035 soll eine
Flotte mit jeweils 10 Sitzplätzen pro Flugzeug zum Einsatz kommen. Bis zum Jahr 2045
ist der Einsatz eines Hyperschallflugzeugs für 100 Passagiere vorgesehen [10].

Hyperschall-Flugzeuge sind für lange, interkontinentale Distanzen geeignet und
können auf diesen Distanzen Geschwindigkeiten erreichen, die den Anforderungen der
Hyperschallbahn annähernd entsprechen. Auf den kurzen und mittleren kontinentalen
Routen wird der Einsatz dieser Flugzeuge voraussichtlich technisch und wirtschaftlich
nicht zu rechtfertigen sein.

Zusammengefasst weisen Hyperschall-Flugzeuge folgende Angebotsparameter im
Vergleich zur Hyperschallbahn auf:

- geringe Beförderungskapazität,
- hohes Geschwindigkeitsniveau,
- geringe zeitliche Verfügbarkeit,
- geringe kontinentale Netzbildungsfähigkeit.

Auf dieser Vergleichsbasis kommen Hyperschall-Flugzeuge nicht als Alternative zu
kontinentalen Hyperschallbahn-Netzen in Betracht. Sie können im Wesentlichen nur
Punkt-Punkt-Verbindungen anbieten, verfügen über eine relativ geringe Beförderungskapazität und werden vermutlich nur mit einem überdurchschnittlichen Preisniveau
wirtschaftlich sein. Diese Technologie ist geeignet für schwächer frequentierte globale
Distanzen in Ergänzung zu interkontinentalen Hyperschallbahn-Linien. Sie kann
zugleich als Reservesystem bei Überlastung oder Störungen im interkontinentalen
Hyperschallbahn-Netz dienen.

2.2.4 Überschall-U-Boote

In verschiedenen Staaten wird an der Entwicklung von Überschall-U-Booten gearbeitet.
Dafür wird das Prinzip der Superkavitation weiterentwickelt. Kern dieser Technologie ist
die Möglichkeit, eine Unterwasser-Luftblase zu erzeugen, die sehr hohe Geschwindigkeiten ermöglicht.

Theoretisch kann auf diese Weise eine Geschwindigkeit von 5800 km/h erreicht
werden, womit die Schallgeschwindigkeit unter Wasser überschritten wird. Jedoch sind
weitere Probleme zu lösen, bis das Reisen per Überschall-U-Boot möglich ist. So gibt es
bislang kein geeignetes Raketentriebwerk, das eine entsprechende Distanz überbrücken
kann. Ein Zeitpunkt der Marktreife ist bisher nicht absehbar [11].

Begonnene Entwicklungen der ehemaligen Sowjetunion im Militärsektor werden von Russland weiter vorangetrieben. Insbesondere arbeitet Russland an der Erhöhung der Reichweite schneller U-Boote. Auch in China wird die Technologie für Unterwasser-Geschwindigkeiten im Überschallbereich weiterentwickelt. In den USA ist es erstmals gelungen, eine stabile Unterwasser-Luftblase zu erzeugen – eine wesentliche Voraussetzung für die Verwirklichung extremer Geschwindigkeiten unter Wasser.

Bei Erreichen dieses Ziels können Überschall-U-Boote dem Geschwindigkeitsniveau der Hyperschallbahn entsprechen. Allerdings wird die Anwendung dieser Technologie im Wesentlichen nur auf sehr großen Unterwasser-Distanzen möglich sein.

Überschall-U-Boote werden ähnlich den Hyperschall-Flugzeugen folgende Angebotsparameter im Vergleich zur Hyperschallbahn aufweisen:

- geringe Beförderungskapazität,
- hohes Geschwindigkeitsniveau,
- geringe zeitliche Verfügbarkeit,
- keine kontinentale Netzbildungsfähigkeit.

Überschall-U-Boote kommen auf dieser Vergleichsbasis nicht als Alternative zum Hyperschallbahn-Netz in Betracht, jedoch ergänzend für Ozeanquerungen oder Routen zu weit entfernten Inseln sowie als partielle Kapazitäts- und Störungsreserve für interkontinentale Hyperschallbahn-Linien.

2.2.5 Positionierung der Hyperschallbahn

Zusammenfassend kann eingeschätzt werden, dass eine Hyperschallbahn aus kontinentalen Netzen und interkontinentalen Linien nicht in den Wettbewerb mit den anderen neuen Verkehrssystemen eintreten muss, sondern aufgrund ihrer Alleinstellungsmerkmale (vgl. Abb. 2.3) einen sinnvollen Angebotsverbund mit diesen Systemen bilden kann.

Basissystem im Systemverbund

Abgesehen vom konventionellen Landverkehr wird die Hyperschallbahn aufgrund ihrer definierten Angebotsparameter kontinental und interkontinental die Funktion des Basissystems übernehmen, die größte Verkehrslast tragen und von den anderen neuen Systemen flankiert bzw. ergänzt werden. Die mögliche Aufgabenverteilung zwischen den Systemen ist in Tab. 2.1 abgebildet.

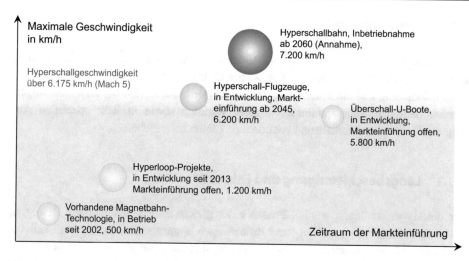

Abb. 2.3 Marktpositionierung der Hyperschallbahn und anderer neuer Verkehrssysteme

Tab. 2.1 Möglicher Angebotsverbund zwischen der Hyperschallbahn und anderen Systemen

Verkehrssystem	Kontinentale Aufgaben	Interkontinentale Aufgaben
Hyperschallbahn	Hochbelastetes kontinentales Liniennetz zwischen Metropolen	Hochbelastete inter-kontinentale Linien zwischen Metropolen
Vorhandene Magnetbahn-Technologie	Zubringer für Hyperschallbahn	Keine
Hyperloop-Projekte	Zubringer für Hyperschallbahn	Keine
	Bedienung eigener gering belasterer Linien	
Hyperschall-Flugzeuge	Keine	Bedienung eigener gering belasteter Linien
		Kapazitäts- und Störungs-reserve für Hyperschallbahn
Überschall-U-Boote	In Einzelfällen	Bedienung eigener gering belasteter Linien
		Kapazitäts- und Störungs-reserve für Vakuum-Magnet-bahn-System

2.3   Fahrdynamik

Die Fahrdynamik hat für die Hyperschallbahn aufgrund der definierten Geschwindigkeit einen zentralen Stellenwert. Sie bestimmt insbesondere den Betriebsablauf, die
Dimensionierung und die Trassierung der Linien (vgl. Abschn. 2.4 bis 2.7). Nachfolgend
werden fahrdynamische Parameter in ihrer Wirkung sowie in ihrer speziellen Ausprägung für interkontinentale und kontinentale Linien beschrieben.

2.3.1   Längsbeschleunigung und Fahrzeit

Für die Hyperschallbahn werden Phasen einer gleichmäßig beschleunigten Bewegung
mit übereinstimmenden Anfahrt- und Bremswegen angenommen. In Abhängigkeit von
der Streckenlänge und der Längsbeschleunigung sind Bewegungsabschnitte mit konstant
maximaler Geschwindigkeit zwischengeschaltet. Abb. 2.4 zeigt schematisch den Fahrtverlauf in zwei aufeinanderfolgenden Linienabschnitten und für zwei Fälle, die beide im
Hyperschallbahn-Netz auftreten.

Abschnitt A – B ermöglicht partiell die Fahrt mit maximaler Geschwindigkeit, da die
Summe der dafür erforderlichen Anfahrt- und Bremswege von der Länge des Abschnitts
übertroffen wird. Im kürzeren Abschnitt B – C wird die maximale Geschwindigkeit
nicht erreicht und in der Mitte dieses Abschnitts geht die Anfahrbeschleunigung direkt
in die Bremsbeschleunigung über. Die Auswirkung beider Fälle auf die Fahrzeit ist in
Formel 2.1 dargestellt.

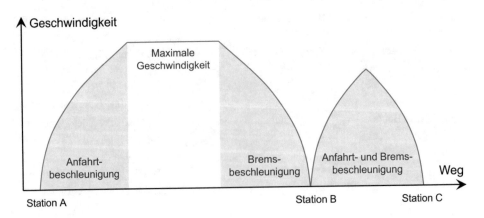

Abb. 2.4 Weg-Geschwindigkeits-Diagramm

$$t = \frac{e}{v_{max}} + \frac{v_{max}}{a_L}$$

bei Strecken mit Anfahrt- und Bremsabschnitten und Abschnitten mit v_{max}

$$\left(e > \frac{v_{max}^2}{a_L} \right)$$

$$t = 2 \left(\frac{e}{a_L} \right)^{0,5}$$

bei Strecken mit Anfahrt- und Bremsabschnitten, aber ohne Abschnitte mit v_{max}

$$\left(e \leq \frac{v_{max}^2}{a_L} \right)$$

t	Fahrzeit zwischen zwei Stationen in s
e	Streckenlänge zwischen zwei Stationen in m
a_L	Längsbeschleunigung in m/s²
v_{max}	maximale Geschwindigkeit in m/s

Formel 2.1 Fahrzeit in Abhängigkeit von fahrdynamischen Parametern

2.3.2 Fahrdynamik auf interkontinentalen Linien

Interkontinentale Linien sollen entsprechend Abschn. 2.1 weltweit Tagesreisen zwischen Metropolen ermöglichen. Um dieses Ziel angemessen zu erreichen, muss eine Reisedauer pro Richtung von maximal 150 min angestrebt werden.

Die Anforderungen aus dieser Fahrzeitvorgabe an die fahrdynamischen Parameter Geschwindigkeit und Längsbeschleunigung werden auf der Basis einer interkontinentalen Modellrelation über eine Distanz von 12.000 km und mit Zwischenhalten alle 2000 km ermittelt. Die gewählten Modellentfernungen berücksichtigen, dass eine interkontinentale Relation kaum länger ist als die ausgewählte Distanz und dass der mittlere Stationsabstand für Zwischenhalte entsprechend Abschn. 3.2 eine Größenordnung von 2000 km erreicht.

Abb. 2.5 zeigt die ermittelten fahrdynamischen Abhängigkeiten für die Modellrelation zur Erreichung der Soll-Reisezeit von 150 min auf einer Distanz von 12.000 km und verdeutlicht die damit verbundenen Restriktionen.

Auswahl geeigneter Parameter für interkontinentale Linien

Eine Längsbeschleunigung von 4 bis 5 m/s² entspricht einer schnellen Pkw-Anfahrt und wird als dauerhaft zumutbar für Passagiere der Hyperschallbahn eingeschätzt. Kritisch erscheint hingegen die Verträglichkeit einer Längsbeschleunigung, die sich der Größenordnung von 1 g (9,81 m/s²) nähert oder darüber hinaus noch weiter ansteigt. Dieser Fall tritt zur Einhaltung der Soll-Reisezeit entsprechend Abb. 2.5 ein, je deutlicher die maximale Geschwindigkeit unter 1800 m/s (ca. 6500 km/h) fällt. Unter dem Aspekt des Wohlbefindens der Passagiere wird diese fahrdynamische Konstellation mit den hohen Beschleunigungswerten für interkontinentale Linien verworfen.

Oberhalb einer maximalen Geschwindigkeit von 2200 m/s (ca. 7900 km/h) ist gemäß Abb. 2.5 eine Längsbeschleunigung von etwas mehr als 4 m/s² erforderlich, um die Soll-Reisezeit einzuhalten. Je höher allerdings die maximale Geschwindigkeit ist, desto mehr schwindet ihr Einfluss auf die Reisezeit, da der Zeitanteil der Beschleunigungsphasen an

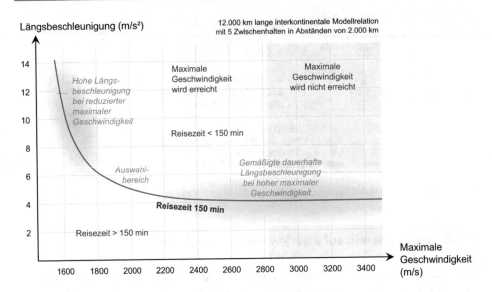

Abb. 2.5 Reisezeitwirkung auf interkontinentaler Modellrelation

der Reisezeit zunimmt. Die Auslegung auf höhere Geschwindigkeiten verursacht zudem höhere Systemkosten (vgl. Kap. 5) und eine kritische radiale Vertikalbeschleunigung aufgrund der Erdanziehung (vgl. Abschn. 2.3.4). Unter diesen Aspekten kann die fahrdynamische Konstellation mit maximalen Geschwindigkeiten über 2200 km/h nicht weiter verfolgt werden.

Im Spannungsfeld zwischen unzumutbar hoher Längsbeschleunigung und steigenden Systemkosten verbleibt das Geschwindigkeitsspektrum zwischen 1800 und 2200 m/s (entspricht ca. 6500 bis 7900 km/h) in Verbindung mit einer Längsbeschleunigung zwischen 4,5 und 6 m/s². Innerhalb des Spektrums fällt die Wahl auf eine maximale Geschwindigkeit von 2000 m/s (7200 km/h) bei einer Längsbeschleunigung von 5 m/s² als Grundlage für die weiteren Systembetrachtungen.

Bei dieser Konstellation haben die Beschleunigungsphasen Anfahren und Bremsen einen Anteil von insgesamt 53 % an der Reisezeit auf der Modellrelation gemäß Abb. 2.5. Die maximale Geschwindigkeit wird nach Anfahrbeschleunigung auf einer Streckenlänge von 400 km erreicht. Die gleiche Länge hat ein Bremsabschnitt auf einer interkontinentalen Linie. Auf dieser Basis benötigt z. B. ein Zug 54 min für die Relation London – New York City, davon jeweils 6 bis 7 min für die Anfahr- und Bremsphasen.

Sonderfall – sehr lange Linienabschnitte
Im Rahmen der konkreten Abhandlung interkontinentaler Linien im Abschn. 3.2 werden abweichend von der Modellrelation einzelne sehr lange Linienabschnitte ohne Zwischenstopps ausgewiesen. Das betrifft besonders die Abschnitte London

– New York mit 5700 km, Moskau – Peking mit 5900 km und Istanbul – Delhi mit 5100 km. Für diese Abschnitte wird die getroffene Auswahl von maximaler Geschwindigkeit und Längsbeschleunigung hinterfragt. Hintergrund ist, dass auf den drei genannten Abschnitten eine weit höhere maximale Geschwindigkeit als im Modellfall erreichbar ist.

Zum Beispiel könnte im Abschnitt London – New York bei einer Längsbeschleunigung von 5 m/s² rechnerisch eine maximale Geschwindigkeit von 5340 m/s (19.220 km/h) erzielt werden. Daraus würde eine Fahrzeit von 36 min resultieren, während bei einer maximalen Geschwindigkeit von 2000 m/s (7200 km/h) eine Fahrzeit von 54 min erforderlich ist. Trotz des deutlichen Fahrzeitvorteils kommt eine Beschleunigung auf 5340 m/s im Abschnitt London – New York nicht in Betracht.

Der Grund dafür liegt einerseits in der Auswirkung auf die notwendige Zugfolgezeit, die in Abschn. 2.4 näher betrachtet wird. Bei einer maximalen Geschwindigkeit von 2000 m/s ist eine sicherheitsbedingte minimale Zugfolgezeit von 6,7 min erforderlich, die für den Regelbetrieb auf 10 min ausgedehnt wird. Bei der maximal möglichen Geschwindigkeit von 5340 m/s wäre hingegen eine Zugfolgezeit von mindestens 17,8 min notwendig, die auf 20 min im Regelbetrieb erweitert werden müsste.

Die Anhebung der maximalen Geschwindigkeit auf 5340 m/s hätte eine Halbierung der erforderlichen Linienkapazität zwischen Europa und Nordamerika zur Folge. Alternativ müsste die erforderliche Kapazität durch zusätzliche Investitionen in die Systemelemente (vgl. Abschn. 2.1) geschaffen werden. Ähnlich würde sich die Situation auch für die Abschnitte Moskau – Peking und Istanbul – Delhi darstellen.

Ein weiterer Grund für die Begrenzung der Geschwindigkeit liegt in der Vertikalbeschleunigung. Bei der oben genannten Geschwindigkeit von 5340 m/s würde sich aufgrund der Erdanziehung eine vertikale Radialbeschleunigung von 4,5 m/s² herausbilden. Ein solch hoher Wert ist für den Personenverkehr unzumutbar (vgl. Abschn. 2.3.4).

2.3.3 Fahrdynamik auf kontinentalen Linien

Im Unterschied zu interkontinentalen Linien müssen kontinentale Linien einen Verkehrsraum mit relativ großer Stationsdichte und daraus resultierenden geringen Stationsabständen bedienen (vgl. Abschn. 3.3). Auf diesen Distanzen wird die maximale Streckengeschwindigkeit von 2000 m/s (7200 km/h) in der Regel nicht erreicht. Die Fahrdynamik auf kontinentalen Linien wird deshalb im Wesentlichen durch die Längsbeschleunigung für das Anfahren und Bremsen und durch die Stationsabstände geprägt.

Passagiere auf kontinentalen Hyperschallbahn-Linien sind – abgesehen von Zwischenstopps – permanent der Anfahr- und Bremsbeschleunigung ausgesetzt. Als Ausgleich für
diese Mehrbelastung ist die Reduzierung der Längsbeschleunigung auf kontinentalen
Linien im Vergleich zu interkontinentalen Linien geboten. Zugleich muss allerdings der
Betrag der Längsbeschleunigung auf kontinentalen Linien ausreichend hoch sein, um dem
Systemanspruch der deutlichen Unterschreitung der Nonstop-Flugzeiten auch im innereuropäischen Verkehr gerecht zu werden. Inwieweit beide Anforderungen erfüllbar sind,
zeigt modellhaft Abb. 2.6 auf der Basis der Formel 2.2. Abb. 2.6 vergleicht die Reisezeiten
des Nonstop-Luftverkehrs und der kontinentalen Hyperschallbahn auf einer über die Luftlinien-Distanz definierten Verkehrsrelation. Formel 2.2 unterstellt vereinfachend gleiche
Abstände für Zwischenstationen bei der Hyperschallbahn.

Der Vergleich zeigt folgende Wirkung der Längsbeschleunigung und der Stationsabstände auf die Reisezeit der Hyperschallbahn:

- Eine Längsbeschleunigung von 3 m/s² ist ausreichend, um den Systemanspruch hinsichtlich des Zeitvorteils überzeugend zur Geltung bringen.
- Der Zeitvorteil wird nur im Zusammenhang mit größeren mittleren Stationsabständen
  in einer Größenordnung ab 360 km wirksam.

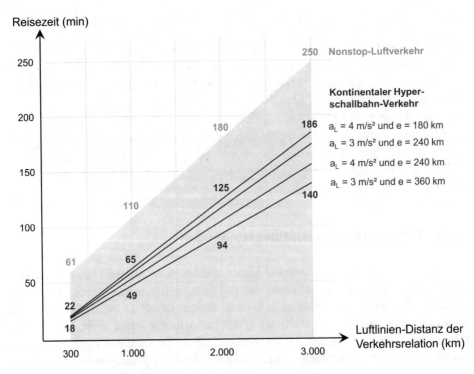

Abb. 2.6 Reisezeitvergleich in Abhängigkeit von fahrdynamischen Parametern

$$t_{HSB} = n \left[\frac{e}{0.9 \, a_L} \right]^{0.5} + (n-1) \, t_H + t_U$$

$$t_{Flug} = 40 + 0.07 \, n \, e \, k_U$$

t_{HSB}	Reisezeit auf einer Verkehrsrelation im kontinentalen Hyperschallbahn-Netz in min
t_{Flug}	Nonstop-Flugzeit einschließlich Rollzeit vor und nach der Flugphase
n	Anzahl von Abschnitten zwischen benachbarten Stationen auf der Verkehrsrelation
e	mittlere Länge eines Abschnitts zwischen benachbarten Stationen in km
a_L	Längsbeschleunigung in m/s²
t_H	mittlere Aufenthaltszeit je Zwischenstation in min (t_H = 2 min)
t_U	zusätzliche Zeit für Umsteigen in einer Zwischenstation (t_U = 6 min) bei n > 2
k_U	Luftlinienfaktor gegenüber Hyperschallbahn-Streckenführung (Mittelwert k_U = 0,83) (Luftliniendistanz der Verkehrsrelation = n e k_U)

Formel 2.2 Reisezeiten auf kontinentalen Hyperschallbahn-Linien und im Luftverkehr

- Der Zeitvorteil schwindet mit sinkenden Stationsabständen. Selbst eine höhere Längs-beschleunigung von 4 m/s² kann dann keine Abhilfe mehr schaffen.
- Die genannten Wirkeffekte gelten besonders auf kontinentalen Verkehrsrelationen mit einer Luftlinien-Distanz von mehr als 1000 km.

Unter Beachtung dieser Effekte wird für kontinentale Linien grundsätzlich eine Längs-beschleunigung von 3 m/s² für die weiteren Betrachtungen vorgesehen. Dieser Betrag ermöglicht nicht nur den beschriebenen Reisezeitvorteil gegenüber dem Luftverkehr, sondern entspricht auch hinreichend dem genannten Erfordernis der reduzierten Längs-beschleunigung gegenüber interkontinentalen Hyperschallbahn-Linien. Zum Vergleich wird die im Bau befindliche Magnetschwebebahn Tokio – Nagoya – Osaka (Chūō-Shinkansen) für eine maximale Längsbeschleunigung von 2 m/s² ausgelegt [5].

Zusammen mit der Festlegung der Längsbeschleunigung wird für kontinentale Linien im Weiteren auf mittlere Stationsabstände von mindestens 350 km orientiert (vgl. Abschn. 3.3). Abstände von 200 km und darunter können nur in begründeten Einzel-fällen toleriert werden.

2.3.4 Weitere Beschleunigungsprämissen

Prämissen für die Seitenbeschleunigung

Für die Hyperschallbahn werden in Bögen maximal 2,0 m/s² Seitenbeschleunigung bei maximal 15° Fahrzeug-Querneigung auf kontinentalen und interkontinentalen Linien unterstellt. Zum Vergleich beträgt die zulässige unausgeglichene Seitenbeschleunigung beim Magnetbahnsystem Transrapid 1,5 m/s² bei einer Fahrzeug-Querneigung von maximal 12° und ausnahmsweise 16° [12].

Die gegenüber dem Transrapid moderat erhöhten Grenzwerte sollen die trassierungs-technisch weitestgehend uneingeschränkte Ausschöpfung der potenziellen Verkehrs-nachfrage bei möglichst geringen Kosten gewährleisten, zugleich aber auch eine für die Passagiere unzumutbare fahrdynamische Belastung vermeiden.

Während der Startphase nach Verlassen einer Station werden die Passagiere durch die Längsbeschleunigung belastet. Sie sollen aus diesem Grund bei einer notwendigen Bogenfahrt in der Startphase nicht auch noch sofort der maximal zulässigen, sondern einer allmählich ansteigenden Seitenbeschleunigung ausgesetzt sein. Dafür ist eine angepasste Trassierung erforderlich (vgl. Abschn. 2.7). Analog soll eine maximale Seitenbeschleunigung in der Bremsphase nicht abrupt, sondern allmählich verschwinden.

Auch beim Übergang zwischen geraden und gebogenen Linienabschnitten bzw. bei Bogenwechseln muss eine plötzliche Änderung der Seitenbeschleunigung vermieden werden. Damit der Beschleunigungsübergang sanft erfolgt, sollen mindestens 3 s Fahrzeit pro Änderung der Seitenbeschleunigung um 1 m/s^2 vergehen. Die Trassierung einschließlich der Querneigung muss entsprechend angepasst werden (vgl. Abschn. 2.7).

Prämissen für die Vertikalbeschleunigung

Die internationale Raumstation ISS umkreist die Erde in 400 km Höhe mit einer Umlaufgeschwindigkeit von ca. 28.800 km/h. Diese Flugparameter bewirken auf der ISS eine vollständige Kompensation der Erdanziehungskraft durch die Zentrifugalkraft und den Zustand der Schwerelosigkeit [13].

Die Hyperschallbahn erreicht auf ihren interkontinentalen Linien mit 7200 km/h ein Viertel der Umlaufgeschwindigkeit der Raumstation. Bei dieser Geschwindigkeit tritt bereits ein deutlich spürbarer Teilausgleich der Gravitationsbeschleunigung von maximal 0,63 m/s^2 auf. Faktisch nicht spürbar ist dieser Effekt bei den heutigen Passagierflugzeugen mit Geschwindigkeiten im Bereich von 900 km/h (vgl. Abb. 2.7).

Die auf Gradienten mit Kuppenausrundung auftretende Radialbeschleunigung wird durch Passagiere im Allgemeinen als besonders unangenehm empfunden und sollte deshalb bei der Hyperschallbahn 1,0 m/s^2 nicht überschreiten. Die zuvor begründete Begrenzung der Geschwindigkeit der Hyperschallbahn auf einen Wert von 7200 km/h ist auch aus diesem Grund erforderlich. Zum Vergleich beträgt die zulässige vertikale Kuppenbeschleunigung beim Magnetbahnsystem Transrapid 0,6 m/s^2. Die entstehende Radialbeschleunigung auf Gradienten mit Wannenausrundung sollte den Wert von 1,5 m/s^2

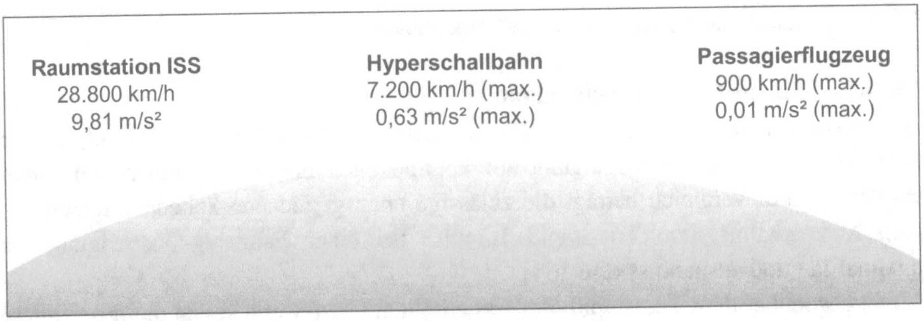

Raumstation ISS	Hyperschallbahn	Passagierflugzeug
28.800 km/h	7.200 km/h (max.)	900 km/h (max.)
9,81 m/s²	0,63 m/s² (max.)	0,01 m/s² (max.)

Abb. 2.7 Vertikale Radialbeschleunigung im Vergleich

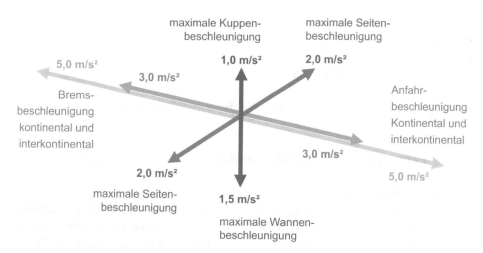

Abb. 2.8 Beschleunigungswerte im Überblick

nicht überschreiten. Vergleichsweise ist die vertikale Wannenbeschleunigung beim Transrapid auf 1,2 m/s² begrenzt.

Resultierende Gesamtbeschleunigung

Abb. 2.8 bietet einen Gesamtüberblick der Grenzwerte für die Längs-, Seiten- und Vertikalbeschleunigungen auf Hyperschallbahn-Linien. Diese Werte bilden die Grundlage für die Trassierung der Linien (vgl. Abschn. 2.7).

Eine Überlagerung von Beschleunigungen in verschiedenen Dimensionen ist mit Blick auf den Reisekomfort nicht wünschenswert, aber aufgrund der Trassierungszwänge bei der Hyperschallbahn (vgl. Abschn. 2.7) weitgehend unvermeidlich. Die vektoriell größtmögliche Gesamtbeschleunigung kann auf Anfahr- bzw. Bremsabschnitten bei gleichzeitiger Bogenfahrt im Mindestradius und bei gleichzeitiger maximaler Wannenbeschleunigung entstehen. Sie erreicht in dieser Kombination 5,6 m/s² auf interkontinentalen Linien und 3,9 m/s² auf kontinentalen Linien.

2.4 Betriebsprogramm

Entsprechend Abschn. 2.1 kann jede Linie der Hyperschallbahn ihr separates Betriebsprogramm unabhängig von den anderen Linien realisieren. Je Linie wird der Betriebsablauf automatisiert aus einer Betriebszentrale gesteuert. Das Betriebsprogramm beinhaltet die Zuglaufplanung auf den Linien, die Kapazitätssteuerung unter Nutzung der Depots und beeinflusst die Passagierströme in den Verkehrsstationen. Wesentliche Parameter des Betriebsablaufs sind die

- fahrdynamisch bedingte Zugfolgezeit,
- Zugumlaufplanung,
- täglichen Betriebszeiten und
- Effekte aus der Zeitverschiebung.

Nachfolgend werden diese Parameter für die Hyperschallbahn ermittelt.

2.4.1 Fahrdynamisch bedingte Zugfolgezeit

Zugfolgezeit bei Regelzügen
Die fahrdynamischen Parameter bestimmen maßgeblich die Mindest-Zugfolgezeit in einer Vakuumröhre. Aus Sicherheitsgründen wird unterstellt, dass sich im
fahrplanmäßigen Bremsabschnitt zwischen zwei benachbarten Stationen A und B kein
vorausfahrender Zug befinden darf. Abb. 2.9 bildet den typischen Fahrtverlauf von zwei
aufeinander folgenden Zügen auf einer kontinentalen und einer interkontinentalen Linie
zwischen zwei Stationen ab und verdeutlicht in Weg-Zeit-Diagrammen die resultierende
Mindest-Zugfolgezeit.

Mit Formel 2.3 kann die abgebildete Mindest-Zugfolgezeit berechnet werden.

Abschn. 2.3 orientiert für kontinentale Linien auf einen Stationsabstand von
mindestens 350 km bei einer Längsbeschleunigung von 3 m/s². Diese Parameter
erfordern gemäß Abb. 2.3 eine Zugfolgezeit von 5,7 min. Teilweise erreicht der Stationsabstand auf kontinentalen Linien eine Größenordnung von 700 und mehr km (vgl.
Abschn. 3.3). In diesen Fällen erhöht sich die Mindest-Zugfolgezeit auf über 8 min.

Auf interkontinentalen Linien mit überwiegend großen Stationsabständen ist in
der Regel zwischen den Start- und Bremsabschnitten eine Phase mit der maximalen

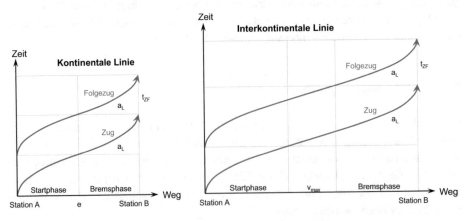

Abb. 2.9 Mindest-Zugfolgezeit auf kontinentalen und interkontinentalen Linien

Mit Formel 2-3 kann die abgebildete Mindest-Zugfolgezeit berechnet werden.

Kontinentale Linie

$$t_{ZF} = \left(\frac{e}{a_L} \right)^{0{,}5} \qquad \left(e \leq \frac{v_{max}^2}{a_L} \right)$$

Interkontinentale Linie

$$t_{ZF} = \frac{v_{max}}{a_L} \qquad \left(e > \frac{v_{max}^2}{a_L} \right)$$

t_{ZF} Mindest-Zugfolgezeit in s
e Streckenlänge zwischen Stationen A und B in m
a_L Längsbeschleunigung in m/s²
v_{max} maximale Geschwindigkeit in m/s

Formel 2.3   Mindest-Zugfolgezeit auf kontinentalen und interkontinentalen Linien

Geschwindigkeit von 2000 m/s zwischengeschaltet. In diesem Fall beträgt die Mindest-Zugfolgezeit 6,7 min gemäß Formel 2.3 bei einer Längsbeschleunigung von 5 m/s². Mit Blick auf notwendige Fahrzeit- und Sicherheitsreserven sowie eine einheitliche Fahrplangestaltung wird für alle kontinentalen und interkontinentalen Linien eine fahrplanmäßige Zugfolgezeit von 10 min je Röhre festgelegt. Die daraus resultierenden Zugfolgeabstände werden in Abb. 2.10 am Beispiel der Linie E4 veranschaulicht.

Zugfolgezeit bei Zusatzzügen

Zur Flexibilisierung des Betriebsablaufs und in Anpassung an eine erhöhte bzw. spezielle Verkehrsnachfrage wird die Möglichkeit von Zusatzzügen zwischen den Fahrplanlagen der Regelzüge vorgesehen. Dabei muss für die Zusatzzüge das Durchfahren von Stationen realisierbar sein, z. B. für den Frachtverkehr oder Charterzüge. Abb. 2.11 zeigt das Weg-Zeit-Diagramm für die Durchfahrt eines Zusatzzuges im Bereich der Station B.

Grundsätzlich gilt auch für Zusatzzüge, dass sich kein Zug mehr im Bremsabschnitt vor einer Station befinden darf, wenn der Zusatzzug in diesen Abschnitt einfährt. Ergänzend wird für durchfahrende Zusatzzüge unterstellt, dass sich kein Zug mehr im Anfahrabschnitt nach einer Station befinden darf, wenn der Zusatzzug in diesen Abschnitt einfährt. Formel 2.4 liefert die resultierende Mindestzugfolgezeit und die notwendige Durchfahrgeschwindigkeit in Station B.

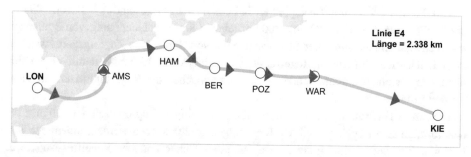

Abb. 2.10   Zugfolgeabstände am Beispiel der Linie E4

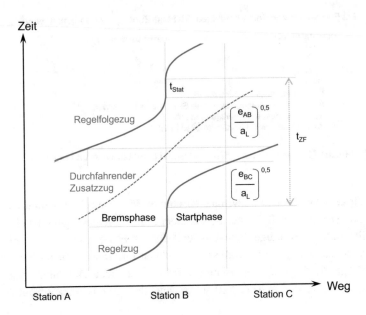

Abb. 2.11 Mindest-Zugfolgezeit bei Zugdurchfahrt

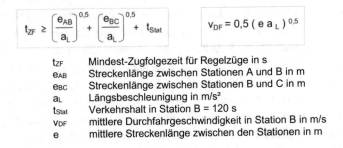

t_{ZF}	Mindest-Zugfolgezeit für Regelzüge in s
e_{AB}	Streckenlänge zwischen Stationen A und B in m
e_{BC}	Streckenlänge zwischen Stationen B und C in m
a_L	Längsbeschleunigung in m/s²
t_{Stat}	Verkehrshalt in Station B = 120 s
v_{DF}	mittlere Durchfahrgeschwindigkeit in Station B in m/s
e	mittlere Streckenlänge zwischen den Stationen in m

Formel 2.4 Mindest-Zugfolgezeit und Geschwindigkeit bei Zugdurchfahrt

Aus Formel 2.4 resultiert beispielhaft bei einem Stationsabstand A – B von 300 km, einem Stationsabstand B – C von 400 km, einer Längsbeschleunigung von 3 m/s² auf kontinentalen Linien und einer Stationshaltezeit von 2 min eine Zugfolgezeit zwischen zwei aufeinander folgenden Regelzügen von mindestens 13,4 min, damit eine Fahrplantrasse für einen durchfahrenden Zusatzzug zwischen die Regelzugtrassen eingelegt werden kann.

In diesem Fall muss partiell von der fahrplanmäßigen Zugfolgezeit von 10 min für den vorlaufenden Regelzug und den Regelfolgezug abgewichen werden, indem der vorlaufende Regelzug beispielsweise zwei Minuten früher und der Regelfolgezug zwei

Minuten später als im Regelfall verkehrt. Im genannten Fallbeispiel muss der Zusatzzug die Station B mit einer Geschwindigkeit von ca. 510 m/s durchfahren.

Je größer die Stationsabstände, desto höher ist die notwendige Durchfahrt-geschwindigkeit. Für die weitere Betrachtung werden demnach einheitlich 600 m/s für Durchfahrten von Stationen unterstellt. Die definierte Durchfahrtgeschwindig-keit erfordert Anpassungen bei der Trassierung der Linien im Zulauf und Nachlauf von Stationen (vgl. Abschn. 2.7). Diese Prämisse gilt auch für interkontinentale Linien, denn aus Kostengründen werden Linien nach Möglichkeit im Zulauf und Nachlauf von Stationen trassierungstechnisch gebündelt.

Die Anpassung der Trassierung im Zulauf und Nachlauf von Stationen an die definierte Durchfahrgeschwindigkeit harmoniert mit der fahrdynamischen Anforderung in Abschn. 2.3, die Passagiere bei einer notwendigen Bogenfahrt in der Start- und Bremsphase nicht dem abrupten Wechsel zwischen nicht wirkender und maximal zulässiger Seitenbeschleunigung auszusetzen.

2.4.2 Zugumlaufplanung

Die Durchführung des Betriebsprogramms erfordert je Linie einen Zugbestand ent-sprechend Formel 2.5.

Formel 2.5 beinhaltet die vorab ermittelte Zugfolgezeit von 10 min für den Regelzug-betrieb und einen Koeffizienten zur Bildung einer Zugreserve von 10 % des betrieblich notwendigen Zugbestands. In die Berechnung des betrieblich notwendigen Zugbestandes fließt auch die Linienumlaufzeit der Züge entsprechend Formel 2.6 ein.

Formel 2.5 Betrieblich notwendiger Zugbestand einer Linie

$$z = \frac{t_U \, (1 + k_{Res})}{t_{ZF}}$$

z	Zugbestand einer Linie
t_U	Umlaufzeit in min
t_{ZF}	Reguläre Zugfolgezeit = 10 min
k_{Res}	Reservekoeffizient = 0,10

Formel 2.6 Umlaufzeit auf einer Linie im Regelzugbetrieb

$$t_U = 2 \, (t_L + k_W \, t_W)$$

t_U	Umlaufzeit in min
t_L	Linienfahrzeit mit Zwischenhalten in min
t_W	technische Wendezeit in Betriebsphase in min
k_W	Koeffizient Zeitaufschlag für Wendezeit = 1,2

Formel 2.7 Technische
Wendezeit im Regelzugbetrieb

$$t_W = 40 + \frac{n_{IST}}{60} + \frac{t_L}{10}$$

t_W	technische Wendezeit in Betriebsphase in min
n_{IST}	Anzahl Sitzplätze pro Zug im Zeitraum
t_L	Linienfahrzeit mit Zwischenhalten in min

Die Umlaufzeit beinhaltet die Linienfahrzeit und die technische Wendezeit entsprechend Formel 2.7. Die Fahrzeugumlaufplanung erfordert in der Regel einen Zeitaufschlag auf die technische Wendezeit, der näherungsweise mit 20 % angenommen wird.

Die technisch notwendige Wendezeit im Rahmen des Zugumlaufs umfasst die Dauer von der Ankunft eines Fahrzeugs in der Endstation einer Linie bis zur Abfahrt des gleichen Fahrzeugs von dieser Station in Gegenrichtung. Sie beinhaltet die Überführungsdauer von der Endstation in das Depot, die Förderzeit im Depot und die Überführungsdauer vom Depot in die Endstation. Formel 2.7 beinhaltet außerdem Annahmen zum Zeitaufwand für die Fahrzeugreinigung und -wartung im Depot in Abhängigkeit von der Anzahl der Sitzplätze und Linienlaufzeit der Züge.

Mit Formel 2.8 kann ermittelt werden, wieviel Fahrzeuge sich während des Zugbetriebs auf Linienfahrt bzw. zum Wenden in den beiden Depots einer Linie befinden. Zum Bestand in beiden Depots zählen auch die paritätisch verteilten Reservezüge.

2.4.3   Tägliche Betriebszeiten

Einmal täglich ist für jede Röhre einer Linie eine Betriebspause zur Durchführung von Inspektionen und Reparaturen an den Hyperschallbahn-Systemkomponenten sowie zur Vakuumregulierung (vgl. Abschn. 2.6) erforderlich. In diesem Zeitfenster dürfen sich auf ganzer Linienlänge keine Züge in der Röhre befinden. Die notwendige Dauer der Betriebspause wird in einem Modellansatz entsprechend Formel 2.9 beschrieben.

Der Modellansatz setzt einen fixen Zeitbedarf von 150 min für die Betriebspause voraus. Zusätzlich beinhaltet das Modell eine längenabhängige Zeitkomponente unter

$$z_L = \frac{2\,t_L}{t_{ZF}} \qquad z_{DB} = z - z_L$$

z_L	Fahrzeugbestand auf Linienfahrt während des Zugbetriebs
z_{DB}	Fahrzeugbestand in Depots während des Zugbetriebs
z	Zugbestand einer Linie
t_L	Linienfahrzeit mit Zwischenhalten in min
t_{ZF}	Reguläre Zugfolgezeit = 10 min

Formel 2.8 Fahrzeugbestand auf Linienfahrt und in Depots während des Zugbetriebs

Formel 2.9 Dauer einer täglichen Betriebspause auf einer Linie

$$t_P = 150 + 0{,}006\,L + 0{,}06\,d_R{}^2$$

t_P	Betriebspause je Röhre in min
L	Linienlänge in km
d_R	Röhrendurchmesser in m

der Annahme, dass Inspektionen und Reparaturen gleichzeitig an mehreren Eingriffsorten entlang der gesamten Linie erfolgen. Mit Blick auf die Regulierung des Vakuums hat auch der Querschnitt der Röhre Einfluss auf die Bemessung der Betriebspause. Die Differenz aus der 24-stündigen Dauer eines Tages und einer Betriebspause ergibt die tägliche Betriebszeit.

Die Betriebspause wird nach Möglichkeit auf die verkehrsschwachen Nachtstunden nach Ortszeit gelegt. Auf kontinentalen Linien unterscheiden sich die Zeitzonen der beiden Endstationen nicht oder nur geringfügig (ein bis maximal drei Stunden). Damit sind auf kontinentalen Linien synchrone Betriebspausen in beiden Röhren einer Linie in den Nachtstunden möglich. Synchrone Betriebspausen sind vorteilhaft für die Minimierung der Depotkapazitäten. Während der Betriebspausen nehmen beide Depots einer kontinentalen Linie jeweils die Hälfte des gesamten Zugbestandes der Linie auf.

Betriebsparameter am Beispiel der Linie E8 Hamburg – Athen

Die Gesamtfahrzeit auf der Linie E8 von Hamburg nach Athen beträgt 112 min (vgl. Abschn. 3.3). Im Zeitraum von 2085 bis 2110 werden auf dieser Linie Züge mit je 1800 Sitzplätzen benötigt. Aus diesen Betriebsdaten resultiert entsprechend Formel 2.7 im genannten Zeitraum eine technische Wendezeit von 81 min.

Formel 2.6 liefert für den Zeitraum 2085 bis 2110 aus Linienfahrzeit und Wendezeit einschließlich Zeitaufschlag eine Umlaufzeit von 418 min auf der Linie E8. Aufgrund dieser Umlaufzeit und der Zugfolgezeit von 10 min benötigt die Linie E8 im genannten Zeitraum 42 Fahrzeuge für den Zugumlauf und zusätzlich 4 Fahrzeuge als Reserve, d. h. insgesamt 46 Fahrzeuge. Davon befinden sich während des Zugbetriebs ständig 22 Fahrzeuge auf Linienfahrt und je 12 Fahrzeuge in den beiden Depots Hamburg und Athen. Der Fahrzeugbestand in den Depots beinhaltet die ständig stationierten 4 Reservefahrzeuge.

Die Linie E8 hat eine Länge von 2771 km (vgl. Abschn. 3.3). Der Durchmesser jeder der beiden Vakuumröhren der Linie beträgt 9,3 m. Aus diesen Parametern resultiert entsprechend Formel 2.9 für jede Röhre eine täglich notwendige Betriebspause von 172 min in den Nachtstunden. Die Betriebspausen finden in beiden Röhren gleichzeitig statt. Während der Betriebspausen sind die Vakuumröhren komplett frei von Zügen. Der gesamte Zugbestand befindet sich in dieser Zeit in den Depots, d. h. je 23 Fahrzeuge in den Standorten Hamburg und Athen.

Um diesen Zustand zu erreichen, dürfen zum Beispiel täglich ab 01,00 Uhr keine Züge mehr die Stationen Hamburg und Athen verlassen. 112 min später, d. h. um 02,52 Uhr sind dann beide Vakuumröhren vollständig geräumt und die Betriebspause kann beginnen. 172 min später, d. h. um 05,44 Uhr werden die Betriebspausen in beiden Vakuumröhren beendet und die Zugabfahrten ab Hamburg und Athen können wieder aufgenommen werden.

2.4.4   Effekte aus der Zeitverschiebung

Zeitzonenabhängige Depotkapazität auf interkontinentalen Linien
Auch auf interkontinentalen Linien sollen die Betriebspausen mit Rücksicht auf die Passagiere in verkehrsschwachen Nachtstunden nach Ortszeit stattfinden. Aufgrund der größeren Zeitzonendifferenzen im Linienverlauf ist dieses Prinzip jedoch im Unterschied zu kontinentalen Linien nicht mit synchronen Betriebspausen umsetzbar. Die Betriebspausen in den Vakuumröhren interkontinentaler Linien müssen je nach Fahrtrichtung zeitversetzt erfolgen, verursachen damit allerdings auch eine ungleiche Belastung der Zugdepots in den Betriebspausen, wie Formel 2.10 zeigt.

Zeitzonenabhängige Verfügbarkeit des Zugangebots
Für alle kontinentalen und interkontinentalen Linien kann die tägliche betriebliche Verfügbarkeit des Zugangebots nach Formel 2.11 ermittelt werden:

$$z_{DPO} = \frac{t_P + t_L}{t_{ZF}} + z_{DB} \qquad\qquad z_{DPW} = \frac{t_{ZV} - t_L}{t_{ZF}} + z_{DB}$$

z_{DPO}	max. Fahrzeugbestand im östlicheren Depot während der Betriebspause
z_{DPW}	max. Fahrzeugbestand im westlicheren Depot während der Betriebspause
t_P	Betriebspause je Röhre in min
t_L	Linienfahrzeit mit Zwischenhalten in min
t_{ZF}	Reguläre Zugfolgezeit
t_{ZV}	Zeitverschiebung zwischen den Depots einer Linie
z_{DB}	Fahrzeugbestand in beiden Depots zusammen während des Zugbetriebs

Formel 2.10   Maximaler Fahrzeugbestand in den Depots einer interkontinentalen Linie

$$t_{BV} = 1.440 - t_P - t_L$$

t_{BV}	betriebliche Verfügbarkeit des Zugangebots in min pro Tag
t_P	Betriebspause je Röhre in min
t_L	Linienfahrzeit mit Zwischenhalten in min

Formel 2.11   Tägliche betriebliche Verfügbarkeit des Zugangebots

Die kontinentalen Linien bieten 19 bis 20 h am Tag Zugabfahrten an (vgl. Abschn. 3.3). Interkontinentale Linien weisen aufgrund längerer Betriebspausen und Linienfahrzeiten eine geringere Verfügbarkeit mit Zugabfahrten von rund 18 h am Tag auf. Diese Verfügbarkeit wird im Verkehr bei Nutzung interkontinentaler Linien noch weiter eingeschränkt, z. B. wenn im Anschluss an eine interkontinentale Fahrt eine Linie innerhalb eines anderen kontinentalen Netzes genutzt werden muss, auf der aber wegen der Ortszeit gerade der Betrieb pausiert.

Diese zeitzonenbedingte Einschränkung der Verfügbarkeit des Zugangebots beträgt im Durchschnitt der interkontinentalen Linien und Verkehrsrichtungen ca. 2 h. Unter Berücksichtigung der Verfügbarkeit gemäß Formel 2.11 verbleiben im interkontinentalen Verkehr zeitzonenbedingt verfügbare Zugabfahrten von durchschnittlich 16 h am Tag (vgl. Abschn. 3.2).

Zeitzoneneffekte am Beispiel der Linie W4 Sao Paulo – Paris

Die Gesamtfahrzeit auf der Linie W4 von Sao Paulo nach Paris beträgt 125 min (vgl. Abschn. 3.2). Im Zeitraum von 2135 bis 2160 werden auf dieser Linie Züge mit je 2800 Sitzplätzen benötigt. Aus diesen Betriebsdaten resultiert entsprechend Formel 2.7 im genannten Zeitraum eine technische Wendezeit von 99 min. Formel 2.6 liefert für den Zeitraum 2135 bis 2160 eine Umlaufzeit von 487 min auf der Linie W4.

Die Linie W4 verfügt über zwei Vakuumröhren je Richtung. Demnach beträgt die rechnerische Zugfolgezeit auf der Linie 5 min. Im Zeitraum 2135 bis 2160 benötigt die Linie 97 Fahrzeuge für den Zugumlauf und zusätzlich 10 Fahrzeuge als Reserve, d. h. insgesamt 107 Fahrzeuge. Davon befinden sich während des Zugbetriebs ständig 49 Fahrzeuge auf Linienfahrt und je 29 Fahrzeuge in den beiden Depots Sao Paulo und Paris. Der Fahrzeugbestand in den Depots beinhaltet die ständig stationierten 10 Reservefahrzeuge.

Die Linie W4 hat eine Länge von ca. 10.060 km (vgl. Abschn. 3.2). Der Durchmesser jeder der vier Vakuumröhren der Linie beträgt 11,1 m. Aus diesen Parametern resultiert entsprechend Formel 2.9 für jede Röhre eine täglich notwendige Betriebspause von 218 min. Die Betriebspausen in den Röhren mit gleicher Zugrichtung sind synchronisiert. Entsprechend der Zeitdifferenz zwischen Sao Paulo und Paris beginnen die Betriebspausen in den Röhren mit Zugrichtung nach Paris 5 h später als in den Röhren mit Zugrichtung nach Sao Paulo. Nach Formel 2.10 muss das östlicher gelegene Depot Paris in den Betriebspausen maximal 97 Züge aufnehmen. Mit 64 Zügen ist die Maximalbelastung des weiter westlich gelegenen Depots Sao Paulo deutlich geringer.

Entsprechend Formel 2.11 bietet die Linie W4 Zugabfahrten in einem Zeitrahmen von 18,3 h am Tag an. Von dem Angebot sind aufgrund der Zeitverschiebung im Durchschnitt aller Relationen in Richtung Südamerika 1,3 h nicht verfügbar. In umgekehrter Richtung sinkt die Verfügbarkeit um durchschnittlich um 3,5 h (vgl. Abschn. 3.2).

Zum Beispiel kann ein Passagier, der Madrid um 7,00 Uhr Ortszeit verlässt und in Sao Paulo um 3,46 Uhr Ortszeit ankommt, erst ab 6,00 Uhr Ortszeit Zeit nach Buenos Aires weiterreisen, wenn die nächtliche Betriebspause im Südamerika-Netz bis 6,00 Uhr Ortszeit Sao Paulo andauert. Im Wissen darum könnte der Passagier seine Abfahrt in Madrid auf 9,14 Uhr Ortszeit verschieben.

Ein weiteres Beispiel betrifft die Nutzung der Linie W4 für den inner-europäischen Verkehr. Die Betriebspause in den Röhren mit Richtung Paris findet von 0,17 Uhr bis 6,00 Uhr Ortszeit Sao Paulo statt. Demzufolge sind Zugabfahrten von Madrid nach Paris auf der Linie W4 von 7,03 Uhr bis 12,46 Uhr Ortszeit unterbrochen. Passagiere von Madrid nach Berlin müssen während dieser Zeit auf die Nutzung der Linie W4 verzichten und auf langsamere Alternativrouten aus-weichen.

2.5   Züge im Systemverbund

Nachdem in Abschn. 2.4 der betrieblich notwendige Zugbestand einer Linie ermittelt wurde, werden im Anschluss zunächst die Kapazität und die Dimensionen der Züge linienbezogen hergeleitet. Die Zugparameter haben zentrale Bedeutung, da sie die Dimensionierung des Gesamtsystems der Hyperschallbahn und besonders der System-elemente Tunnelinfra-struktur, Vakuumtechnik und Magnetschwebetechnik prägen.

Da die Infrastruktur und weitere Elemente der Hyperschallbahn auf die Erfordernisse zum Ende des ersten Lebenszyklus im Jahr 2160 auszulegen sind (vgl. Kap. 5), müssen die erforderlichen Zugparameter auf den einzelnen Linien für diesen Zeithorizont definiert werden.

2.5.1   Erforderliche Sitzplatzkapazität der Züge

Die notwendige Sitzplatzkapazität unterscheidet sich von Linie zu Linie und resultiert aus

- dem prognostizierten Passagieraufkommen,
- der Zugfolgezeit und täglichen Verfügbarkeit des Zugangebots,
- der zeitlich schwankenden Nutzungsintensität.

Mit dem Ziel eines einfachen und stabilen Betriebsprogramms wird unterstellt, dass alle Züge einer Linie eine einheitliche Sitzplatzkapazität aufweisen. Unter dieser Prämisse kann die erforderliche Sitzplatzkapazität je Zug nach Formel 2.12 ermittelt werden.

Ergänzend werden folgende Annahmen für die Ermittlung der erforderlichen Sitzplatzkapazität pro Zug getroffen:

- Das Passagieraufkommen ist über die Gesamtlänge einer Linie unterschiedlich. Die Sitzplatzkapazität orientiert sich am aufkommensstärksten Abschnitt der jeweiligen Linie (vgl. Abschn. 3.2 und 3.3).
- Das Passagieraufkommen ist außerdem zeitlich schwankend. Maßgebend für die erforderliche Sitzplatzkapazität ist die maximale zeitliche Nutzungsintensität.
- Die Nutzungsintensität während der täglichen Stoßzeiten liegt 10 % über dem Tagesdurchschnitt. In der Wochenspitze ist das Aufkommen 5 % größer als im Wochendurchschnitt. Das gleiche Verhältnis gilt für die Jahresspitze im Vergleich zum Jahresdurchschnitt.
- Die in Abschn. 2.4 beschriebene zeitzonenbedingte Nutzungseinschränkung von Zügen auf interkontinentalen Linien bewirkt auf kontinentalen Linien Aufkommensspitzen, die 10 % über dem Durchschnitt liegen.
- In die Sitzplatzkapazität wird zusätzlich eine Reserve von 10 % für außergewöhnliche und unwägbare Steigerungen der Nutzungsintensität eingerechnet.

Es wird davon ausgegangen, dass mit den vorgenannten Annahmen für die Dimensionierung der Sitzplatzkapazität eine weitestgehend freie Zugnutzung ohne restriktive Reservierungssysteme möglich wird. Unter Berücksichtigung der Annahmen und nach Umformung lässt sich Formel 2.12 vereinfacht als Formel 2.13 darstellen.

Auf kontinentalen Linien wird im Jahr 2160 je nach Linie abschnittsweise ein maximales Verkehrsaufkommen von 73 bis 161 Mio. Passagieren erreicht (vgl. Abschn. 3.3). Bei einer täglich 19 bis 20 h andauernden Nutzbarkeit der Züge und einer

$$n_{SOLL} = \frac{p_{max}\, t_{ZF}\, k_d\, k_w\, k_j\, k_i\, (k_{Res} + 1)}{t_{AZ}}$$

n_{SOLL}	erforderliche Sitzplatzkapazität pro Zug
p_{max}	maximales Passagieraufkommen pro Tag und Richtung
t_{ZF}	Zugfolgezeit in min
k_d	Aufkommensverhältnis Tagesspitze zu Tagesdurchschnitt
k_w	Aufkommensverhältnis Wochenspitze zu Wochendurchschnitt
k_j	Aufkommensverhältnis Jahresspitze zu Jahresdurchschnitt
k_i	Einwirkung interkontinentaler Netznutzung
k_{Res}	Kapazitätsreserve
t_{AZ}	tägliche Abfahrtszeitspanne in min

Formel 2.12 Erforderliche Sitzplatzkapazität pro Zug auf einer Linie

$$n_{SOLL} = \frac{33\,P_{max}\,t_{ZF}}{T_{AZ}}$$ **Kontinentale Linien**

$$n_{SOLL} = \frac{30\,P_{max}\,t_{ZF}}{T_{AZ}}$$ **Interkontinentale Linien**

n_{SOLL} erforderliche Sitzplatzkapazität pro Zug
P_{max} maximales Verkehrsaufkommen in Millionen Passagieren pro Jahr
t_{ZF} Zugfolgezeit in Minuten
T_{AZ} Tägliche Nutzbarkeit (Abfahrtszeitspanne) in Stunden pro Tag

Formel 2.13   Erforderliche Sitzplatzkapazität pro Zug auf einer Linie (vereinfachte Darstellung)

Zugfolgezeit von 10 min (vgl. Abschn. 2.4) werden im Jahr 2160 gemäß Formel 2.13 je nach kontinentaler Linie rund 1200 bis 2700 Sitzplätze pro Zug benötigt.

Auf interkontinentalen Linien erreicht das Verkehrsaufkommen im Jahr 2160 je nach Linie in einzelnen Abschnitten maximal 135 bis 328 Mio. Passagiere. Bei einer täglichen Nutzbarkeit von durchschnittlich 15 h ostwärts und einer Zugfolgezeit von 10 min sind nach Formel 2.13 im Jahr 2160 rund 2700 bis 6600 Sitzplätze pro Zug je nach interkontinentaler Linie erforderlich.

2.5.2 Dimensionierung der Züge

Während alle Züge einer einzelnen Linie eine einheitliche Sitzplatzkapazität in Verbindung mit einheitlichen Zugdimensionen aufweisen, müssen bei Betrachtung aller Linien differenzierte Fahrzeugdimensionen aufgrund der großen Unterschiede zwischen den Linien beim zugbezogenen Sitzplatzbedarf zur Anwendung kommen. Die linienbezogene Differenzierung kann durch Abstufungen beim Querschnitt und bei der Länge der Züge erfolgen.

Die Abstufung der Fahrzeugdimensionen zwischen den Linien entsprechend der prognostizierten Verkehrsnachfrage hat zwar den Nachteil, dass kein einheitlicher Fahrzeugtyp für alle Linien eingesetzt werden kann, ist jedoch auch mit folgenden Vorteilen verbunden:

- Die Anpassung minimiert die Fahrzeugkosten sowie die übrigen Systemkosten in Summe aller Linien.
- Die nachfrageabhängige Differenzierung der Zuggrößen verbessert die Zugauslastung auf den einzelnen Linien.
- Mit abgestuften Fahrzeugdimensionen kann flexibler auf langfristig wirkende Nachfrageänderungen reagiert werden (vgl. Abschn. 5.4).

Bei der Abstufung der Fahrzeugdimensionen muss entsprechend Abschn. 2.1 berücksichtigt werden, dass die Züge jeweils aus einem einzigen starren Rumpf mit annähernd kreisförmigem Querschnitt bestehen. Unter Beachtung des erreichten Standes der Technik und des künftigen technischen Fortschritts werden biegefeste Fahrzeuge für möglich gehalten, bei denen die Rumpflänge perspektivisch maximal 50 Rumpfdurchmesser erreicht.

Die maximale Rumpflänge der Fahrzeuge im Passagierbereich wird im Rahmen der gBetrachtung auf rund 300 m für Kontinentallinien und rund 400 m für interkontinentale Linien begrenzt. Diese Begrenzung ist notwendig, um

- die Weglänge der Passagiere in den Stationen in vertretbarem Rahmen zu halten,
- Trassierungszwänge für gekrümmte Linienverläufe in Stationsbereichen zu vermeiden (vgl. Abschn. 2.7),
- den Passagierfluss in und an den Zügen – insbesondere beim Ein- und Aussteigen – möglichst übersichtlich zu gestalten.

Nach Profil abgestufte Zugdimensionen
Die in Abb. 2.12 dargestellte Abstufung nach drei Größenkategorien wird den Anforderungen an die Zugdimensionierung gerecht. Die linienabhängige Anwendung der Abstufung ist in den Abschn. 3.2 und 3.3 verzeichnet.

Für einzelne interkontinentale Linien ist die genannte Begrenzung der Fahrzeugdimensionen nicht ausreichend, um die prognostizierten perspektivischen Verkehrsmengen bei einer Zugfolgezeit von 10 min zu bewältigen. Beispielhaft müssten perspektivisch die

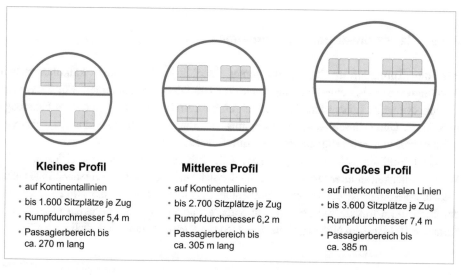

Kleines Profil
- auf Kontinentallinien
- bis 1.600 Sitzplätze je Zug
- Rumpfdurchmesser 5,4 m
- Passagierbereich bis ca. 270 m lang

Mittleres Profil
- auf Kontinentallinien
- bis 2.700 Sitzplätze je Zug
- Rumpfdurchmesser 6,2 m
- Passagierbereich bis ca. 305 m lang

Großes Profil
- auf interkontinentalen Linien
- bis 3.600 Sitzplätze je Zug
- Rumpfdurchmesser 7,4 m
- Passagierbereich bis ca. 385 m

Abb. 2.12 Abgestufte Zugdimensionen

Züge auf der Nordamerika-Linie W1 bei dieser Zugfolgezeit eine Kapazität von ca. 6600
Sitzplätzen aufweisen. Um dennoch die entsprechend Abb. 2.12 definierte Begrenzung der
Zugdimensionen einhalten zu können, wird der Bau von zwei Röhren pro Richtung auf
den betroffenen Linien erforderlich. Damit können diese Linien de facto mit einem 5-min-
Fahrplantakt bedient werden, womit sich die erforderliche Zugkapazität am Beispiel der
Linie W1 auf 3300 Sitzplätze halbiert (vgl. Abschn. 3.2).

Die Zugkategorien in Abb. 2.12 basieren auf folgenden Modellparametern:

- Einheitliche Sitzbreite von 60 cm, Gangbreite von 80 cm und Sitzabstände von
  100 cm in jeder Zugkategorie,
- Anteil der Sitzbereiche an der Länge des Passagierbereichs eines Zugs von ca. 75 %
  auf Kontinentallinien und von ca. 60 % auf interkontinentalen Linien,
- Nutzung des sonstigen Passagierbereichs für Zugänge und Abstellflächen, auf inter-
  kontinentalen Linien zusätzlich für gastronomische Angebote und Sanitärzellen,
- Anordnung der Sitzbereiche und sonstigen Bereiche im Wechsel über den gesamten
  Passagierbereich bei 25 Sitzreihen pro Sitzbereich,
- Systemspezifische Zugabschlüsse an beiden Rumpfenden außerhalb des Passagier-
  bereichs.

Der Zugang zu Gastronomie- und Sanitärbereichen ist aus Sicherheitsgründen nur in den
beschleunigungsfreien Zeitphasen auf interkontinentalen Linien zulässig, nicht jedoch
auf kontinentalen Linien, die durch Zugfahrten mit direktem Wechsel von Anfahr- und
Bremsbeschleunigung geprägt sind. Relativierend wirkt dabei, dass die durchschnittliche
Verweildauer in einem Zug des kontinentalen Verkehrs auf der Basis der Linienplanung
in Kap. 3 weniger als 30 min beträgt.

2.5.3 Kapazitätsabhängige Zuglänge

Für die Tunnelinfrastruktur wird unter Berücksichtigung der kalkulatorischen
Abschreibungen [14] eine Nutzungsdauer von 100 Jahren angenommen. Für Fahrzeuge
gilt hingegen eine Lebensdauer von 25 Jahren bis zum Ersatz durch eine neue Fahrzeuggeneration. Unter diesen Annahmen kommen innerhalb des Lebenszyklus der Fahrweg-
infrastruktur vier Fahrzeuggenerationen zum Einsatz.

Damit eröffnet sich die Möglichkeit, jede Fahrzeuggeneration mit Blick auf die
Wirtschaftlichkeit in ihrer Dimensionierung der sich verändernden Verkehrsnachfrage anzupassen. Allerdings ist der Fahrzeugquerschnitt systemtechnisch an die Dimensionierung
der Tunnelinfrastruktur und der Vakuumröhren gebunden und infolgedessen während der
gesamten 100-jährigen Nutzungsdauer dieser Systemelemente unveränderlich.

Die Anpassung der Zugdimensionen an die Verkehrsnachfrage ist also nur über die Zuglänge möglich und muss so erfolgen, dass die Züge ab ihrer Inbetriebnahme möglichst im gesamten 25-jährigen Nutzungszeitraum eine ausreichende Sitzplatzkapazität gemäß Abb. 2.13 aufweisen. Eine Überschreitung der errechneten Kapazität um maximal 5 % über wenige Jahre kann toleriert werden, da in Abb. 2.13 eine Kapazitätsreserve eingerechnet ist. Abb. 2.13 verdeutlicht die Anpassung der Sitzplatzkapazität über die Länge des Passagierbereichs der Züge am Beispiel der kontinentalen Linie E11 Mailand – Kairo. Die Linie wird für Mittelprofil-Züge bei einem Rumpfdurchmesser von 6,2 m ausgelegt und geht im Jahr 2060 in Betrieb.

Die Herstellung von Fahrzeugen in den genannten Dimensionen wird aus transportlogistischen Gründen nur an Standorten möglich sein, die unmittelbar mit den Depots des Hyperschall-bahn-Netzes (siehe Abschn. 3.2 und 3.3) verbunden sind.

2.5.4 Zugauslastung

Die beschriebene Anpassung der Zuglänge an die Entwicklung der Verkehrsnachfrage trägt zur Verbesserung der Fahrzeugauslastung bei. Im Allgemeinen wird die Auslastung von Personenverkehrssystemen über die Sitzplatzausnutzung während der Beförderungszeit gemessen (z. B. Sitzladefaktor im Luftverkehr). Dieser Ansatz wird auch für die Hyperschallbahn übernommen.

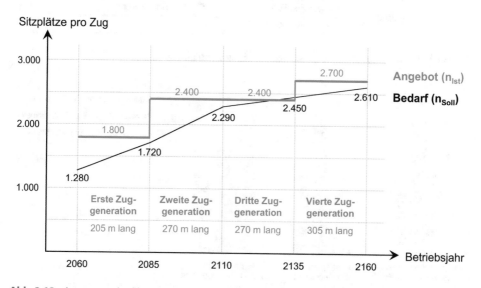

Abb. 2.13 Anpassung der Sitzplatzkapazität am Beispiel der Linie E11 Mailand – Kairo

Die Einschätzung der Auslastung ist jedoch unvollständig, wenn sie sich nur auf die Beförderungsphase (tägliche Blockstunden im Luftverkehr) beschränkt. Eine vollständige Einschätzung muss die Sitzplatznutzung über die gesamte Zeit der Vorhaltung von Personenverkehrssystemen, das heißt auch unter Einbeziehung von Leerzeiten berücksichtigen. Die Systemauslastung kann in diesem Fall mit einer Kennzahl gemessen werden, die die Passagierstunden mit den Platzstunden über einen bestimmten Zeitraum, zum Beispiel einen Tag, miteinander vergleicht (vgl. Formel 2.14).

Im nie erreichbaren Idealfall ist jeder Platz ununterbrochen besetzt. Dieser Fall entspräche nach Formel 2.14) einer Auslastung von 100 %. Abb. 2.14 vergleicht die Hyperschallbahn mit anderen Personenverkehrssystemen in Bezug auf die Auslastung nach herkömmlicher Bemessung und gemäß Formel 2.14.

Der Anteil der täglichen Verkehrsstunden entsprechend der Definition der Blockstunden erreicht im vorhandenen Luftverkehr und im Hochgeschwindigkeitsverkehr der bestehenden Bahnen (High Speed Rail System) nur etwa eine Tageshälfte, während das Equipment während der anderen Tageshälfte stillsteht [15–20]. Der Grund für dieses ungünstige Verhältnis liegt in der hohen Beanspruchung beider Verkehrsmittel während der Nutzungsphase und dem daraus resultierenden hohen zeitlichen Instandhaltungs- und Wartungsaufwand. Mit 78 % deutlich günstiger wird der Anteil der täglichen Verkehrsstunden für die Hyperschallbahn definiert (vgl. Abschn. 2.4), da die Fahrzeuge dieses Systems weitestgehend verschleißfrei verkehren.

$$\text{Auslastung} = \frac{\text{Passagierstunden pro Tag}}{\text{Platzstunden pro Tag}} = \frac{\text{Blockstunden} \cdot \text{Sitzladefaktor}}{24}$$

Formel 2.14 Auslastung über die Gesamtzeit der Systemvorhaltung

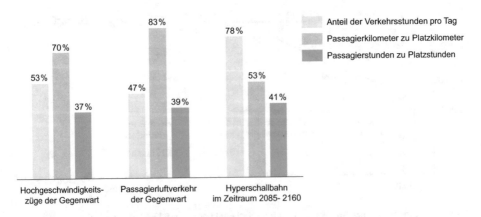

Abb. 2.14 Auslastung verschiedener Verkehrssysteme im Vergleich

Nach der klassischen Auslastungsdefinition als Verhältnis der Passagierkilometer zu Platzkilometern schneidet der Luftverkehr mit einem Sitzladefaktor von 83 % im Durchschnitt großer Airlines in Europa und den USA am besten ab [15–20]. Mit einem Faktor von 70 %, gewichtet nach Marktanteilen, liegt das vorhandene High Speed Rail System der europäischen Bahnen deutlich dahinter. Dabei bestehen jedoch erhebliche Unterschiede zwischen den Bahnen. Zum Beispiel fährt der französische reservierungspflichtige TGV-Verkehr mit einem Sitzladefaktor von 77 %, während der deutsche reservierungsfreie ICE-Verkehr 56 % erreicht [21, 49]. Für die reservierungsfreie Hyperschallbahn resultiert nach Vollausbau der Linien ein mit dem ICE-Verkehr vergleichbarer durchschnittlicher Sitzladefaktor von 53 % entsprechend den in Formel 2.12 definierten zeitlichen Aufkommensschwankungen.

Formel 2.14 liefert das Verhältnis zwischen Passagierstunden und Platzstunden im Verlauf eines Tages. Gemessen an dieser Kennzahl weisen alle drei betrachteten Verkehrssysteme eine ähnliche Auslastung zwischen 37 und 41 % auf (vgl. Abb. 2.14).

2.5.5 Dimensionen weiterer Systemelenente

Abhängig von der Größenabstufung in drei Fahrzeugprofile entsprechend Abb. 2.12 müssen auch die umhüllenden Vakuumröhren und die Tunnelröhren in ihren Querschnitten abgestuft bzw. angepasst werden. Dazu werden folgende Annahmen als Grundlage für die weiteren Betrachtungen getroffen:

- Der Durchmesser der umhüllenden Vakuumröhre ist 50 % größer als der Rumpfdurch-messer der durchfahrenden Fahrzeuge.
- Der Mindestabstand zwischen einer Vakuumröhre und der Tunnelwand beträgt 20 % des Durchmessers der Vakuumröhre, um ausreichend Abstand für Nachjustierungen der Linienführung der Vakuumröhren und für die Wartung der Röhren zu gewährleisten.
- Zwischen jedem Vakuumröhrenpaar einer Linie befindet sich ein Service- und Rettungsbereich in einer Breite, die etwa dem Durchmesser einer Vakuumröhre entspricht (vgl. Abb. 2.2).
- Im Linienbündel beträgt der Mindestabstand zwischen Vakuumröhren verschiedener Linien 2 m.

Abb. 2.15 zeigt zwei Extrembeispiele in Umsetzung der Annahmen – den Abschnitt einer Kleinprofil-Linie ohne Bündelung mit weiteren Linien und den stark gebündelten Abschnitt im östlichen Zulauf auf die Station London (LON).

Beispiel ohne Linienbündelung: Abschnitt Wien (VIE) – Helsinki (HEL) der Kleinprofil-Linie E12

12 m

28 m

- • Durchmesser je Vakuumröhre 8,1 m
- • Tunnelhöhe 12 m (aufgerundet)
- • Tunnelbreite 28 m (aufgerundet)

Beispiel mit starker Linienbündelung: Östlicher Zulauf auf Station London (LON)

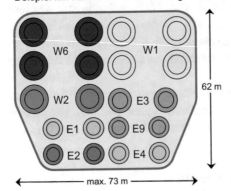

62 m

max. 73 m

- • Durchmesser je Vakuumröhre 8,1 m bis 11,1 m
- • Tunnelhöhe 62 m (aufgerundet)
- • Tunnelbreite maximal 73 m

Abb. 2.15 Tunnelquerschnitte ohne und mit starker Linienbündelung

2.6   Magnetschweben im Vakuum

Wie in Abschn. 2.1 skizziert, wird der Magnetschwebeantrieb durch ein Vakuum unterstützt, um die definierte Geschwindigkeit von maximal 7200 km/h zu erreichen. Dafür ist kein hohes bis ideales Vakuum mit extremen technischen Anforderungen an die Herstellung erforderlich [22, 23]. Wie Abb. 2.16 und die nachfolgenden Betrachtungen zeigen, ist die Erzeugung von Grobvakua an der Grenze zum Feinvakuum ausreichend.

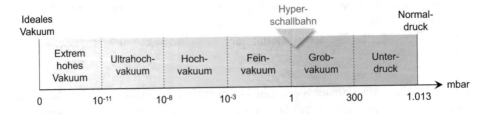

Abb. 2.16 Druckbereiche und Positionierung der Hyperschallbahn

2.6.1   Wechselwirkung der Systemelemente

Die Dimensionierung des Vakuumsystems und der Magnetschwebetechnik ist von gegenseitigen Abhängigkeiten geprägt. Je reiner das Vakuum ist, desto weniger Leistung benötigt die Magnetschwebetechnik. Umgekehrt ist für Magnetschwebetechnik, die bei atmosphärischem Druck für eine hohe Leistung ausgelegt ist, ein gröberes Vakuum als Unterstützung ausreichend.

Um diesen Zusammenhang zu verdeutlichen, wird der Fall betrachtet, dass der Luftwiderstand einer Magnetbahn mit Hyperschallgeschwindigkeit bei Vakuumunterstützung genauso hoch ist wie der Luftwiderstand einer Magnetbahn im konventionellen Geschwindigkeitsbereich bei atmosphärischem Druck. Auf dieser hypothetischen Basis entsprechend Formel 2.15 kann die Dimensionierung der Systemelemente näher bestimmt werden.

Der Luftwiderstand wird allgemein nach Formel 2.16 berechnet.

Mit Formel 2.17 in Verknüpfung und Umformung der Formeln 2.15 und 2.16 kann der erforderliche Druck in den Vakuumröhren in Abhängigkeit von den relevanten Einflussgrößen ermittelt werden.

Formel 2.17 zeigt auf, welches Vakuum für die Erreichung der definierten Geschwindigkeit der Hyperschallbahn erforderlich ist, um Magnetschwebeantriebe einzusetzen, die bei übereinstimmender Verkehrsmenge die gleiche Leistung wie unter atmosphärischen Bedingungen aufweisen.

Formel 2.15 Grundgleichung Luftwiderstand

$$W_{Atm} = W_{Vak}$$

W_{Atm} Luftwiderstand bei atmosphärischem Druck
W_{Vak} Luftwiderstand im Vakuum

$$W = \frac{M\,cw\,A\,p\,v^2}{2\,R\,T}$$

W	Luftwiderstand
M	Molare Masse der Luft
cw	Strömungswiderstandskoeffizient eines Fahrzeugs
A	Fahrzeugquerschnitt
p	Luftdruck
v	Fahrzeuggeschwindigkeit
R	Universelle Gaskonstante
T	Temperatur

Formel 2.16 Berechnung des Luftwiderstands

$$p_{Vak} = \frac{p_{Atm} \, cw_{Atm} \, A_{Atm} \, v_{Atm}^2}{cw_{Vak} \, A_{Vak} \, v_{Vak}^2}$$

p_{Vak}	Erforderlicher Druck in den Vakuumröhren in mbar
p_{Atm}	Atmosphärischer Druck in mbar
cw_{Atm}	Strömungswiderstandskoeffizient der Fahrzeuge bei atmosphärischem Druck
cw_{Vak}	Strömungswiderstandskoeffizient der Fahrzeuge im Vakuumbetrieb
A_{Atm}	Fahrzeugquerschnitt bei atmosphärischem Druck in m²
A_{Vak}	Fahrzeugquerschnitt im Vakuumbetrieb in m²
v_{Atm}	Reguläre Geschwindigkeit bei atmosphärischem Druck in km/h
v_{Vak}	Maximale Geschwindigkeit der Hyperschallbahn in km/h

Formel 2.17 Erforderlicher Druck in den Vakuumröhren

Beispielrechnung für den erforderlichen Druck in Vakuumröhren

Die im Bau befindliche, weitestgehend unterirdische Magnetbahn Tokio – Nagoya – Osaka (Chūō-Shinkansen) soll bei atmosphärischem Druck eine Betriebsgeschwindigkeit von 500 km/h erreichen. Für dieses Magnetbahnsystem werden folgende Parameter angenommen:

• Atmosphärischer Druck	p_{Atm}	1 013 mbar
• Strömungswiderstandskoeffizient	cw_{Atm}	0,15
• Fahrzeugquerschnitt	A_{Atm}	9 m²
• Maximale Geschwindigkeit	v_{Atm}	500 km/h

Das europäische Hyperschallbahn-Netz weist auf der kontinentalen Linie E7 von Amsterdam nach Casablanca unter anderem folgende Parameter auf:

• Strömungswiderstandskoeffizient	cw_{Vak}	0,10
• Fahrzeugquerschnitt	A_{Vak}	30 m²
• Maximale Geschwindigkeit	v_{Vak}	4 850 km/h

Gleicher Luftwiderstand besteht in beiden Systemen, wenn in den Vakuumröhren entsprechend Formel 2.17 folgender Druck vorherrscht:

• Erforderlicher Druck in Vakuumröhren	p_{Vak}	4,8 mbar

Dieser Druck gestattet auf der Linie E7 den Einsatz von Magnetschwebetechnik mit der Leistung des Chūō-Shinkansen – bezogen auf vergleichbare Verkehrsmengen.

Neben der Evakuierung der Vakuumröhren ist die regelmäßige Regulierung des Vakuums aufgrund von Undichtigkeiten in den Vakuumröhren erforderlich. Beide Einwirkungen müssen für die Bestimmung des Energieverbrauchs des Vakuumsystems berücksichtigt werden.

2.6.2 Energieverbrauch des Vakuumsystems

Energieverbrauch für die Evakuierung

Unter den Betriebsbedingungen der Hyperschallbahn wird je Röhre viermal pro Jahr eine Evakuierung erforderlich, gegebenenfalls in Verbindung mit größeren Wartungs- und Reparaturarbeiten innerhalb der Röhren. Aus betrieblichen Gründen soll die Dauer einer Evakuierung 20 h nicht überschreiten. Der jährliche Energieverbrauch für die Evakuierung der Vakuumröhren einer Linie wird mit Formel 2.18 beschrieben.

$$E_{Evk} = n_{Evk}\, t_{Evk}\, M_{Evk}$$

E_{Evk}	Jährlicher Energieverbrauch für Evakuierung der Vakuumröhren einer Linie in kWh
n_{Evk}	Anzahl der Evakuierungen pro Jahr = 4
t_{Evk}	Evakuierungszeit = 20 h
M_{Evk}	Motorleistung für Evakuierung der Vakuumröhren einer Linie in kW

Formel 2.18   Jährlicher Energieverbrauch für die Evakuierung der Vakuumröhren einer Linie

Die in Formel 2.18 enthaltene Motorleistung der Vakuumpumptechnik ist abhängig vom Saugvermögen. Das in Formel 2.19 abgebildete Verhältnis zwischen beiden Kenngrößen entspricht näherungsweise dem heutigen Stand der Technik [24–26]. Das für die Evakuierung benötigte Saugvermögen ist neben dem Volumen in den Vakuum-röhren und der Evakuierungszeit vom Druck nach Evakuierung im Vergleich zum atmosphärischen Druck abhängig [27].

Energieverbrauch für die Vakuumregulierung

Formel 2.20 unterstellt, dass der nach einer Evakuierung hergestellte Druck in den Vakuumröhren täglich um einen bestimmten Betrag auf den für den Betrieb erforderlichen Wert ansteigt. Täglich findet innerhalb der Betriebspause eine Vakuumregulierung in den Röhren zur Wiederherstellung des Evakuierungsdrucks statt.

Der jährliche Energieverbrauch für die Vakuumregulierung wird nach Formel 2.21 berechnet.

$$M_{Evk} = \frac{S_{Evk}}{50} \qquad S_{Evk} = \frac{V_{Vak}}{t_{Evk}} \ln\left(\frac{p_{Atm}}{p_{Evk}}\right)$$

M_{Evk}	Motorleistung für die Evakuierung der Vakuumröhren einer Linie in kW
S_{Evk}	Saugvermögen für Evakuierung der Vakuumröhren einer Linie in m³/h
V_{Vak}	Volumen der Vakuumröhren einer Linie in m³
t_{Evk}	Evakuierungszeit = 20 h
p_{Atm}	Atmosphärischer Druck am Anfang der Evakuierung = 1.013 mbar
p	Druck in den Vakuumröhren am Ende der Evakuierung in mbar

Formel 2.19   Motorleistung und Saugvermögen für die Evakuierung der Vakuumröhren einer Linie

$$p_{Vak} = p_{Evk} + p_{Delta}$$

p_{Vak}	Erforderlicher Druck in den Vakuumröhren einer Linie in mbar
p_{Evk}	Druck in den Vakuumröhren einer Linie am Ende der Evakuierung in mbar
p_{Delta}	Täglicher Druckanstieg in mbar

Formel 2.20   Erforderlicher Druck und täglicher Druckanstieg in den Vakuumröhren einer Linie

$$E_{Reg} = n_{Reg}\, t_{Reg}\, M_{Reg}$$

E_{Reg}	Energieverbrauch pro Jahr für die Vakuumregulierung in den Röhren einer Linie in kWh
n_{Reg}	Anzahl der Regulierungen pro Jahr = 365
t_{Reg}	Regulierungszeit in h
M_{Reg}	Motorleistung für die Vakuumregulierung in den Röhren einer Linie in kW

Formel 2.21 Jährlicher Energieverbrauch einer Linie für die Vakuumregulierung

Die Regulierungsdauer muss kürzer sein als die in Formel 2.9 definierte Dauer einer Betriebspause.

Die für die Vakuumregulierung erforderliche Motorleistung wird wie bei der Evakuierung in Abhängigkeit vom erforderlichen Saugvermögen ermittelt. Ein Unterschied zur Evakuierung besteht bei den Anforderungen an das Saugvermögen. Die Vakuumregulierung entsprechend Formel 2.22 erfordert zwar nur eine relativ geringe Druckanpassung entsprechend dem täglichen Druckanstieg, dies allerdings innerhalb einer vergleichsweise sehr kurzen Betriebspause.

Im Ergebnis liegen für die Evakuierung und die Vakuumregulierung je nach Konstellation der relevanten Parameter unterschiedliche Werte für das erforderliche Saugvermögen vor. Das für die Systemdimensionierung erforderliche Saugvermögen (vgl. Abschn. 5.3) wird aus dem größeren der beiden Werte ermittelt.

2.6.3 Energieverbrauch des Magnetschwebeantriebs

Der jährliche Energieverbrauch für den Magnetschwebeantrieb ist abhängig von der installierten Antriebsleistung und dem jährlichen Zugangebot mit den jeweiligen Linienfahrzeiten und kann näherungsweise nach Formel 2.23 ermittelt werden.

Das in Formel 2.23 enthaltene jährliche Zugangebot wird nach verfügbaren Sitzplätzen bemessen und resultiert entsprechend Formel 2.24 linienabhängig aus der Anzahl der täglichen Zugfahrten und der Anzahl der Sitzplätze je Zug (vgl. Abschn. 3.2 und 3.3).

$$M_{Reg} = \frac{S_{Reg}}{50} \qquad\qquad S_{Reg} = \frac{V_{Vak}}{t_{Reg}}\, \ln\left[\frac{p_{Vak}}{p_{Evk}}\right]$$

M_{Reg}	Motorleistung für Vakuumregulierung in den Vakuumröhren einer Linie in kW
S_{Reg}	Saugvermögen für Vakuumregulierung in den Vakuumröhren einer Linie in m³/h
V_{Vak}	Volumen der Vakuumröhren einer Linie in m³
t_{Reg}	Regulierungszeit in h
p_{Vak}	Erforderlicher Druck in den Vakuumröhren einer Linie in mbar
p_{Evk}	Druck in den Vakuumröhren am Ende der Evakuierung in mbar

Formel 2.22 Motorleistung und Saugvermögen für die Vakuumregulierung in den Röhren einer Linie

$$E_{Mag} = A_V \, t_{Fz} \, M_{Mag}$$

E_{Mag}	Jährlicher Energieverbrauch für den Magnetschwebeantrieb einer Linie in kWh
A_V	Jährliches Zugangebot einer Linie in Plätzen
t_{Fz}	Linienfahrzeit ohne Zwischenhalte in h
M_{Mag}	Antriebsleistung der Magnetschwebetechnik einer Linie in kW/Platz

Formel 2.23 Jährlicher Energieverbrauch für den Magnetschwebeantrieb

$$A_V = 2 \cdot 365 \cdot n_{Zf} \, n_{IST}$$

A_V	Jährliches Zugangebot einer Linie in Plätzen
n_{Zf}	Anzahl Zugfahrten pro Tag und Richtung auf einer Linie
n_{IST}	Anzahl Sitzplätze pro Zug

Formel 2.24 Jährliche Zugangebot auf einer Linie

Die Antriebsleistung der Magnetschwebetechnik wird in Abhängigkeit von der erreichbaren Betriebsgeschwindigkeit bei atmosphärischem Druck betrachtet und kann in Anlehnung an das Transrapid-System näherungsweise mit Formel 2.25 beschrieben werden [12, 28].

2.6.4 Minimierter Gesamtenergieverbrauch

Summarischer Energieverbrauch

Der gesamte Energieverbrauch der Hyperschallbahn resultiert aus der Summe des Energieverbrauchs für das Vakuumsystem und den Magnetschwebeantrieb. Dafür werden die vorangegangenen Formeln zur Ermittlung des Energieverbrauchs in ihrer Abhängigkeit von den jeweiligen Druckverhältnissen umgeformt und zusammengefasst.

In Formel 2.26 ist der jädhrliche Energieverbrauch des Vakuumsystems in Summe der Evakuierung und der Vakuumregulierung in den Röhren einer Linie in Abhängigkeit von den Druckverhältnissen und in Zusammenfassung der Formeln 2.18 bis 2.22 dargestellt.

$$M_{Mag} = \frac{v_{Atm}^{1,4}}{600}$$

M_{Mag}	Antriebsleistung der Magnetschwebetechnik einer Linie in kW/Platz
v_{Atm}	Reguläre Magnetbahn-Geschwindigkeit bei atmosphärischem Druck in km/h

Formel 2.25 Antriebsleistung der Magnetschwebetechnik

$$E_{Vak} = 0{,}02 \, V_{Vak} \left[n_{Evk} \ln \left(\frac{p_{Atm}}{p_{Evk}} \right) + n_{Reg} \ln \left(\frac{p_{Evk} + p_{Delta}}{p_{Evk}} \right) \right]$$

E_{Vak}	Jährlicher Energieverbrauch für Evakuierung und Vakuumregulierung in den Röhren einer Linie in kWh
V_{Vak}	Volumen der Vakuumröhren einer Linie in m³
n_{Evk}	Anzahl der Evakuierungen pro Jahr = 4
n_{Reg}	Anzahl der Regulierungen pro Jahr = 365
p_{Atm}	Atmosphärischer Druck am Anfang der Evakuierung = 1.013 mbar
p_{Evk}	Druck in den Vakuumröhren am Ende der Evakuierung in mbar
p_{Delta}	Täglicher Druckanstieg in mbar

Formel 2.26 Jährlicher Energieverbrauch des gesamten Vakuumsystems in den Röhren einer Linie

Formel 2.27 zur druckabhängigen Ermittlung des Energieverbrauchs für den Magnetschwebeantrieb entsteht nach Zusammenfassung der Formeln 2.23 bis 2.25 und Verknüpfung mit Formel 2.17.

Aus den Formeln 2.26 und 2.27 resultiert ein druckabhängiger Energieverbrauch gemäß Abb. 2.17 in Summe aller Linien der Hyperschallbahn und am Beispiel des Jahres 2085, getrennt nach Vakuumtechnik und Magnetschwebeantrieb:

Abb. 2.17 verdeutlicht, dass der Anteil des Magnetschwebeantriebs am gesamten Energieverbrauch der Hyperschallbahn umso deutlicher überwiegt, je höher der Druck nach Evakuierung ist. Umgekehrt dominiert bei starker Evakuierung der Anteil der Vakuumtechnik am gesamten Energieverbrauch.

Druckabhängiges Minimum des Energieverbrauchs

In diesem Kontext entsteht die Frage, bei welchen Druckverhältnissen der summarische Energieverbrauch für das Vakuumsystem und den Magnetschwebeantrieb am geringsten

$$E_{Mag} = 1{,}22 \, n_{Zf} \, n_{IST} \, t_{Fz} \, v_{Vak}^{1,4} \left(\frac{(p_{Evk} + p_{Delta}) \, cw_{Vak} \, A_{Vak}}{p_{Atm} \, cw_{Atm} \, A_{Atm}} \right)^{0,7}$$

E_{Mag}	Jährlicher Energieverbrauch für den Magnetschwebeantrieb einer Linie in kWh
n_{Zf}	Anzahl Zugfahrten pro Tag und Richtung auf einer Linie
n_{IST}	Anzahl Sitzplätze pro Zug
t_{Fz}	Linienfahrzeit ohne Zwischenhalte in h
v_{Vak}	Maximale Geschwindigkeit der Hyperschallbahn in km/h
p_{Evk}	Druck in den Vakuumröhren am Ende der Evakuierung in mbar
p_{Delta}	Täglicher Druckanstieg in mbar
cw_{Vak}	Strömungswiderstandskoeffizient der Fahrzeuge im Vakuumbetrieb
A_{Vak}	Fahrzeugquerschnitt im Vakuumbetrieb in m²
p_{Atm}	Atmosphärischer Druck am Anfang der Evakuierung = 1.013 mbar
cw_{Atm}	Strömungswiderstandskoeffizient der Fahrzeuge bei atmosphärischem Druck
A_{Atm}	Fahrzeugquerschnitt bei atmosphärischem Druck in m²

Formel 2.27 Jährlicher Energieverbrauch des Magnetschwebeantriebs einer Linie

Vakuumtechnik 2085 in TWh		p_{Evk} (mbar)					
		1,0	2,0	3,0	4,0	5,0	6,0
	0,5	42	26	19	16	14	12
	1,0	68	42	31	25	21	19
p_{Delta}	1,5	87	55	41	33	28	25
(mbar)	2,0	103	67	51	41	35	30
	2,5	117	77	59	48	41	36
	3,0	129	87	67	55	47	41

Vakuumtechnik

- Je feiner das Vakuum, desto höher der Energieverbrauch für die Evakuierung
- Je stärker der tägliche Druckanstieg, desto höher der Energieverbrauch für die Vakuumregulierung

Magnetschweben 2085 in TWh		p_{Evk} (mbar)					
		1,0	2,0	3,0	4,0	5,0	6,0
	0,5	31	45	56	67	77	87
	1,0	38	51	62	72	82	92
p_{Delta}	1,5	45	56	67	77	87	96
(mbar)	2,0	51	62	72	82	92	100
	2,5	56	67	77	87	96	105
	3,0	62	72	82	92	100	109

Magnetschwebeantrieb

- Je feiner das Vakuum, desto geringer der Energieverbrauch für den Magnetschwebeantrieb
- Je stärker der tägliche Druckanstieg, desto höher der Energieverbrauch für den Magnetschwebeantrieb

Abb. 2.17   Energieverbrauch von Vakuumtechnik und Magnetschwebeantrieb im Jahr 2085

ist. Dabei muss sichergestellt sein, dass die linienbezogen definierten Geschwindigkeiten und Fahrzeiten der Hyperschallbahn (vgl. Abschn. 3.2 und 3.3) uneingeschränkt erreicht werden. Die Lösung ergibt sich aus den partiellen Differentialgleichungen in Formel 2.28.

Die Gleichungen der Formel 2.28 liefern entsprechend Abb. 2.18 für das Jahr 2085 eine minimale Energiesumme, wenn der Evakuierungsdruck bei 2 mbar liegt und der

$$f(p_{Evk}) = \frac{\partial (E_{Vak} + E_{Mag})}{\partial p_{Evk}} = 0 \qquad f(p_{Delta}) = \frac{\partial (E_{Vak} + E_{Mag})}{\partial p_{Delta}} = 0$$

p_{Evk}	Druck in den Vakuumröhren am Ende der Evakuierung in mbar
p_{Delta}	Täglicher Druckanstieg in mbar
E_{Vak}	Jährlicher Energieverbrauch für Evakuierung und Vakuumregulierung in den Röhren einer Linie in kWh
E_{Mag}	Jährlicher Energieverbrauch für den Magnetschwebeantrieb einer Linie in kWh

Formel 2.28   Bestimmung des minimalen Energieverbrauchs der Hyperschallbahn

Energiesumme 2085 in TWh		p_{Evk} (mbar)					
		1,0	2,0	3,0	4,0	5,0	6,0
	0,5	74	70	76	83	91	99
	1,0	106	92	93	97	103	110
p_{Delta}	1,5	132	112	109	111	115	121
(mbar)	2,0	154	129	123	123	126	131
	2,5	173	145	136	135	137	140
	3,0	191	159	149	146	147	150

Summe Systemverbund

- Minimierung des Energieverbrauchs durch Evakuierungsdruck im Grobvakuum an Grenze zum Feinvakuum
- Minimierung des Energieverbrauchs durch geringen täglichen Druckanstieg

Abb. 2.18   Summarischer Energieverbrauch der Hyperschallbahn im Jahr 2085

tägliche Druckanstieg auf eine Größenordnung von 0,5 mbar begrenzt wird. Zum Vergleich ist im heutigen industriellen Maßstab eine Vakuumanlage bereits „hinreichend dicht", wenn der Druckanstieg 10^{-5} mbar pro Sekunde bzw. 0,86 mbar pro Tag nicht übersteigt. Oberhalb dieses Wertes wird die Anlage bereits als „undicht" eingestuft [22].

Die für den minimalen Energieverbrauch identifizierte Druckkonstellation gilt nicht nur für die Hyperschallbahn insgesamt, sondern grundsätzlich für jede einzelne Linie ohne prinzipielle Unterschiede zwischen den interkontinentalen und kontinentalen Linien. Sie trifft außerdem nicht nur im Betriebsjahr 2085, sondern prinzipiell im gesamten betrachteten Betriebszeitraum von 2060 bis 2160 zu.

2.6.5   Prämissen für Systemverbund

Kostenminimale Hyperschallbahn

Das Vakuumsystem und der Magnetschwebeantrieb sollen in ihrer Verbundwirkung so dimensioniert werden, dass beide Systemelemente zusammen minimale Kosten über den gesamten Betrachtungszeitraum bis zum Jahr 2160 verursachen. Die vorab beschriebene Minimierung des Energieverbrauchs allein ist dafür nicht zwangsläufig zielführend. Für das Kostenziel müssen außerdem die Auswirkungen der Systemdimensionierung auf die Investitionskosten und den Instandhaltungsaufwand berücksichtigt werden.

Das auf dieser Basis definierte Kostenminimum tritt dauerhaft bei einem Evakuierungsdruck zwischen 6 und 8 mbar sowie bei einem täglichen Druckanstieg um 3 bis 4 mbar ein (vgl. Abschn. 5.3). Diese Druckkonstellation verfehlt das Energieverbrauchsminimum gemäß Formel 2.28, kommt aber der voraussichtlichen Entwicklungstendenz entgegen, dass mit der Anlagenalterung der tägliche Druckanstieg trotz steigender Instandhaltung anwachsen wird und der errechnete minimale Energieverbrauch dauerhaft nicht gehalten werden kann.

Für die Kostenkalkulation in Abschn. 5.3 wird unter diesem Aspekt ein Evakuierungsdruck von 6 mbar in Verbindung mit einem täglichen Druckanstieg von 3 mbar angenommen. Mit dieser Druckkonstellation erreicht der Energieverbrauch der Hyperschallbahn rund 158 Terawattstunden im Beispieljahr 2085.

Die 34 Staaten mit vorgesehenen Hyperschallbahn-Stationen (vgl. Abschn. 3.1) hatten zusammen im Jahr 2015 einen Stromverbrauch von annähernd 4500 Terawattstunden [29]. In der Europäischen Union stieg der Stromverbrauch in den vergangenen Jahren im Durchschnitt um 1,6 % pro Jahr [30]. Bei dieser Steigerungsrate würden die genannten 34 Staaten im Jahr 2085 über 13.600 Terawattstunden Strom verbrauchen. Daran hätte das europäische Hyperschallbahn-Netz einen Anteil von annähernd 1,2 %.

Anlagentechnische Besonderheiten

Die Nutzungsdauer der Tunnelinfrastruktur wird auf 100 Jahre, d. h. auf den Betrachtungszeitraum 2060–2160 ausgelegt (vgl. Abschn. 5.1). Röhrensysteme und Magnetschwebetechnik weisen hingegen in der Regel eine Nutzungsdauer in der Größenordnung von maximal 50 oder weniger Jahren auf [14, 31].

Für Vakuumröhren muss jedoch bei der Hyperschallbahn die gleiche Nutzungsdauer wie für die Tunnelinfrastruktur eingeplant werden, da während der Tunnelnutzung eine Auswechslung der Röhren ohne gravierende Folgen für den Linienbetrieb nicht möglich ist. Die Nutzungsdauer der Magnetschwebetechnik muss auf 50 Jahre festgelegt werden, um die Betriebsunterbrechungen auf Grund der Erneuerung der Technik zu minimieren.

Die Ausdehnung der Nutzungsdauer und weitere anlagentechnische Besonderheiten haben Auswirkungen auf die Prozesse der Herstellung und Instandhaltung der Vakuumröhren und Magnetschwebetechnik.

- Vakuumröhren müssen möglichst dauerhaft auf die definierte Begrenzung des täglichen Druckanstiegs ausgelegt werden. Die aus dieser Anforderung resultierenden höheren Herstellungskosten werden im Abschn. 5.3 berücksichtigt.
- Zusätzlich sind in den täglichen Betriebspausen kontinuierliche Maßnahmen an den Vakuumröhren zur Begrenzung des Druckanstiegs und zur Erhöhung der Nutzungsdauer erforderlich.
- Im Rahmen der Wartung und Instandhaltung muss in den täglichen Betriebspausen ein kontinuierlicher Komponententausch zur Nachrüstung der Magnetschwebetechnik eingeplant werden.
- Ähnlich den Fahrzeugen weisen die Vakuumröhren derart große Dimensionen auf, dass sie aus transportlogistischen Gründen nur an Standorten direkt an Hyper-schallbahn-Linien hergestellt werden können.
- Für die Positionierung und die Verankerung der Vakuumröhren innerhalb der Tunnelinfrastruktur sind spezielle Einschubtechnologien erforderlich. Dies betrifft unter Umständen auch die in den Schwebetunneln des Atlantiks verankerten und umhüllten Vakuumröhren (vgl. Abschn. 2.1).
- In regelmäßigen Abständen – zum Beispiel alle 50 km – werden entlang der Linien einschließlich der Atlantiktunnel Servicepunkte zur Herstellung und Regulierung des Vakuums, für Inspektionen und Instandsetzungen sowie für die Rettung von Passagieren in Notfällen eingerichtet.
- Für die Evakuierung und Vakuumregulierung des gesamten Europanetzes der Hyperschallbahn ist ein Saugvermögen von annähernd 3,8 Mrd. m^3 pro Stunde erforderlich (vgl. Formeln 2.19 und 2.22). Die Vakuumpumptechnik muss für das Konzept der Servicepunkte weiterentwickelt werden.

2.7 Trassierung

Aufgrund des definierten Geschwindigkeitsniveaus liegt für die Hyperschallbahn die Idealvorstellung geometrisch absolut gerader Verkehrslinien nahe. Die Ziele der Minimierung der Baukosten und der Maximierung der Verkehrsstrombündelung lassen diesen Idealfall jedoch nur partiell zu und erfordern überwiegend wie bei jedem landgebundenen Verkehrsnetz auch für die Hyperschallbahn Trassierungsregeln – allerdings auf der Basis spezieller Prämissen.

2.7.1   Trassierungsprämissen

Allgemeine Grundsätze für die Trassierung

- Die fahrdynamischen Grenzwerte entsprechend Abschn. 2.3 dürfen nicht über-schritten werden. Der Streckenanteil mit Trassierung auf Basis fahrdynamischer Grenzwerte, insbesondere mit der maximalen Seiten- und Vertikalbeschleunigung, soll aus Gründen des Reisekomforts möglichst minimiert werden.
- Die Strecken sollen weitestgehend unterirdisch verlaufen, um die Beeinträchtigung von Siedlungsgebieten, von Schutzgebieten und des Landschaftsbildes möglichst zu vermeiden.
- Trotz der unterirdischen Streckenführung soll die Trassierung möglichst geringe Baukosten verursachen, unter anderem durch die Vermeidung der Unterquerung von größeren Gewässern, durch die Umfahrung größeren Gebirgsregionen oder die Minimierung der mittleren Tunnelüberdeckung (vgl. Abschn. 5.1).
- Weitere Kostensenkungen sind durch die abschnittsweise Bündelung von Linien mög-lich, das heißt bei Führung der Vakuumröhren mehrerer Linien unmittelbar neben-einander oder übereinander in einheitlicher Trassierung (vgl. Abschn. 5.1).
- Ist eine Verkehrsstation an mehrere Linien angebunden, dann ermöglicht eine ein-heitliche Ausrichtung der Linien im Stationsbereich die Reduzierung der Bau- und Betriebskosten und eine Vereinfachung der Steuerung großer Passagierströme in der Station (vgl. Abschn. 5.5).

Horizontale Mindest-Bogenradien

Horizontale Bögen kommen sowohl in Beschleunigungs- und Bremsabschnitten als auch in Abschnitten mit maximaler Geschwindigkeit zur Anwendung. Werden Beschleunigungsabschnitte im Bogen trassiert, dann muss der Bogen in Einhaltung des Grenzwerts der Seitenbeschleunigung (vgl. Abschn. 2.3) einen Mindestradius ent-sprechend Formel 2.29 aufweisen.

Formel 2.29 gilt umgekehrt auch in Bremsabschnitten. Da die Bremsbeschleunigung in ihrem Betrag der Anfahrbeschleunigung gleicht, stimmt auch die Geometrie von Beschleunigungs- und Bremsabschnitten grundsätzlich überein. In diesem Kontext muss auch beachtet werden, dass die Vakuumröhren einer Linie grundsätzlich immer

Formel 2.29 Horizontaler Bogenradius in Beschleunigungsabschnitten

$$r_H \geq \frac{2\, a_L\, s \cos \mu}{a_S + g \sin \mu}$$

r_H	horizontaler Bogenradius in km
a_L	Längsbeschleunigung in m/s²
s	durchfahrene Strecke in km
a_S	unausgeglichene Seitenbeschleunigung in m/s²
g	Fallbeschleunigung = 9,81 m/s²
μ	Querneigungswinkel in Grad

zusammen in einer gemeinsamen Trassierungslinie verlegt werden. Damit übernimmt der Bremsabschnitt einer Röhre zwangs-läufig die Geometrie des Beschleunigungsabschnitts der Gegenröhre der Linie.

In Abschn. 2.3 wurde für kontinentale und interkontinentale Linien eine maximale Seitenbeschleunigung von 2 m/s^2 bei einer maximalen Fahrzeug-Querneigung von 15° definiert. Zur Einhaltung dieser Grenzwerte müsste beispielhaft eine kontinentale Linie mit einer Längsbeschleunigung von 3 m/s^2 100 km nach Verlassen einer Verkehrsstation einen horizontalen Mindestradius von 128 km aufweisen. Interkontinentale Linien mit einer Längs-beschleunigung von 5 m/s^2 benötigen nach der gleichen Distanz einem horizontalen Radius von mindestens 213 km.

Nach einer Anfahrlänge von 667 km würden Züge einer kontinentalen Linie die maximale Geschwindigkeit von 7200 km/h erreichen. Dieser Fall tritt jedoch aufgrund der deutlich geringeren mittleren Stationsentfernungen auf kontinentalen Linien (vgl. Abschn. 3.3) in der Regel nicht ein. Züge auf interkontinentalen Linien erreichen die maximale Geschwindigkeit bereits nach 400 km. Sie benötigen dann einen horizontalen Mindestradius von ca. 850 km zur Einhaltung der maximalen Seitenbeschleunigung von 2 m/s^2 bei einer maximalen Fahrzeug-Querneigung von 15° (vgl. Abschn. 2.3).

Mindestradius
von 850 km
bei maximaler
Geschwindigkeit
von 7.200 km/h

- Die 27 Staaten der Europäischen Union haben zusammen mit den Anrainerstaaten Westeuropas und des Balkans eine Fläche von ca. 5,1 Millionen km².

- Ein Vollkreis mit dem Radius von 850 km weist mit knapp 2,3 Millionen km² ca. 45 % dieser Fläche auf.

- Die Linienlänge im europäischen Hyperschallbahn-Netz beträgt 59.807 km (vgl. Abschn. 3.5). Davon werden 7.295 km mit dem Mindestradius von 850 km trassiert.

EU 27	4.223.000 km²
GB	248.528 km²
CH	41.285 km²
NO	385.207 km²
BH	51.197 km²
SR	77.474 km²
KS	10.877 km²
MN	13.812 km²
AL	28.748 km²
MZ	25.713 km²
Summe	**5.105.841 km²**

Vertikale Mindest-Bogenradien

Auch die Trassierung in vertikaler Richtung muss sich an Beschleunigungsgrenzwerten entsprechend Abschn. 2.3 orientieren. Formel 2.30 zeigt die dafür mindestens notwendigen vertikalen Bogenradien in Wannen und Kuppen der Liniengradienten.

Gemäß Formel 2.30 muss zum Beispiel der Wannenradius der Liniengradiente in Abschnitten für die maximale Geschwindigkeit von 2000 m/s bzw. 7200 km/h mindestens 2667 km betragen, damit der Grenzwert von 1,5 m/s² der Wannenbeschleunigung nicht überschritten wird. Der Ausrundungsradius gestattet der Liniengradiente 10 km nach Verlassen des Wannentiefpunktes einen Anstieg von nur 19 m.

Noch extremer ist die Trassierungssituation bei der Ausrundung von Kuppen. Um den Grenzwert der Vertikalbeschleunigung an Kuppen von 1,0 m/s² einzuhalten, muss der Ausrundungsradius in diesen Bereichen mindestens 4000 km betragen, wenn dort die Maximalgeschwindigkeit von 7200 km/h erreicht wird. Bei einem Ausrundungsradius von 4000 km darf die Liniengradiente zum Beispiel 10 km nach Verlassen des höchsten Punktes der Kuppe nur 12 bis 13 m an Höhe verlieren.

Die genannten Beispiele verdeutlichen, dass sich die Gradienten von Hyperschallbahn-Linien faktisch nicht an das örtliche Geländeprofil anpassen können. Die Spezifik der Trassierung der Gradienten erfordert daher abweichend vom generellen Gebot der Untertunnelung vereinzelt den Bau von Brücken bei der Überwindung von tieferen Tälern und Senken.

2.7.2 Bogenelemente

Logarithmische Spirale

Formel 2.29 beschreibt für horizontale Bögen in Beschleunigungsabschnitten die Notwendigkeit der Proportionalität zwischen dem Bogenradius und der durchfahrenen Bogenlänge. Die logarithmische Spirale entsprechend Formel 2.31 erfüllt diese Bedingung und eignet sich demnach als Trassierungselement für Hyperschallbahn-Linien.

Für die Nutzung als Trassierungselement kommt in Abhängigkeit von der Linienführung ein Abschnitt der logarithmischen Spirale zwischen den Bogenradien r_1 und r_2 zur Anwendung. Der Radius r_1 muss mindestens die in Abschn. 2.4 definierte

$$r_W = \frac{v^2}{a_W} \qquad r_K = \frac{v^2}{a_K}$$

r_W	minimaler Wannenradius in m
r_K	minimaler Kuppenradius in m
v	Geschwindigkeit in m/s
a_W	Vertikalbeschleunigung in der Wanne (maximal 1,5 m/s²)
a_K	Vertikalbeschleunigung auf der Kuppe (maximal 1,0 m/s²)

Formel 2.30 Minimale vertikale Bogenradien

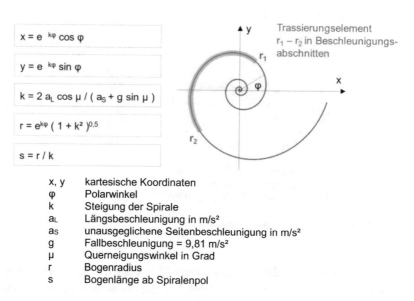

$$x = e^{\,k\varphi} \cos \varphi$$

$$y = e^{\,k\varphi} \sin \varphi$$

$$k = 2\,a_L \cos \mu \,/\, (a_S + g \sin \mu)$$

$$r = e^{k\varphi}\,(1 + k^2)^{0,5}$$

$$s = r / k$$

x, y	kartesische Koordinaten
φ	Polarwinkel
k	Steigung der Spirale
a_L	Längsbeschleunigung in m/s²
a_S	unausgeglichene Seitenbeschleunigung in m/s²
g	Fallbeschleunigung = 9,81 m/s²
μ	Querneigungswinkel in Grad
r	Bogenradius
s	Bogenlänge ab Spiralenpol

Formel 2.31 Logarithmische Spirale für die Trassierung

Geschwindigkeit von 600 m/s für die Durchfahrten in Stationen ermöglichen, während der Radius r_2 maximal für die Geschwindigkeit von 2000 m/s bzw. 7200 km/h ausgelegt sein muss.

Kreisabschnitt in Stationsbereichen

Sollten in den Vor- und Nachlaufabschnitten von Stationen Bogenfahrten erforderlich werden, muss mindestens die in Abschn. 2.4 definierte Geschwindigkeit von 600 m/s für Durchfahrten in Stationen möglich sein. Für die Trassierung kommt ein Kreisbogenabschnitt mit dem Radius r_1 und der Bogenlänge s ab Station entsprechend Formel 2.32 in Betracht. Ab der Bogenlänge s schließt nahtlos die in Formel 2.31 beschriebene logarithmische Spirale an. Auf Basis der Formeln 2.32 und 2.29 weist der Kreisabschnitt folgende Trassierungsparameter auf:

- Die Länge s des Kreisbogens beträgt 36 km auf interkontinentalen Linien. Nach dieser Distanz wird bei der interkontinentalen Längsbeschleunigung von 5 m/s² die Geschwindigkeit von 600 m/s erreicht.
- Auf kontinentalen Linien mit einer Längsbeschleunigung von 3 m/s² wird die gleiche Geschwindigkeit nach einer Distanz s von 60 km erreicht.
- Damit nach Durchfahren der Distanz s die Grenzwerte von 2 m/s² für die Seitenbeschleunigung bei 15° Fahrzeugquerneigung nicht überschritten werden, muss der Radius r_1 des Kreisbogenabschnitts mindestens 77 km betragen – sowohl auf interkontinentalen als auch auf kontinentalen Linien.

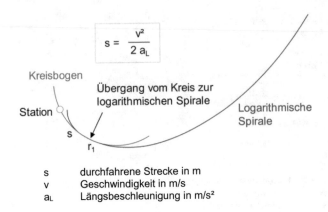

$$s = \frac{v^2}{2\,a_L}$$

Kreisbogen

Übergang vom Kreis zur
logarithmischen Spirale

Station

Logarithmische
Spirale

s

r_1

s	durchfahrene Strecke in m
v	Geschwindigkeit in m/s
a_L	Längsbeschleunigung in m/s²

Formel 2.32 Kreisabschnitt in Stationsbereichen

Bei der Festlegung des minimalen Kreisbogenradius r_1 muss auch das systemverträgliche
Ausschwenken der Fahrzeuge in Bogenfahrten beachtet werden. Durchfährt zum Beispiel ein Großprofil-Fahrzeug mit der größtmöglichen Länge des starren Rumpfes von
knapp 400 m (vgl. Abschn. 2.5) einen Bogen mit dem Radius von 77 km, dann schwenkt
der Fahrzeugrumpf bis zu 25 cm seitwärts gegenüber der Mittelachse der Magnetfahrbahn aus. Ist dieser Wert nicht mehr tolerierbar, dann muss der Mindestradius r_1
vergrößert werden.

Übergangsbögen
Folgen zwei Trassierungselemente mit unterschiedlichen Bogenradien übergangs-
los aufeinander, ändert sich die Seitenbeschleunigung ruckartig. Das betrifft Über-
gänge zwischen Geraden und Kreisbögen, zwischen Gegenbögen und zwischen
gleichgerichteten Bögen mit unterschiedlichen Radien. Um den Ruck zu vermeiden,
wird zwischen die genannten Trassierungselemente ein zusätzliches Bogenelement ein-
gefügt, das einen kontinuierlichen Übergang der Bogenradien herstellt. Die Länge dieses
Übergangsbogens orientiert sich an Formel 2.33 in der Annahme, dass mit Blick auf den
Reisekomfort mindestens 3 s Fahrzeit pro Änderung der Seitenbeschleunigung um 1 m/
s² vergehen müssen.

$$t = 3\ \Delta a_S$$

t	Fahrzeit im Übergangsbogen in s
Δa_S	Änderung der unausgeglichenen Seitenbeschleunigung in m/s²

Formel 2.33 Grundgleichung für Übergangsbögen

Zwei Konstruktionsbeispiele sollen diesen Ansatz verdeutlichen:

- Das erste Beispiel betrifft den Übergang zwischen zwei Gegenbögen in einem 400 km langen Abschnitt zwischen zwei Stationen einer kontinentalen Linie. Die Seitenbeschleunigung beträgt 2 m/s^2 in beiden Gegenbögen. Im Bogenwechsel, der in der Mitte des Abschnitts erfolgen soll, entsteht ein richtungsbezogener Wechsel der Seitenbeschleunigung von 4 m/s^2. Dafür ist ein Übergangsbogen mit Durchfahrung in 12 s erforderlich. In diesem Bereich erreicht die Geschwindigkeit 1095 m/s. Daraus resultiert näherungsweise eine Länge des Übergangsbogens von 13 km.
- Das zweite Beispiel betrachtet den Abschnitt einer interkontinentalen Linie, der mit Maximalgeschwindigkeit von 2000 m/s befahren wird. In diesem Abschnitt geht eine Gerade in einen Kreisbogen mit Mindestradius und mit einer Seitenbeschleunigung von 2 m/s^2 über. Dafür ist ein Übergangsbogen erforderlich, der in 6 s durchfahren wird. Die resultierende Länge des Übergangsbogens beträgt 12 km.

2.7.3 Angebotsorientierte Trassierung

Die beschriebenen Trassierungselemente erfüllen die fahrdynamischen Anforderungen entsprechend Abschn. 2.3. Sie sollen jedoch auch so flexibel anwendbar sein, dass die Trassierbarkeit der Linien möglichst kein Hindernis für die angestrebte Verlagerung vom Luftverkehr auf die Hyperschallbahn darstellt.

In Abschn. 4.1 wird untersucht, welcher Anteil des Luftverkehrs auf ein Europanetz der Hyperschallbahn aus Nachfragesicht verlagert werden kann. Abb. 2.19 verdeutlicht, dass die Aufnahme als Verlagerungspotenzial nur zu 3 % an der fehlenden Trassierungsmöglichkeit scheitert – gemessen an der Länge des europäischen Hyperschallbahn-Netzes entsprechend Abschn. 3.5.

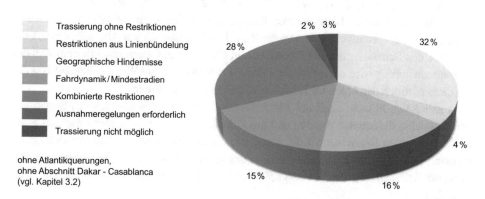

Abb. 2.19 Trassierungsrestriktionen auf potenzialrelevanter Linienlänge

- Von der potenzialrelevanten Linienlänge kann ein Anteil von 32 % ohne Restriktionen, das heißt ohne die Anwendung der fahrdynamisch begründeten Mindestparameter trassiert werden. Dieser Linienanteil konzentriert sich besonders auf die dünn besiedelten und topographisch einfachen Potenzialregionen in Ost- und Südosteuropa.

- Die Anwendung fahrdynamisch begründeter Mindestparameter für die Trassierung ist für 63 % der potenzialrelevanten Linienlänge erforderlich. Dieser Linienanteil ist besonders in den dichter besiedelten Regionen West- und Zentraleuropas sowie in gebirgs- und gewässerreichen Gebieten anzutreffen und wird durch eine Häufung von Mindestradien und Linienbündelungen sowie der großräumigen Umfahrung geographischer Hindernisse geprägt.

- Die Abschnitte Ärmelkanal – Amsterdam und Neapel – Sizilien (vgl. Abschn. 3.3) umfassen 2 % der potenzialrelevanten Linienlänge. Sie können nicht nach den definierten Prämissen, sondern nur mit Ausnahmeregelungen für eine erhöhte Querneigung und die partielle Reduzierung der Geschwindigkeit konstruiert werden.

- Für 3 % des Verlagerungspotenzials fehlt die technische Trassierungsmöglichkeit. Betroffen ist die westliche Türkei mit den bedeutenden Flughafenstandorten Izmir und Antalya. In ihrer geographischen Lage können beide Standorte nicht an das europäische Liniennetz angeschlossen werden. Sie werden stattdessen in ein benachbartes Kontinentalnetz integriert, das über Istanbul mit dem europäischen Netz verknüpft ist (vgl. Abschn. 3.1).

2.7.4 Typische Trassierungsfälle

Trassierung bei Bündelungsgebot

Das Europanetz der Hyperschallbahn wird in vielen Fällen durch kostenreduzierende Linienbündelungen geprägt (vgl. Abschn. 5.1). Die Anforderungen und Abhängigkeiten, die sich daraus für die Trassierung ergeben, werden am Beispiel des 358 km langen Abschnitts München (MUN) – Wien (VIE) in Abb. 2.20 näher beschrieben.

Die interkontinentale Linie W6 von Europa nach Südostasien enthält einen Nonstop-Abschnitt Paris – Istanbul (vgl. Abschn. 3.2). Die Luftlinie dieses Abschnitts quert die Vogesen, den Schwarzwald, den Bodensee und die Alpen in Österreich. Mit dem Ziel der Kostenreduzierung wird der Abschnitt Paris – Istanbul der Linie W6 abweichend von der Luftlinie nördlich der Alpen im Korridor München – Wien geführt.

Westlich von München soll der Abschnitt aus Kostengründen nördlich des Bodensees und möglichst südlich der Vogesen und des Schwarzwalds verlaufen. Der Abschnitt muss in den genannten Bereichen für die maximale Geschwindigkeit von 7200 km/h trassiert werden. Der präferierte Linienverlauf erzwingt die Anwendung des fahrdynamisch geringstmöglichen Bogenradius von 850 km im Korridor München – Wien entsprechend Abb. 2.20.

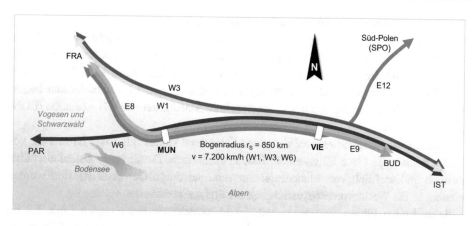

Abb. 2.20 Linienbündelung zwischen München und Wien

Zu berücksichtigen sind auch die interkontinentalen Linien W1 und W3 zwischen Nordamerika, Europa und den Golfstaaten, die beide einen Nonstop-Abschnitt Frankfurt – Istanbul aufweisen (vgl. Abschn. 3.2). Die Luftlinie dieses Abschnitts führt relativ dicht an Wien vorbei. Da auch die Linie W6 den Großraum Wien passieren soll, werden die interkontinentalen Linien W1, W3 und W6 ab dem Großraum Wien im Bündel nach Istanbul weitergeführt.

Hinzu kommt ein weiterer trassierungsrelevanter Aspekt: Die drei kontinentalen Linien E8, E9 und E12 sollen die benachbarten Verkehrsstationen München und Wien bedienen (vgl. Abschn. 3.3). Aufgrund der dargestellten erheblichen Kostenvorteile von Bündelungen mehrerer Linien werden diese Linien zwischen München und Wien im Bündel mit der Linie W6 und partiell mit den Linien W1 und W3 trassiert.

Die Trassierung dieses Bündels wird von der Linie W6 diktiert. Das bedeutet die Anwendung des Bogenradius von 850 km auch auf den kontinentalen Linien im Abschnitt München – Wien. Ortschaften entlang des Linienbündels können unter diesen Trassierungszwängen nicht umfahren werden, sondern werden untertunnelt. Größere geographische Hindernisse, die aus Kostengründen eine großräumige Umfahrung erfordern würden, sind im Abschnitt München – Wien nicht vorhanden.

Infolge der Linienbündelung liegen die Verkehrsstationen München und Wien direkt an der interkontinentalen Linie W6, die Station Wien zusätzlich auch an den interkontinentalen Linien W1 und W3. Trassierungstechnisch wäre eine Bedienung beider Stationen durch die genannten Linien möglich. Europa ist jedoch bereits mit fünf Stationen angemessen an die Linien W1, W3 und W6 angebunden. Aus diesem Grund wird auf zusätzliche Verkehrshalte verzichtet, zumal jeder Verkehrshalt eine Erhöhung der interkontinentalen Reisezeit um 8 bis 9 min verursacht (vgl. Abschn. 2.3).

Trassierung unter stationären Ausrichtungszwängen

Auch wenn einfache topographische Gegebenheiten zwischen benachbarten Verkehrsstationen der Hyperschallbahn eine gerade Linienführung sinnvoll erscheinen lassen, ist
häufig eine bogenreiche Trassierung erforderlich. Der Grund dafür kann in der unterschiedlichen geographischen Ausrichtung von Stationen und Linienabschnitten liegen.
Ein Beispiel bietet der 285 km lange Netzabschnitt Manchester (MAN) – London (LON)
gemäß Abb. 2.21.

In der Station Manchester laufen die von Schottland kommende Linie E1 und die von
Dublin kommende Linie E2 zu einem Bündel zusammen. Damit beide Zulaufabschnitte
nördlich und westlich von Manchester nur minimal durch Gewässer trassiert werden
müssen, ist die Westnordwest-Ausrichtung der Station Manchester notwendig.

Beide Linien führen zusammen mit der in Manchester beginnenden Linie E9 im
Bündel weiter nach London. Die Station London muss darüber hinaus vom Westen her
zwei Nordamerika-Linien und nach Osten ein aus acht Linien bestehendes, zum Ärmelkanal führendes Bündel (vgl. Abb. 3.1) aufnehmen. Diese Konstellation erfordert die
annähernde West-Ost-Ausrichtung der Station London.

Die resultierende geographische Ausrichtung der Stationen Manchester und
London erzwingt unter Beachtung der fahrdynamischen Regeln zwei als Gegenbogen
angeordnete logarithmische Spiralen mit geringstmöglichem Bogenradius.

Trassierung zur Umfahrung von Hindernissen

Die fahrdynamischen Bedingungen der Hyperschallbahn gestatten keine Trassierung
in Anpassung an die lokalen Geländeformen, sondern nur die großräumige Umfahrung
erheblicher geographischer Hindernisse. Ein Beispiel dafür ist die Trassierung des
533 km langen Abschnitts Barcelona (BAR) – Côte d'Azur (COA) der Linie E10.

Für die Trassierung kommen entweder die Landroute entsprechend Abb. 2.22 oder
eine rund 20 % kürzere Route mit Unterquerung der rund 90 m tiefen Mittelmeer-Bucht

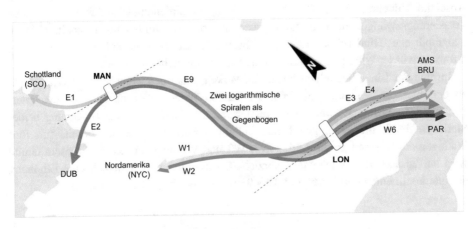

Abb. 2.21 Linienführung zwischen Manchester und London

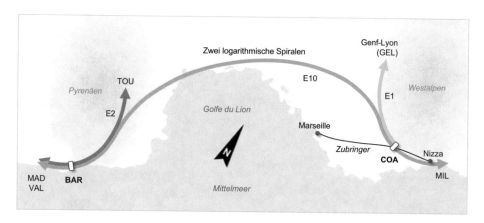

Abb. 2.22 Linienführung zwischen Barcelona und Côte d'Azur

Golfe du Lion in Betracht. Dem kostensparenden Längenvorteil der Unterwasserroute stehen Baukosten für Unterwassertunnel gegenüber, die weit höher sind als die Baukosten für Landtunnel vergleichbarer Länge (vgl. Abschn. 5.1). Aus diesem Grund wird die abgebildete Landroute für die Trassierung bevorzugt.

Der Abschnitt beginnt ab Barcelona im Bündel mit der nach Toulouse verlaufenden Linie E2. Dieser rund 60 km lange Bündelungsabschnitt muss nordwärts geführt werden, damit die anschließende Trassierung sowohl der Linie E2 nach Toulouse als auch der Linie E10 als Landverbindung zur Station Côte d'Azur möglich ist.

Das Ziel der Landtrassierung wird mit zwei verbundenen logarithmischen Spiralen unter Anwendung der fahrdynamisch geringsten Bogenradien erreicht. Mit diesen Trassierungselementen gelingt die küstennahe Führung der Linie E10 fast ohne Unterwasserquerungen. Die Krümmung der entstehenden Trassierungslinie ist auch ausreichend für die Anbindung der Station Côte d'Azur, die mit den Flughafenstandorten Nizza und Marseille durch eine Zubringerverbindung entsprechend Abschn. 3.4 verknüpft wird.

Netzgestaltung

3

In Auswertung der weltweiten Luftverkehrsströme werden mengenstarke Linien zur interkontinentalen Anbindung von Europa bestimmt. Ein innereuropäisches Liniennetz unter Berücksichtigung vielfältiger Gestaltungsprämissen ergänzt die interkontinentalen Linien. Wesentlich ist die Auswahl der Stationen im Liniennetz – zu wenige Stationen können das Nachfragepotenzial nicht vollständig erschließen, zu viele Stationen beeinträchtigen die Entfaltung der technischen Systemvorteile der Hyperschallbahn. Ein optimiertes Standortkonzept muss auch die angemessene Einbindung von Staaten und Regionen in das Netz im Blick haben, erforderlichenfalls mit Unterstützung durch ergänzende lokale Zubringersysteme.

3.1 Verkehrsstationen

Ein wesentliches Element der Netzgestaltung ist die Planung der Verkehrsstationen. Die Auswahl der Verkehrsstationen muss unter Abwägung wirtschaftlicher, politischer und systemtechnischer Aspekte erfolgen und dabei auf eine möglichst umfassende Ausschöpfung des Verlagerungspotenzials von konkurrierenden Verkehrsträgern orientieren, besonders vom Luftverkehr. Die Staaten und Regionen Europas sollen ausgewogen am europäischen Hyperschallbahn-Netz teilhaben, da das neue Verkehrssystem den Integrationsprozess zwischen den europäischen Metropolen befördern wird.

3.1.1 Prämissen für Auswahl und Standorte

Die Prämissen zur Identifikation und örtlichen Planung von Verkehrsstationen für das europäische Hyperschallbahn-Netz sind nachfolgend zusammengestellt. Die im Ergebnis identifizierten Standorte müssen nicht jede dieser Prämissen erfüllen. Entscheidend

A. Scholz, *Hyperschallbahn*, https://doi.org/10.1007/978-3-662-66584-8_3

für die Stationsauswahl kann auch die besondere Eignung von Verkehrsstandorten für einzelne Prämissen sein.

Verkehrspolitische Prämissen für Auswahl der Verkehrsstationen

- Die Staaten Europas sollen entsprechend ihrer Einwohnerzahl und Landesfläche angemessen bei der Auswahl und Bestimmung der Anzahl der Stationen berücksichtigt werden, soweit dies wirtschaftlich darstellbar und systemtechnisch möglich ist.
- Metropolen und Ballungsräume mit politischer und wirtschaftlicher Bedeutung auf europäischer und globaler Ebene kommen als Stationen in Betracht. Diese Prämisse ist auch für den interkontinentalen Verkehr von Bedeutung.
- Standorte mit Flughäfen von überregionaler Bedeutung kommen in die engere Auswahl, da sie eine hohe Ausschöpfung des Verlagerungspotenzials vom Luftverkehr ermöglichen.
- In Übereinstimmung mit der Linienplanung entsprechend Abschn. 3.3 unterstützt Europa die Nachbarkontinente bei der Verknüpfung ihrer kontinentalen Netze. Dies gilt insbesondere für Linienprojekte mit Afrika und der Nahost-Region und findet Eingang in die Auswahl der Stationen.
- Bedeutende Flughafenstandorte mit starken saisonalen Schwankungen des Verkehrsaufkommens kommen aus Gründen der Wirtschaftlichkeit nicht in Betracht für Hyperschallbahn-Stationen.

Systemtechnische Prämissen für Standorte der Verkehrsstationen

- Die Stationen werden nicht direkt an den Flughäfen errichtet, sondern grundsätzlich in den Zentren der Städte, denen die Flughäfen zugeordnet sind. Als Verknüpfungspunkte bieten sich zum Beispiel die heutigen Hauptbahnhöfe an.
- Sollten sich bedeutende Flughafenstandorte in Ballungsräumen befinden, werden die Verkehrsstationen nach Möglichkeit im Zentrum der Ballungsräume errichtet. Damit wird der Aufwand für Zubringerverbindungen reduziert.
- Auch Standorte, die zwar weniger verkehrsstark sind, dafür aber eine zentrale geographische Lage in europäischen Regionen aufweisen, kommen in die engere Wahl. Diese Standorte können als potenzielle Umsteigeknoten Linien verknüpfen. Die Auswahl der Stationen muss zugleich eine möglichst kosteneffiziente Netzplanung sicherstellen.
- Befinden sich zwei bedeutende Flughafenstandorte in relativ geringer Entfernung zueinander, kann zwischen ihnen eine gemeinsame Hyperschallbahn-Station errichtet und über den konventionellen Landverkehr mit den Stadtzentren beider Standorte verbunden werden (vgl. Abschn. 3.4).
- Die Stationen sollen eine weitgehende Erschließung des Verlagerungspotenzials gewährleisten. Zugleich müssen aber gemäß Abschn. 2.3 Mindestabstände zwischen den Stationen zur Wahrung der Systemvorteile eingehalten werden. Diese Prämisse

muss bei der Planung der kontinentalen Linien (vgl. Abschn. 3.3) berücksichtigt werden.

3.1.2 Auswahl nach Potenzialregionen

Die dargestellten verkehrspolitischen und systemtechnischen Prämissen finden Eingang in die Auswahl der Verkehrsstationen. Damit die Auswahl überschaubar und nachvollziehbar ist, wird der Kontinent in zehn Potenzialregionen strukturiert und für jede dieser Regionen erfolgt vereinfachend eine separate Auswahlbetrachtung auf der Basis des Passagieraufkommens in den Flughäfen [32]. Potenzielle Stationen in den Nachbarregionen Nahost und Nordafrika werden dabei mit berücksichtigt.

Im Ergebnis der Auswahlbetrachtung werden nachfolgend 57 Stationen der Hyperschallbahn identifiziert. Ein Sonderfall ist die zusätzliche Station Dakar (DAK), die aufgrund ihrer geographischen Lage in Westafrika nicht unter den identifizierten Stationen enthalten ist. Die Aufnahme dieser Station wird im Abschn. 3.2 begründet. Zusammen mit der Station Dakar beinhaltet das Europanetz der Hyperschallbahn 58 Verkehrsstationen.

Potenzialregion Iberische Halbinsel und Marokko

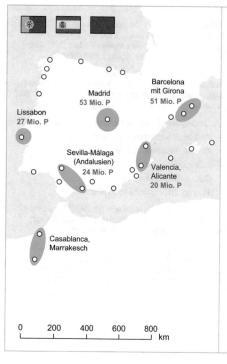

- In Spanien und Portugal (ohne die Atlantikinseln) existieren 25 Verkehrsflughäfen ab einer Größe von 0,5 Mio. Passagieren pro Jahr. Diese Flughäfen wurden im Jahr 2017 von insgesamt 252 Mio. Passagieren frequentiert.

- Davon entfielen 175 Mio. Passagiere auf die fünf markierten Ballungsräume in beiden Staaten mit insgesamt 8 Flughäfen. Jeder dieser Ballungsräume erhält eine Station für das europäische Hyperschallbahn-Netz.

- Die Stationen entstehen an folgenden Standorten:
  MAD im Stadtzentrum von Madrid
  BAR im Stadtzentrum von Barcelona
  LIS im Stadtzentrum von Lissabon
  AND zwischen Málaga und Sevilla
  VAL zwischen Valencia und Alicante

- 77 Mio. Passagiere nutzten die übrigen 17 Flughäfen in Spanien und Portugal. Diese Standorte sind auf Grund saisonaler Verkehrsschwankungen, ihrer Lage abseits der Ballungsräume bzw. ihrer geringeren Größe nicht als Stationen für das Hyperschallbahn-Netz geeignet.

- Europa unterstützt die Nachbarkontinente bei der Verknüpfung der kontinentalen Netze. Daher werden die bedeutenden Flughafenstandorte Casablanca und Marrakesch mit einer Station CAS zwischen beiden Städten in das europäische Hyperschallbahn-Netz integriert.

Potenzialregion Großbritannien und Irland

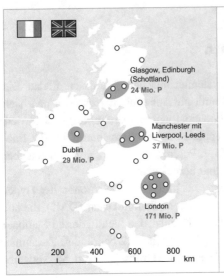

- In Großbritannien und Irland existieren 32 Verkehrsflughäfen ab einer Größe von 0,5 Mio. Passagieren pro Jahr. Diese Flughäfen wurden im Jahr 2017 von insgesamt 318 Mio. Passagieren frequentiert.

- Davon entfielen 261 Mio. Passagiere auf die vier markierten Ballungsräume mit insgesamt 13 Flughäfen. Jeder dieser Ballungsräume erhält eine Station für das europäische Hyperschallbahn-Netz.

- Die Stationen entstehen an folgenden Standorten:
  - LON im Stadtzentrum von London
  - MAN im Stadtzentrum von Manchester
  - DUB im Stadtzentrum von Dublin
  - SCO zwischen Glasgow und Edinburgh

- 57 Mio. Passagiere nutzten die übrigen 19 Flughäfen. Diese Standorte sind auf Grund ihrer geringeren Größe und ihrer Lage abseits der Ballungsräume nicht geeignet als Stationen für das Hyperschallbahn-Netz.

Potenzialregion Frankreich und Schweiz

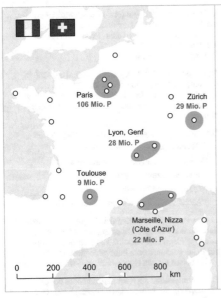

- In Frankreich und der Schweiz existieren 23 Verkehrsflughäfen ab einer Größe von 0,5 Mio. Passagieren pro Jahr. Diese Flughäfen wurden im Jahr 2017 von insgesamt 225 Mio. Passagieren frequentiert.

- Davon entfielen 194 Mio. Passagiere auf die fünf markierten Ballungsräume mit insgesamt 9 Flughäfen. Jeder dieser Ballungsräume erhält eine Station für das europäische Hyperschallbahn-Netz.

- Die Stationen entstehen an folgenden Standorten:
  - PAR im Stadtzentrum von Paris
  - ZUR im Stadtzentrum von Zürich
  - GEL zwischen Genf und Lyon
  - COA zwischen Nizza und Marseille
  - TOU im Stadtzentrum von Toulouse

- Die Station Toulouse hat vorrangig Bedeutung für die Anbindung von Süd-Frankreich und der Iberischen Halbinsel an das europäische Liniennetz.

- 31 Mio. Passagiere nutzten die übrigen 14 Flughäfen. Diese Standorte sind auf Grund ihrer geringeren Größe und ihrer Lage abseits der Ballungsräume nicht geeignet als Stationen für das Hyperschallbahn-Netz.

Deutschland und Benelux-Staaten

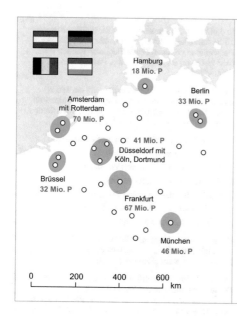

- In Deutschland und den Benelux-Staaten existieren 27 Verkehrsflughäfen ab einer Größe von 0,5 Mio. Passagieren pro Jahr. Diese Flughäfen wurden im Jahr 2017 von insgesamt 353 Mio. Passagieren frequentiert.

- Davon entfielen 307 Mio. Passagiere auf die sieben markierten Ballungsräume mit insgesamt 12 Flughäfen. Jeder dieser Ballungsräume erhält eine Station für das europäische Hyperschallbahn-Netz.

- Die Stationen entstehen an folgenden Standorten:
  - AMS im Stadtzentrum von Amsterdam
  - FRA im Stadtzentrum von Frankfurt
  - MUN im Stadtzentrum von München
  - DUS im Stadtzentrum von Düsseldorf
  - BER im Stadtzentrum von Berlin
  - BRU im Stadtzentrum von Brüssel
  - HAM im Stadtzentrum von Hamburg

- 45 Mio. Passagiere nutzten die übrigen 15 Flughäfen. Diese Standorte sind auf Grund ihrer geringeren Größe und ihrer Lage abseits der Ballungsräume nicht als Stationen für das Hyperschallbahn-Netz geeignet.

Nordeuropa und Baltische Staaten

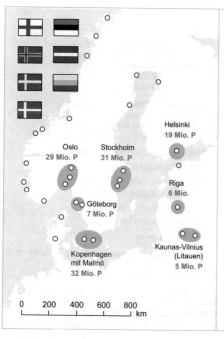

- In Nordeuropa und den Baltischen Staaten sind 30 Verkehrsflughäfen ab einer Größe von 0,5 Mio. Passagieren pro Jahr vorhanden. Diese Flughäfen wurden im Jahr 2017 von insgesamt 162 Mio. Passagieren frequentiert.

- Davon entfielen 129 Mio. Passagiere auf die sieben markierten Ballungsräume mit insgesamt 14 Flughäfen. Jeder dieser Ballungsräume erhält eine Station für das europäische Hyperschallbahn-Netz.

- Die Stationen entstehen an folgenden Standorten:
  - COP im Stadtzentrum von Kopenhagen
  - STO im Stadtzentrum von Stockholm
  - OSL im Stadtzentrum von Oslo
  - HEL im Stadtzentrum von Helsinki
  - GOT im Stadtzentrum von Göteborg
  - RIG im Stadtzentrum von Riga
  - LIT zwischen Vilnius und Kaunas

- Die relativ verkehrsschwachen Stationen Riga und Litauen sind notwendig für die Integration der baltischen Staaten in das Hyperschallbahn-Netz.

- 33 Mio. Passagiere nutzten die übrigen 16 Flughäfen. Diese Standorte sind auf Grund ihrer geringeren Größe und ihrer Lage abseits der Ballungsräume nicht geeignet als Stationen für das Hyperschallbahn-Netz.

Visegrád-Staaten und Österreich

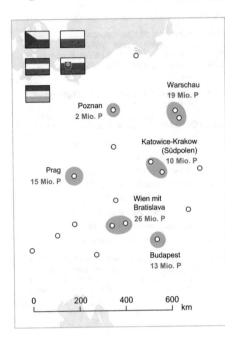

- In den Visegrád-Staaten und in Österreich existieren 18 Verkehrsflughäfen ab einer Größe von 0,5 Mio. Passagieren pro Jahr. Diese Flughäfen wurden im Jahr 2017 von insgesamt 99 Mio. Passagieren frequentiert.

- Davon entfielen 85 Mio. Passagiere auf die sechs markierten Ballungsräume mit insgesamt 9 Flughäfen. Jeder dieser Ballungsräume erhält eine Station für das europäische Hyperschallbahn-Netz.

- Die Stationen entstehen an folgenden Standorten:
  - VIE im Stadtzentrum von Wien
  - WAR im Stadtzentrum von Warschau
  - PRA im Stadtzentrum von Prag
  - BUD im Stadtzentrum von Budapest
  - SPO zwischen und Krakow und Katowice
  - POZ im Stadtzentrum von Poznan

- Die schwach frequentierte Station Poznan hat vorrangig Bedeutung für die Anbindung von West-Polen an das europäische Hyperschallbahn-Netz.

- 14 Mio. Passagiere nutzten die übrigen 9 Flughäfen. Diese Standorte sind auf Grund ihrer geringeren Größe und ihrer Lage abseits der Ballungsräume nicht geeignet als Stationen für das Hyperschallbahn-Netz.

Italien und nördliche Adria-Staaten

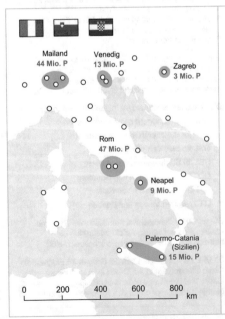

- In Italien und den nördlichen Adria-Staaten sind 30 Verkehrsflughäfen ab einer Größe von 0,5 Mio. Passagieren pro Jahr vorhanden. Diese Flughäfen wurden im Jahr 2017 von insgesamt 183 Mio. Passagieren frequentiert.

- Davon entfielen 131 Mio. Passagiere auf die sechs markierten Ballungsräume mit insgesamt 11 Flughäfen. Jeder dieser Ballungsräume erhält eine Station für das europäische Hyperschallbahn-Netz.

- Die Stationen entstehen an folgenden Standorten:
  - ROM im Stadtzentrum von Rom
  - MIL im Stadtzentrum von Mailand
  - SIC zwischen Palermo und Catania
  - VEN im Stadtzentrum von Venedig
  - NAP im Nahbereich von Neapel
  - ZAG im Stadtzentrum von Zagreb

- Die relativ verkehrsschwache Station Zagreb ist für die Integration der nördlichen Adria-Staaten in das Hyperschallbahn-Netz notwendig.

- 52 Mio. Passagiere nutzten die übrigen 19 Flughäfen. Diese Standorte sind auf Grund ihrer geringeren Größe und ihrer Lage abseits der Ballungsräume nicht geeignet als Stationen für das Hyperschallbahn-Netz.

Südosteuropa und Griechenland

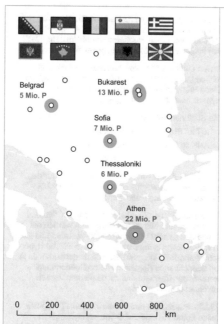

- In Südosteuropa (ohne Zypern) sind 24 Verkehrsflughäfen ab einer Größe von 0,5 Mio. Passagieren pro Jahr vorhanden. Diese Flughäfen wurden im Jahr 2017 von insgesamt 96 Mio. Passagieren frequentiert.

- Davon entfielen 53 Mio. Passagiere auf die fünf markierten Ballungsräume mit insgesamt 6 Flughäfen. Jeder dieser Ballungsräume erhält eine Station für das europäische Hyperschallbahn-Netz.

- Die Stationen entstehen an folgenden Standorten:
  - ATH im Stadtzentrum von Athen
  - BUC im Stadtzentrum von Bukarest
  - SOF im Stadtzentrum von Sofia
  - BEL im Stadtzentrum von Belgrad
  - SAL im Stadtzentrum von Thessaloniki

- Die relativ verkehrsschwachen Stationen Belgrad und Sofia werden wegen ihrer zentralen Lage in Südosteuropa und ihrer Hauptstadtfunktion in das Hyperschallbahn-Netz integriert.

- 25 Mio. Passagiere nutzten die 8 Flughäfen auf griechischen Inseln. Weitere 18 Mio. Passagiere wurden auf den übrigen 10 Flughäfen abgefertigt. Diese Standorte sind auf Grund ihrer geringeren Größe und ihrer Lage abseits der Ballungsräume nicht als Stationen für das Hyperschallbahn-Netz geeignet.

Osteuropa und Russland

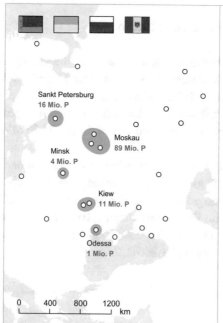

- In Osteuropa (Ukraine, Belarus und Moldawien) und dem europäischen Teil von Russland existieren 24 Verkehrsflughäfen ab einer Größe von 0,5 Mio. Passagieren pro Jahr. Diese Flughäfen wurden im Jahr 2017 von insgesamt 158 Mio. Passagieren frequentiert.

- Davon entfielen 121 Mio. Passagiere auf die fünf markierten Ballungsräume mit insgesamt 8 Flughäfen. Jeder dieser Ballungsräume erhält eine Station für das europäische Hyperschallbahn-Netz.

- Die Stationen entstehen an folgenden Standorten:
  - MOS im Stadtzentrum von Moskau
  - SPE im Stadtzentrum von Sankt Petersburg
  - KIE im Stadtzentrum von Kiew
  - MIN im Stadtzentrum von Minsk
  - ODE im Stadtzentrum von Odessa

- Die relativ verkehrsschwachen Stationen Minsk und Odessa werden auf Grund ihrer Transitlage in Richtung Westeuropa und Istanbul und der Lage von Odessa am Schwarzen Meer in das Hyperschallbahn-Netz integriert.

- 37 Mio. Passagiere nutzten die übrigen 16 Flughäfen. Diese Standorte sind auf Grund ihrer geringeren Größe und ihrer Lage abseits der Ballungsräume nicht als Stationen für das Hyperschallbahn-Netz geeignet.

Türkei und Nahost

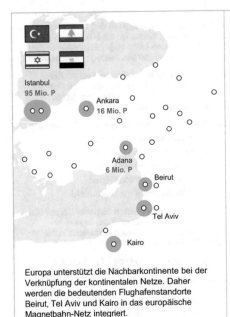

Istanbul
95 Mio. P

Ankara
16 Mio. P

Adana
6 Mio. P

Beirut

Tel Aviv

Kairo

Europa unterstützt die Nachbarkontinente bei der
Verknüpfung der kontinentalen Netze. Daher
werden die bedeutenden Flughafenstandorte
Beirut, Tel Aviv und Kairo in das europäische
Magnetbahn-Netz integriert.

0   200   400   600   800
L_____I_____I_____I_____I km

- In der Türkei existieren 23 Verkehrsflughäfen mit
  einem jährlichen Mindestaufkommen von 0,5 Mio.
  Passagieren. Diese Flughäfen wurden im Jahr 2017
  von insgesamt 184 Mio. Passagieren frequentiert.

- Davon entfielen 117 Mio. Passagiere auf die drei
  markierten Ballungsräume mit insgesamt 4 Flughäfen.
  Diese Standorte werden in das europäische
  Hyperschallbahn-Netz integriert.

- Die Stationen entstehen an folgenden Standorten:

  IST im Stadtzentrum von Istanbul

  ANK im Stadtzentrum von Ankara

  ADA im Stadtzentrum von Adana

- Die Station Adana hat vorrangig Bedeutung für die
  Erweiterung des europäischen Hyperschallbahn-
  Netzes in Richtung Nahost und Nordafrika.

- Die westtürkischen Flughafenstandorte Antalya und
  Izmir mit zusammen 39 Mio. Passieren werden auf
  Grund des saisonal schwankenden Verkehrs und aus
  Trassierungsgründen nicht in das europäische Hyper-
  schallbahn-Netz integriert. Beide Standorte können in
  ein benachbartes Kontinentalnetz aufgenommen
  werden, das über Istanbul mit dem europäischen
  Liniennetz verknüpft ist.

- 28 Mio. Passagiere nutzten die übrigen 17 Flughäfen.
  Diese Standorte sind auf Grund ihrer geringeren
  Größe und ihrer Lage abseits der Ballungsräume nicht
  als Stationen für das Hyperschallbahn-Netz geeignet.

3.1.3   Herausragende Stationen der Hyperschallbahn

Auf der Basis des Prognosemodells in Abschn. 4.2 nutzen im für die Anlagen-
dimensionierung maßgebenden Jahr 2160 insgesamt 9.002 Mio. Quell- und Zielreisende sowie Umsteiger die 58 ermittelten Verkehrsstationen. Darunter weisen die
vier Stationen London, Paris, Istanbul und Frankfurt einen besonders großen Anlagenumfang auf und erreichen im Jahr 2160 einen Verkehrsanteil von 36 % bei 3.236 Mio.
Passagieren.

Zur Bewältigung des hohen Passagieraufkommens ist besonders in diesen Stationen
ein neuartiges, hochleistungsfähiges Abfertigungssystem zur Lenkung der Passagierströme erforderlich. Zum Beispiel müssen perspektivisch in der Station Paris (PAR)
der Südostasien-Linie W6 (vgl. Abschn. 3.2) im Durchschnitt über 2.100 ein- und aussteigende Passagiere pro Zugfahrt abgefertigt werden – bei einer Zugfolgezeit von fünf
Minuten und einer Haltezeit von nur zwei Minuten (vgl. Abschn. 2.4).

Verkehrsstation London (LON)

London (LON) ist die verkehrsgrößte Station des Europannetzes und hat zugleich eine Gate-Funktion für den Nordamerika-Verkehr. Die Station weist den mit Abstand größten Quell- und Zielverkehr unter allen Stationen des europäischen Netzes auf und wird durch folgende Verkehrs- und Betriebsdaten charakterisiert:

- täglich 952 Mio. Passagiere im Prognosejahr 2160,
- darunter 795 Mio. Quell- und Zielreisende und 157 Mio. Umsteiger,
- täglich 2.271 abfahrende Züge ab Betriebsjahr 2085,
- 20 Röhren mit 10 Bahnsteigen in 3 Ebenen gemäß Abb. 3.1 ab Betriebsjahr 2085.

Verkehrsstation Paris (PAR)

Das Verkehrsvolumen der Station Paris (PAR) verzeichnet ein überdurchschnittliches Wachstum und erreicht perspektivisch annähernd das Niveau der Station London (LON). Durch seine zentrale Lage in Westeuropa verzeichnet Paris (PAR) einen europäischen Spitzenwert bei umsteigenden Passagieren. Die Verkehrsstation wird durch folgende Verkehrs- und Betriebsdaten charakterisiert:

- täglich 892 Mio. Passagiere im Prognosejahr 2160,
- darunter 517 Mio. Quell- und Zielreisende und 375 Mio. Umsteiger,

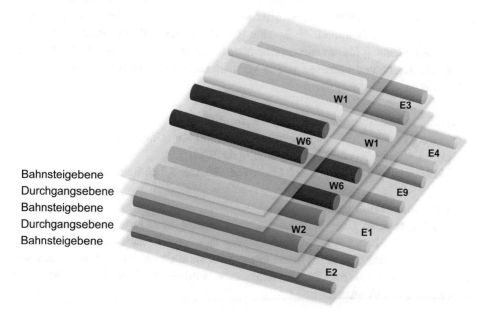

Abb. 3.1   Schematischer Stationsplan London (LON)

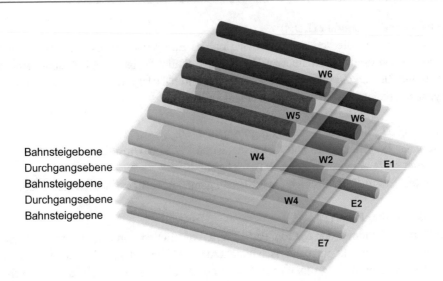

Abb. 3.2 Schematischer Stationsplan Paris (PAR)

- täglich 2.018 abfahrende Züge ab Betriebsjahr 2085,
- 18 Röhren mit 9 Bahnsteigen in 3 Ebenen gemäß Abb. 3.2 ab Betriebsjahr 2085.

Verkehrsstation Istanbul (IST)

Unter den herausragenden Verkehrsstationen wächst das Verkehrspotenzial der Station Istanbul (IST) am schnellsten und erreicht perspektivisch im europäischen Hyperschall-bahn-Netz die dritte Position nach London (LON) und Paris (PAR). Istanbul (IST) hat eine große Bedeutung für das europäische Netz in seiner Gate-Funktion für den Verkehr mit der Golfregion und Südostasien. Die Verkehrsstation wird durch folgende Verkehrs- und Betriebsdaten charakterisiert:

- täglich 719 Mio. Passagiere im Prognosejahr 2160,
- darunter 419 Mio. Quell- und Zielreisende und 300 Mio. Umsteiger,
- täglich 1.527 abfahrende Züge ab Betriebsjahr 2085,
- 14 Röhren mit 7 Bahnsteigen in 3 Ebenen gemäß Abb. 3.3 ab Betriebsjahr 2085.

Verkehrsstation Frankfurt (FRA)

Durch seine zentrale Lage in Westeuropa verzeichnet Frankfurt (FRA) ähnlich wie Paris (PAR) einen hohen Wert bei umsteigenden Passagieren. Unter den herausragenden Stationen weist Frankfurt (FRA) eine überdurchschnittliche Anbindung an Linien des kontinentalen Verkehrs auf. Die Verkehrsstation wird durch folgende Verkehrs- und Betriebsdaten charakterisiert:

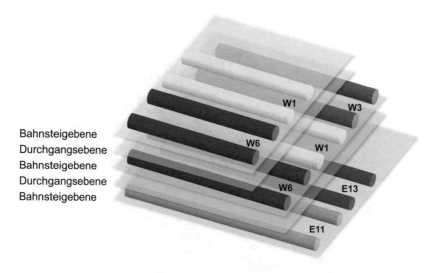

Bahnsteigebene
Durchgangsebene
Bahnsteigebene
Durchgangsebene
Bahnsteigebene

Abb. 3.3 Schematischer Stationsplan Istanbul (IST)

- täglich 673 Mio. Passagiere im Prognosejahr 2160,
- darunter 317 Mio. Quell- und Zielreisende und 356 Mio. Umsteiger,
- täglich 2.072 abfahrende Züge ab Betriebsjahr 2085,
- 18 Röhren mit 9 Bahnsteigen in 3 Ebenen gemäß Abb. 3.4 ab Betriebsjahr 2085.

Die abgebildeten vier schematischen Bahnhofspläne sind nur als Prinzipdarstellung zu werten. Mit dem Ziel einer effektiven Passagierstromlenkung müssen neue Gestaltungselemente für Hyperschallbahn-Stationen entwickelt und eingeplant werden, die im Rahmen der vorliegenden Betrachtung noch keine Berücksichtigung finden konnten.

Weitere bedeutende Stationen

Unter den 58 Stationen im Europanetz der Hyperschallbahn befinden sich neben den vier herausragenden Stationen weitere 9 Stationen mit erhöhter Netzbedeutung bei perspektivisch überdurchschnittlichem Verkehrsaufkommen und einem größeren Anlagenumfang. Diese Stationen sind in Tab. 3.1 zusammengefasst und erreichen im Jahr 2160 einen Verkehrsanteil von 2.442 Mio. Passagieren bzw. 27 % des Passagieraufkommens aller Stationen.

Von den 9 Stationen weisen Moskau (MOS) und Amsterdam (AMS) im Prognosejahr 2160 mit 283 Mio. bzw. 272 Mio. Passagieren die meisten Quell- und Zielreisenden auf. Hingegen verzeichnen die Stationen Berlin (BER), Mailand (MIL) und Madrid (MAD) die meisten Umsteiger mit durchschnittlich 125 Mio. Passagieren pro Station im Jahr 2160. Die Stationen Madrid (MAD) und Moskau (MOS) sind darüber hinaus bedeutsam in ihren europäischen Gate-Funktionen für den Verkehr mit Südamerika und Ostasien.

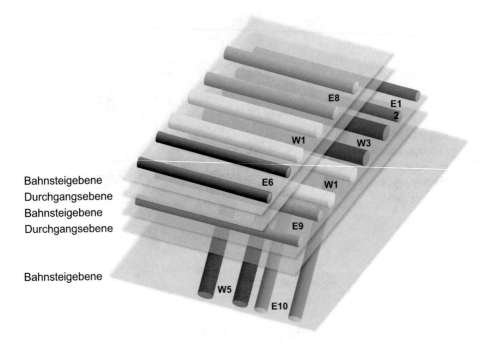

Bahnsteigebene
Durchgangsebene
Bahnsteigebene
Durchgangsebene

Bahnsteigebene

Abb. 3.4 Schematischer Stationsplan Frankfurt (FRA)

Tab. 3.1 Weitere bedeutende Verkehrsstationen

Verkehrs-station	Mio. Pass. Quelle, Ziel 2160	Mio. Pass. Umsteiger 2160	Mio. Pass. gesamt 2160	Abfahrende Züge je Tag 2085	Vakuum-Röhren 2085
Madrid (MAD)	226	113	339	902	8
Moskau (MOS)	283	51	334	665	6
Amsterdam (AMS)	272	56	328	948	8
Mailand (MIL)	182	123	305	917	8
Berlin (BER)	136	138	274	916	8
München (MUN)	180	76	256	946	8
Zürich (ZUR)	134	77	211	929	8
Tel Aviv (TEL)	149	51	200	679	6
Rom (ROM)	191	4	195	465	4

Die übrigen 45 der insgesamt 58 Verkehrsstationen erreichen im Prognosejahr 2160 ein Aufkommen von 3.324 Mio. Passagieren bzw. 37 % des Passagieraufkommens aller Stationen, darunter von 2.874 Mio. Quell- und Zielreisenden und von 450 Mio. Umsteigern. Das mittlere Verkehrsaufkommen dieser Stationen beträgt 74 Mio. Passagiere im Prognosejahr 2160. Durch diese Stationen führen zumeist 2 bzw. 4 Vakuumröhren.

3.2   Interkontinentale Linien im Europanetz

3.2.1   Planungsrahmen für interkontinentale Linien

Nicht nur in Europa, sondern auch auf anderen Kontinenten werden Hyperschallbahn-Netze entstehen. Ergänzend sind interkontinentale Linien erforderlich, um einerseits die Nachfrage nach globalen Verkehrsverbindungen zu decken und andererseits die kontinentalen Netze miteinander zu verknüpfen. Im Ergebnis wird ein integriertes weltweites System im Verbund aus kontinentalen Netzen und interkontinentalen Linien entstehen. Die Identifikation, Planung und Dimensionierung interkontinentaler Linien mit Relevanz für das Europanetz unterliegt folgenden Grundsätzen und Prämissen:

Grundsätze einer globalisierten Linienplanung
Die für die Anbindung von Europa notwendigen interkontinentalen Linien repräsentieren nicht die globale Gesamtheit aller interkontinentalen Linien. Beispielsweise sind Linien zwischen Ostasien und Nordamerika oder zwischen Nordamerika und Südamerika nicht relevant für Europa und infolgedessen außerhalb der vorliegenden Betrachtung.

Die Systemparameter der Hyperschallbahn erfordern jedoch eine globalisierte Planung interkontinentaler Linien, um Suboptimierungen infolge isolierter kontinentaler Planungen auszuschließen. Deshalb muss die Planung interkontinentaler Linien mit Relevanz für Europa eingebettet sein in die Gesamtplanung für ein weltweites Netz interkontinentaler Linien.

Aufgrund seiner starken Position in der Weltwirtschaft wird Europa neben anderen Wirtschaftszentren eine Führungsrolle beim Aufbau interkontinentaler Linien zukommen. Die technischen Grenzen des Europanetzes der Hyperschallbahn können sich unter diesem Aspekt nicht nur an den geographischen Grenzen des Kontinents orientieren. Sie müssen auch die europäische Unterstützung von Nachbarkontinenten beim Bau interkontinentaler Linien und bei der Verknüpfung kontinentaler Netze berücksichtigen (vergleiche Abschn. 2.1). Das gilt insbesondere für Linienprojekte mit Afrika und der Nahost-Region.

Prämissen für die Systemdimensionierung
- Das im Abschn. 4.1 ermittelte Verlagerungspotenzial vom interkontinentalen Luftverkehr wird vollständig ausgeschöpft.

- Das kontinentale Netz für Europa geht entsprechend Abschn. 2.1 im Jahr 2060 in Betrieb. Im Jahr 2085 folgt die Inbetriebnahme der interkontinentalen Linien.
- Die Infrastruktur wird entsprechend Abschn. 2.1 für eine Nutzungsdauer von 100 Jahren ausgelegt. Ab dem Jahr 2160 beginnt der Ersatz der Infrastruktur.
- Das für diesen Zeitpunkt prognostizierte Verlagerungspotenzial wird Grundlage der Systemdimensionierung, um Kapazitätsengpässe im Betrieb auszuschließen.
- Es besteht die Möglichkeit für den Einsatz von Großprofil-Zügen nach Abschn. 2.5 mit maximal 3.600 Plätzen pro Zug und einem Rumpfdurchmesser von 7,4 m.
- Grundsätzlich besteht eine Linie entsprechend Abschn. 2.1 aus einem Vakuum-Röhrenpaar. Bei Bedarf kann eine Linie mit einem weiteren Röhrenpaar ausgestattet werden.

Prämissen für die Liniengestaltung
- Die Mitnutzung von Einzelabschnitten interkontinentaler Linien für kontinentale Verkehrsrelationen und ihre Integration in das Europanetz soll möglich sein.
- Bei der Festlegung der interkontinentalen Linien soll die Anbindung europäischer Staaten entsprechend ihrer Größe angemessen berücksichtigt werden.
- Metropolen sollen entsprechend ihrer politischen, wirtschaftlichen und verkehrlichen Bedeutung in die Linienplanung integriert werden.
- Die Anzahl von Verkehrshalten muss eng begrenzt werden, denn jeder Stationshalt verursacht eine Erhöhung der interkontinentalen Reisezeit um 8 bis 9 min.
- Aus Kostengründen sollen interkontinentale Linien nach Möglichkeit in Bündelung mit anderen interkontinentalen und mit kontinentalen Linien (vergleiche Abschn. 3.3) trassiert werden, ohne dass daraus eine wesentliche Erhöhung der Fahrzeit resultiert.

Prämissen für die Zugauslastung
- Im Sinne der Wirtschaftlichkeit werden interkontinentale Linien nur bei Existenz aufkommensstarker und gebündelter Verkehrsströme eingerichtet.
- Die Nachfrage soll im maßgebenden Prognosejahr 2160 groß genug sein für den Einsatz von Großprofil-Zügen bei einer Zugfolgezeit von 10 min.
- Über die gesamte Linienlänge soll mit Blick auf die Kapazitätsnutzung eine möglichst gleichmäßige Zugauslastung angestrebt werden.
- Die Zugauslastung kann durch angepasste Verknüpfung der interkontinentalen Linien mit kontinentalen Netzen reguliert werden.

3.2.2 Interkontinentale Verkehrsströme

Prognostiziertes Verkehrsaufkommen
Abb. 3.5 zeigt das Luftverkehrsaufkommen interkontinentaler Verkehrsströme mit Bezug zu Europa im Referenzjahr 2017 [2] und dessen prognostizierte Entwicklung bis zum maßgebenden Prognosejahr 2160 (vgl. Kap. 4).

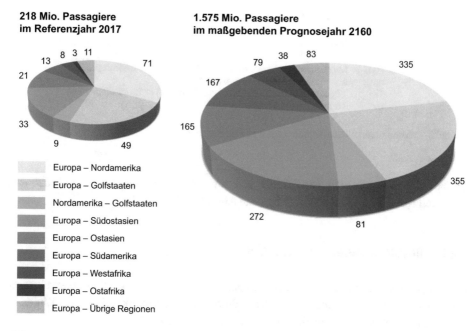

**218 Mio. Passagiere
im Referenzjahr 2017**

**1.575 Mio. Passagiere
im maßgebenden Prognosejahr 2160**

Europa – Nordamerika

Europa – Golfstaaten

Nordamerika – Golfstaaten

Europa – Südostasien

Europa – Ostasien

Europa – Südamerika

Europa – Westafrika

Europa – Ostafrika

Europa – Übrige Regionen

Abb. 3.5   Prognose interkontinentaler Luftverkehrsströme

Der summarische Prognosewert für das Jahr 2160 ist nach dieser Darstellung mehr als siebenmal größer als der Vergleichswert des Jahres 2017. Dieser scheinbar übermäßige Anstieg relativiert sich vor dem Hintergrund, dass sich der Luftverkehr in der gegenwärtigen Zeitepoche innerhalb von 15 Jahren verdoppelt. Dieses Wachstum wird sich perspektivisch abschwächen. Die Prognose in Abb. 3.5 unterstellt, dass das Wachstum des internationalen Verkehrs bis zum Jahr 2160 fast zum Erliegen kommt. Die Prognosewerte werden im Abschn. 4.2 beschrieben.

Mindestverkehrsaufkommen auf interkontinentalen Linien

Dem prognostizierten Verkehrsaufkommen wird das fahrzeugtechnisch mindestens notwendige Verkehrsaufkommen auf interkontinentalen Linien im Jahr 2160 gegenübergestellt. Unter Bezugnahme auf Abschn. 2.5 wird Formel 2.13 zur Ermittlung der erforderlichen Platzkapazität eines Zuges umgeformt, sodass aus der entstehenden Formel 3.1 das Mindestverkehrsaufkommen auf interkontinentalen Linien für den vorgesehenen Einsatz von Großprofil-Zügen abgeleitet werden kann.

Der Einsatz von Großprofil-Zügen entsprechend den Prämissen für die Zugauslastung wird erforderlich, wenn die Zugkapazität eines Mittelprofil-Vollzuges von 2.700 Plätzen (vergleiche Abschn. 2.5) im Jahr 2160 nicht mehr ausreicht. Dieser Fall tritt nach Formel 3.1 bei einem Mindestverkehrsaufkommen von 135 Mio. Passagieren pro Jahr ein und

$$P_{min} = \frac{n_{SOLL}\, T_{AZ}}{30\, t_{ZF}}$$

P_{min}	Mindestverkehrsaufkommen in Millionen Passagieren pro Jahr
n_{SOLL}	erforderliche Sitzplatzkapazität pro Zug
T_{AZ}	Tägliche Nutzbarkeit (Abfahrtszeitspanne) in Stunden pro Tag
t_{ZF}	Zugfolgezeit in Minuten

Formel 3.1 Mindestverkehrsaufkommen auf interkontinentalen Linien

gilt bei einer Zugfolgezeit von 10 min je Linie sowie bei einer täglichen zeitzonen-
bedingten Abfahrtzeitspanne von 15 h (siehe Abschn. 2.4).

3.2.3   Resultierender Linienbedarf

Die Prognosewerte für das Jahr 2160 zeigen mit Blick auf das Mindestverkehrsaufkommen entsprechend Formel 3.1, dass die Einrichtung von interkontinentalen Linien in
folgenden Verkehrsachsen mit Bezug zu Europa erforderlich wird:

- Eine Achse Nordamerika – Europa – Golfstaaten nimmt die Verkehrsströme Europa –
  Nordamerika und Europa – Golfstaaten auf. Der Verkehrsstrom Nordamerika – Golfstaaten erreicht allein nicht die kritische Verkehrsmenge von 135 Mio. Passagieren,
  wird jedoch aufgrund der Verbundwirkung mit den erstgenannten Verkehrsströmen in
  die Achse integriert. In Umlegung dieser Potenziale auf das Hyperschallbahn-System
  werden die Linien W1, W2 und W3 definiert.
- Eine weitere Achse umfasst den Verkehrsstrom Europa – Südamerika. Hinzu kommt
  der Verkehrsstrom Europa – Westafrika, der allein nicht die kritische Verkehrsmenge
  erreicht, jedoch aufgrund der Verbundwirkung mit dem Verkehrsstrom Europa – Südamerika in die Achse integriert wird. Beide Potenziale zusammen bilden die Voraussetzung für eine Linie W4. Eine zusätzliche Verbindung mit Westafrika entsteht durch
  die Führung der kontinentalen Linie E7 bis Casablanca (vgl. Abschn. 3.3).
- Mit dem Verkehrspotenzial auf der Achse Europa – Ostasien entsteht eine eigenständige Linie W5. Diese Linie erschließt in Asien die Großregion Nordchina – Korea
  – Japan.
- Das Verkehrspotenzial der Achse Europa – Südostasien ermöglicht eine eigenständige
  Linie W6. Diese Linie erschließt in Asien die südostasiatischen Staaten und bindet
  den indischen Subkontinent an.

Das resultierende interkontinentale Liniennetz mit Relevanz für Europa ist in Abb. 3.6
schematisch dargestellt.

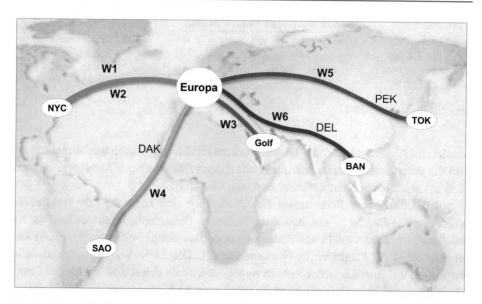

Abb. 3.6 Schema der interkontinentalen Linien mit Bezug zum Europanetz

Das Verkehrspotenzial zwischen dem Europanetz und Ostafrika ist aufgrund seines relativ geringen Umfangs nicht für eine eigenständige interkontinentale Linie geeignet. Daher wird in Kairo ein direkter Übergang vom europäischen zu einem afrikanischen Hyperschallbahn-Netz vorgesehen (vergleiche Abschn. 3.3). Auch die übrigen interkontinentalen Verkehrsströme sind hinsichtlich ihres Aufkommens nicht für separate interkontinentale Linien geeignet. Betroffen sind vorrangig Verkehrsziele in Russland östlich von Moskau, in Zentralasien und im mittleren Osten.

3.2.4 Interkontinentale Linien im Überblick

Unter Berücksichtigung der genannten Prämissen und Rahmenbedingungen werden nachfolgend die sechs definierten interkontinentalen Linien in ihren Anforderungsparametern näher beschrieben.

Linie W1: Nordamerika – Europa – Golfstaaten
Die Linie W1 entsprechend Abb. 3.7 ist eine von drei Linien auf der Verkehrsachse Nordamerika – Europa – Golfstaaten. Sie erschließt das Verlagerungspotenzial zwischen New York City und Dubai und wird vorrangig für die Verkehrsrelationen Europa – Nordamerika, Europa – Golfstaaten (ohne Saudi-Arabien) und Nordamerika – Golfstaaten

Abb. 3.7 Linienschema W1

genutzt. Im Abschnitt London – Istanbul bedient die Linie W1 auch den Verkehr innerhalb des europäischen Netzes, allerdings mit einem relativ geringen Anteil von maximal
15 % am gesamten Verkehrsaufkommen dieses Abschnitts.

Auf amerikanischer Seite nimmt New York City eine herausragende verkehrliche
Position ein. Über 30 % des nordamerikanischen Passagieraufkommens mit Europa
und den Golfstaaten entfällt auf diesen Standort. Das übrige Aufkommen verteilt sich
auf annähernd 30 Flughäfen in Nordamerika [2]. Die Linie W1 beginnt und endet
demzufolge auf amerikanischer Seite in New York City. In dieser Position hat der Standort eine geographische Gate-Funktion für den Kontinent Nordamerika. In New York City
schließt ein nordamerikanisches Kontinentalnetz an, das jedoch nicht Gegenstand der
vorliegenden Abhandlung ist.

Über 60 % des Luftverkehrs der Golfstaaten (ohne Saudi-Arabien) mit Europa und
Nordamerika entfällt auf die Vereinigten Arabischen Emirate [2]. Vor diesem Hintergrund wird der Flughafenstandort Dubai als Ausgangsstandort der Linie W1 auf der
Golfhalbinsel ausgewählt. Im Zusammenhang damit ist zu berücksichtigen, dass sich der
gegenwärtig noch relativ hohe interkontinentale Transitanteil am Verkehrsaufkommen
des Airports Dubai tendenziell reduzieren wird. Dieser Verkehrsanteil, der korrekter-
weise dem Verkehrspotenzial Europa – Südostasien zugerechnet werden müsste, wird
demnach vereinfachend dem Aufkommen der Linie W1 zugerechnet. Die bedeutenden
Flughafenstandorte Doha und Kuwait befinden sich im Verkehrskorridor Europa – Golfstaaten und werden ergänzend in die Linie W1 integriert.

Die Standorte London und Istanbul übernehmen aufgrund ihres hohen Verkehrsaufkommens und ihrer geographischen Lage eine Gate-Funktion für den Kontinent Europa
auf der Linie W1. Der international bedeutende Finanz- und Verkehrsstandort Frankfurt
sowie das europapolitische Zentrum Brüssel befinden sich auf der Verkehrsachse und
werden ergänzend in die Linie W1 integriert.

Daten und Fakten zur Linie W1

- Verlagerungspotenzial im maßgebenden Betriebsjahr 2160:

Mio. Passagiere im Jahr 2160	NYC - LON	LON - BRU	BRU - FRA	FRA - IST	IST - KUW	KUW - DOH	DOH - DBA
Europa - Nordamerika	221	94	90	29			
Nordamerika - Golfstaaten	81	81	81	75	70	68	50
Europa - Golfstaaten		83	87	132	249	237	171
Innerhalb des Europa-Netzes		31	51	45			
Übrige Verkehrsrelationen	7	18	19	29			
Summe	309	307	328	311	319	305	221

- Linienlänge gesamt in km — 10.690
- Linienanteil im europäischen Europanetz in km — 5.690
- davon Anteil mit Erreichung von $v = 7.200$ km/h in km — 3.430
- davon unter Trassierungszwang (Radien, Bündel, Hindernisse) in km — 3.160
- Anzahl Vakuumröhren pro Richtung — 2
- Zugfolgezeit in Minuten — 5
- Anzahl täglicher Zugabfahrten pro Richtung — 215
- Zeitzonenbedingte tägliche Nutzbarkeit ostwärts in Stunden — 14,9
- Zeitzonenbedingte tägliche Nutzbarkeit westwärts in Stunden — 16,0
- Anzahl benötigter Fahrzeuge (Züge) — 124
- Sitzplätze pro Zug im ersten Betriebsjahr 2085 — 3.200
- Sitzplätze pro Zug im maßgebenden Betriebsjahr 2160 — 3.600
- Rumpfdurchmesser der Fahrzeuge in m — 7,4
- Depotkapazität im Europanetz in Zugplätzen — 0

Die Potenzialerschließung bewirkt eine mittlere Zugauslastung mit relativ geringen Schwankungen annähernd über die gesamte Linie W1. Lediglich im Abschnitt Doha – Dubai ist ein deutlicher Abfall der Zugauslastung erkennbar, wie aus den Daten und Fakten zur Linie W1 hervorgeht. Die Schließung der Auslastungslücke kann durch Verknüpfung mit einem kontinentalen Netz für Westasien und Nahost erfolgen, ist jedoch nicht Gegenstand der vorliegenden Betrachtung.

Von der Linie W1 entfallen ca. 3.040 km auf die Atlantikquerung zwischen der Ostküste der Insel Neufundland und der Westküste von Irland. Der Längenanteil der Linie von ca. 5.690 km im europäischen Netz lässt sich in baulich-konstruktiver und verkehrlicher Hinsicht folgenden vier Segmenten zuordnen:

- Das erste Segment hat eine Länge von ca. 1.520 km ab der Mitte des Atlantiks bis zur Westküste von Irland. Das Segment verläuft in einem Atlantiktunnel entsprechend Abschn. 5.2.
- Das zweite Segment befindet sich zwischen der Westküste Irlands und London bei einer Länge von ca. 720 km, darunter mit Unterquerung der Irischen See.
- Das dritte Segment umfasst ca. 2.590 km und erstreckt sich von London bis Istanbul, darunter mit Unterquerung des Ärmelkanals. Dieses Segment nimmt wie erwähnt

neben dem interkontinentalen Verkehr auch innereuropäischen Verkehr auf (vgl. Abschn. 3.5).

- Das vierte Segment hat eine Länge von ca. 860 km und verläuft im Bündel mit der interkontinentalen Linie W6 und mit weiteren Linien von Istanbul bis zur Provinz Hatay im Süden der Türkei.

Bereits im Jahr 2060 wird der ca. 2.590 km lange Abschnitt London – Istanbul der Linie W1 für das große Zugprofil in Betrieb genommen. Dieser Abschnitt dient bis zur Vollinbetriebnahme der Gesamtlinie nur dem kontinentalen Verkehr.

Linie W2: Nordamerika – Europa

Abb. 3.8 veranschaulicht mit der Linie W2 eine weitere Linie auf der Verkehrsachse Nordamerika – Europa – Golfstaaten. Die Linie W2 ergänzt das Verkehrsangebot der Linie W1 zwischen Nordamerika und Europa und erschließt das Verlagerungspotenzial zwischen New York City und Rom. Sie integriert in Europa die wesentlichen wirtschaftlichen und politischen Standorte von Italien (Mailand und Rom) und der Schweiz (Zürich). Auch Paris als einer der größten Luftfahrtstandorte Europas wird aufgrund seiner geographischen Lage in die Linie W2 integriert.

Die Linie W2 beginnt auf amerikanischer Seite aus den bereits für Linie W1 genannten Gründen in New York City. London wird erneut als Gate-Standort für Europa integriert. Entscheidend ist dabei auch das hohe Direktaufkommen zwischen den Standorten London und New York.

Wie aus den nachfolgenden Daten und Fakten zur Linie W2 hervorgeht, dominiert im Abschnitt Paris – Rom der innereuropäische Verkehr mit einem Anteil von durchschnittlich 77 % am gesamten Verkehrsaufkommen der Linie [2]. Die mittlere Zugauslastung weist in Bezug auf die gesamte Linienlänge relativ geringe Schwankungen auf.

Abb. 3.8 Linienschema W2

Daten und Fakten zur Linie W2

• Verlagerungspotenzial im maßgebenden Betriebsjahr 2160:

Mio. Passagiere im Jahr 2160	NYC–LON	LON–PAR	PAR–ZUR	ZUR–MIL	MIL–ROM
Europa –Nordamerika	114	77	18	10	5
Innerhalb des Europa–Netzes		42	99	82	87
Übrige Verkehrsrelationen	10	5	17		19
Summe	123	124	135	92	112

• Linienlänge gesamt in km	7.310
• Linienanteil im europäischen Europanetz in km	3.850
• davon Anteil mit Erreichung von v = 7.200 km/h in km	2.080
• davon unter Trassierungszwang (Radien, Bündel, Hindernisse) in km	2.080
• Anzahl Vakuumröhren pro Richtung	1
• Zugfolgezeit in Minuten	10
• Anzahl täglicher Zugabfahrten pro Richtung	114
• Zeitzonenbedingte tägliche Nutzbarkeit ostwärts in Stunden	14,6
• Zeitzonenbedingte tägliche Nutzbarkeit westwärts in Stunden	16,7
• Anzahl benötigter Fahrzeuge (Züge)	47
• Sitzplätze pro Zug im ersten Betriebsjahr 2085	2.400
• Sitzplätze pro Zug im maßgebenden Betriebsjahr 2160	2.800
• Rumpfdurchmesser der Fahrzeuge in m	7,4
• Depotkapazität im Europanetz in Zugplätzen (ROM)	44

In Bündelung mit der Linie W1 durchquert die Linie W2 den Atlantik auf einer Länge von ca. 3.040 km zwischen der Ostküste der Insel Neufundland und der Westküste von Irland. Von der Gesamtlänge der Linie W2 werden anteilig ca. 3.850 km dem europäischen Hyperschallbahn-Netz zugerechnet. Der europäische Anteil lässt sich in baulich-konstruktiver und verkehrlicher Hinsicht folgenden drei Segmenten zuordnen:

• Das erste Segment hat eine Länge von ca. 1.520 km ab der Mitte des Atlantiks bis zur Westküste von Irland. Das Segment verläuft gemeinsam mit der Linie W1 in einem Atlantiktunnel (vgl. Abschn. 5.2).

• Das zweite Segment erstreckt sich im durchgehenden Bündel mit der Linie W1 zwischen der Westküste Irlands und London bei einer Länge von ca. 720 km, darunter mit Unterquerung der Irischen See.

• Das dritte Segment umfasst ca. 1.610 km und verbindet London mit Rom, darunter mit Unterquerung des Ärmelkanals. Dieses Segment nimmt wie erwähnt neben dem interkontinentalen Verkehr auch kontinentalen Verkehr auf (vgl. Abschn. 3.5).

Bereits im Jahr 2060 wird der 1.610 km lange Abschnitt London – Rom der Linie W2 für das große Zugprofil in Betrieb genommen. Dieser Abschnitt dient bis zur Vollinbetriebnahme der Gesamtlinie nur dem kontinentalen Verkehr.

Stationen im europäischen Kontinentalnetz

Abb. 3.9 Linienschema W3

Linie W3: Europa – Golfstaaten

Die Linie W1 kann perspektivisch das Verkehrsaufkommen zwischen Europa und den Golfstaaten nicht allein bewältigen. Aus diesem Grund wird die in Abb. 3.9 schematisch dargestellte Ergänzungslinie W3 zur Vervollständigung der Bedienung der Verkehrs- achse Nordamerika – Europa – Golfstaaten eingerichtet. Im Unterschied zur Linie W1 konzentriert sich die Linie W3 besonders auf die Erschließung des erheblichen Verkehrs- anteils mit Saudi-Arabien in der Relation Frankfurt – Riad.

Die Linie W3 beginnt in Frankfurt und integriert Istanbul. Beide Standorte sichern die Anbindung des Europanetzes an die Linie W3. Weitere Stationen der Linie sind die im Ver- kehrskorridor befindlichen internationalen Luftverkehrsstandorte Ankara, Adana, Beirut und Tel Aviv, die alle dem europäischen Europanetz zugerechnet werden (siehe Abschn. 3.3).

Daten und Fakten zur Linie W3

• Verlagerungspotenzial im maßgebenden Betriebsjahr 2160:

Mio. Passagiere im Jahr 2160	FRA - IST	IST - ANK	ANK - ADA	ADA - BEI	BEI - TEL	TEL - MED	MED - RIA
Europa - Golfstaaten	56	82	85	85	105	106	77
Nordamerika - Golfstaaten	5	11	11	11	11	11	4
Innerhalb des Europa-Netzes	70	61	42	39	27		
Übrige Verkehrsrelationen	39	17	17	17	16		
Summe	170	171	156	152	159	117	82

• Linienlänge gesamt in km	5.090
• Linienanteil im europäischen Europanetz in km	3.290
• davon Anteil mit Erreichung von v = 7.200 km/h in km	1.140
• davon unter Trassierungszwang (Radien, Bündel, Hindernisse) in km	2.730
• Anzahl Vakuumröhren pro Richtung	1
• Zugfolgezeit in Minuten	10
• Anzahl täglicher Zugabfahrten pro Richtung	114
• Zeitzonenbedingte tägliche Nutzbarkeit ostwärts in Stunden	16,2
• Zeitzonenbedingte tägliche Nutzbarkeit westwärts in Stunden	17,5
• Anzahl benötigter Fahrzeuge (Züge)	53
• Sitzplätze pro Zug im ersten Betriebsjahr 2085	2.800
• Sitzplätze pro Zug im maßgebenden Betriebsjahr 2160	3.200
• Rumpfdurchmesser der Fahrzeuge in m	7,4
• Depotkapazität im Europanetz in Zugplätzen (FRA)	27

In Saudi-Arabien sind Dschidda und Riad die dominierenden interkontinentalen Luftverkehrsstandorte [2]. Da das Luftverkehrsaufkommen von Dschidda stark saisonal geprägt ist, wird nur Riad zusammen mit Medina in die Linie W3 integriert, wobei dem Standort Medina in einem Hyperschallbahn-Netz perspektivisch zunehmende Bedeutung für Umsteigeverkehre in der Nahost-Region zukommt.

Eine mögliche Anbindung der Linie W3 an die geplante Megastadt Neom im Nordwesten von Saudi-Arabien [33] ist zu berücksichtigen. Dschidda und Mekka werden durch eine schnelle Zubringerverbindung unter Nutzung der vorhandenen Eisenbahnschnellstrecke Mekka – Dschidda – Medina [34] an die Hyperschallbahn-Station Medina angebunden.

Im Abschnitt Frankfurt – Tel Aviv weist die mittlere Zugauslastung relativ geringe Schwankungen auf. Dazu trägt der Verkehr innerhalb des europäischen Netzes mit einem Anteil von durchschnittlich 30 % am gesamten Verkehrsaufkommen bei. Das ermittelte Verlagerungspotenzial reicht jedoch nicht aus für eine angemessene Zugauslastung zwischen Tel Aviv und Riad. Die Schließung der Auslastungslücke kann durch Verknüpfung mit einem kontinentalen Netz für Westasien und Nahost erfolgen, ist jedoch nicht Gegenstand der vorliegenden Betrachtung.

Von der Linie W3 werden anteilig ca. 3.290 km dem europäischen Hyperschallbahn-Netz zugerechnet. Der europäische Anteil lässt sich in baulich-konstruktiver und verkehrlicher Hinsicht folgenden zwei Segmenten zuordnen:

- Das erste Segment umfasst ca. 1.940 km und erstreckt sich von Frankfurt bis Istanbul. Dieses Segment nimmt wie erwähnt neben dem interkontinentalen Verkehr auch kontinentalen Verkehr auf (vgl. Abschn. 3.5).
- Das zweite Segment mit einer Länge von ca. 1.350 km verläuft vollständig im Bündel mit anderen Linien von Istanbul bis Tel Aviv (vgl. Abschn. 3.3). Auch dieses Segment umfasst Verkehrsrelationen innerhalb des europäischen Netzes (vgl. Abschn. 3.5).

Linie W4: Südamerika – Westafrika – Europa
Die Linie W4 bedient die in Abb. 3.10 gezeigte Verkehrsachse Südamerika – Westafrika – Europa und verläuft zwischen Sao Paulo und Paris. Sie wird vorrangig für die Erschließung des Verkehrspotenzials Südamerika – Europa genutzt. Weitere bedeutende Verkehrsanteile entfallen auf die Relation Westafrika – Europa und auf den Verkehr

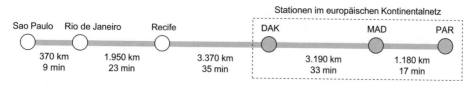

Abb. 3.10 Linienschema W4

innerhalb des europäischen Netzes zwischen Madrid und Paris mit einem Anteil von 36 % am gesamten Verkehrsaufkommen dieses Abschnitts.

Im Sinne der interkontinentalen Unterstützung erfolgen die Anbindung von Westafrika an die interkontinentale Linie W4 und der anteilige Bau der Atlantikverbindung zwischen Südamerika und Westafrika unter Regie der Wirtschaftsregion Europa. Die betroffenen Netzabschnitte und die Verkehrsstation Dakar auf der Linie W4 werden in diesem Kontext dem europäischen Netz zugeordnet. Der Standort Dakar übernimmt die Funktion des westlichen Zugangs zu einem afrikanischen Kontinentalnetz, das nicht Gegenstand der Betrachtung ist.

Im Luftverkehr zwischen Europa und Südamerika nimmt Sao Paulo eine herausragende Position ein. 34 % des südamerikanischen Passagieraufkommens mit Europa entfallen auf diesen Standort. Das übrige Aufkommen verteilt sich auf 12 weitere Flughafenstandorte in Südamerika [2]. Die Linie W4 beginnt und endet demzufolge in Sao Paulo. In dieser Position hat der Standort eine geographische Gate-Funktion für ein kontinentales Netz in Südamerika, das nicht Gegenstand der Betrachtung ist. Der Flughafenstandort Recife wird ebenfalls in die Linie integriert und übernimmt die Gate-Funktion für den nördlichen Bereich von Südamerika und für Mittelamerika. Der bedeutende internationale Flughafenstandort Rio de Janeiro ergänzt die südamerikanischen Stationen der Linie W4.

Rund 37 % des für die Linie W4 relevanten Luftverkehrs entfällt in Europa auf den Standort Madrid. Der übrige Anteil konzentriert sich relativ gleichmäßig und fast vollständig auf wenige Flughafenstandorte in Westeuropa [2]. Vor diesem Hintergrund werden Madrid und Paris Stationen der Linie W4 mit Gate-Funktionen für das Europanetz.

Mit dem beschriebenen Verlagerungspotenzial ist im Abschnitt Dakar – Paris eine gleichmäßig hohe Zugauslastung darstellbar, wie nachfolgende Daten und Fakten zur Linie W4 verdeutlichen. Dieses Potenzial reicht jedoch nicht aus, um die Züge zwischen Sao Paulo und Dakar angemessen zu füllen. Die Deckung der Auslastungslücke kann durch Verknüpfung mit einem kontinentalen Netz für Südamerika erfolgen, ist jedoch nicht Gegenstand der vorliegenden Betrachtung.

Wesentlich für den wirtschaftlichen Erfolg der Linie W4 wird auch die Erschließung neuer Verkehrspotenziale zwischen Südamerika und Afrika im Zusammenhang mit der Realisierung der Linie W4 sein. Denn nach der bisherigen Verkehrsprognose entsprechend Kap. 4 wird der afrikanische Anteil am Verkehr mit Südamerika perspektivisch nur 15 bis 20 % des europäischen Anteils erreichen.

Daten und Fakten zur Linie W4

- Verlagerungspotenzial im maßgebenden Betriebsjahr 2160:

Mio. Passagiere im Jahr 2160	SAO - RIO	RIO - REC	REC - DAK	DAK - MAD	MAD - PAR
Europa - Südamerika	112	121	167	167	73
Europa - Westafrika				76	67
Innerhalb des Europa-Netzes				9	92
Übrige Verkehrsrelationen	25	25	30		28
Summe	137	146	197	252	259

- Linienlänge gesamt in km — 10.060
- Linienanteil im europäischen Europanetz in km — 6.055
- davon Anteil mit Erreichung von v = 7.200 km/h in km — 4.060
- davon unter Trassierungszwang (Radien, Bündel, Hindernisse) in km — 1.900
- Anzahl Vakuumröhren pro Richtung — 2
- Zugfolgezeit in Minuten — 5
- Anzahl täglicher Zugabfahrten pro Richtung — 220
- Zeitzonenbedingte tägliche Nutzbarkeit ostwärts in Stunden — 14,8
- Zeitzonenbedingte tägliche Nutzbarkeit westwärts in Stunden — 17,0
- Anzahl benötigter Fahrzeuge (Züge) — 107
- Sitzplätze pro Zug im ersten Betriebsjahr 2085 — 2.400
- Sitzplätze pro Zug im maßgebenden Betriebsjahr 2160 — 2.800
- Rumpfdurchmesser der Fahrzeuge in m — 7,4
- Depotkapazität im Europanetz in Zugplätzen (PAR) — 97

Von der Linie W4 entfallen ca. 3.370 km auf die Atlantikquerung zwischen Recife und Dakar. Rund 6.060 km der Linie W4 werden dem europäischen Hyperschallbahn-Netz zugerechnet. Der europäische Anteil lässt sich in baulich-konstruktiver und verkehrlicher Hinsicht folgenden vier Segmenten zuordnen:

- Das erste Segment hat eine Länge von ca. 1.685 km ab der Mitte des Atlantiks bis Dakar. Das Segment verläuft in einem Atlantiktunnel (vgl. Abschn. 5.2).
- Das zweite Segment erstreckt sich von Dakar bis Settat (Marokko) über eine Länge von 2.290 km. In Settat beginnt die europäische Kontinentallinie E7 (vgl. Abschn. 3.3) mit der gemeinsamen Station für Casablanca und Marrakesch, die im Bündel mit der Linie W4 verläuft.
- Das dritte Segment umfasst ca. 900 km und erstreckt sich vollständig im Bündel mit der Kontinentallinie E7 von Settat (Marokko) bis Madrid, darunter mit Unterquerung der Straße von Gibraltar.

- Das vierte Segment verläuft im Bündel mit Kontinentallinien von Madrid bis Paris über eine Länge von 1.180 km. Dieses Segment nimmt wie erwähnt neben dem interkontinentalen Verkehr auch kontinentalen Verkehr auf (vgl. Abschn. 3.5).

Linie W5: Europa – Ostasien

Die Linie W5 bedient die Verkehrsachse Europa – Ostasien. Sie verläuft zwischen Paris und Tokio (vgl. Abb. 3.11) und wird vorrangig für die Verkehrsrelationen Europa – Ostasien genutzt. Im Abschnitt Paris – Moskau bedient die Linie W5 auch den Verkehr innerhalb des europäischen Netzes mit einem Anteil von 45 % am gesamten Verkehrsaufkommen.

Im Luftverkehr zwischen Europa und Ostasien nehmen auf asiatischer Seite die Flughafenstandorte Peking, Shanghai, Tokio und Seoul eine herausragende Position ein. Annähernd 88 % des ostasiatischen Passagieraufkommens mit Europa entfallen auf diese Metropolen [2]. Die Anbindung aller vier Standorte an die Linie W5 ist trassierungstechnisch jedoch nicht möglich bzw. mit erheblichen Einschränkungen verbunden.

Aus diesem Grund wird auf die Integration von Shanghai in die Linie W5 verzichtet. Die Anbindung dieses und weiterer chinesischer Standorte erfolgt ab Peking und ist durch Verknüpfung mit einem ostasiatischen Kontinentalnetz bzw. mit einer interkontinentalen Linie möglich, jedoch nicht Gegenstand der Betrachtung. Der bedeutende japanische Standort Osaka wird aufgrund seiner geographischen Lage in die Linie W5 aufgenommen.

Auf europäischer Seite nehmen die Standorte Paris, Frankfurt und perspektivisch Moskau eine führende Rolle im Luftverkehr mit Ostasien ein. Rund 44 % des europäischen Passagieraufkommens mit Ostasien konzentrieren sich auf diese Metropolen [2]. Die drei Standorte werden deshalb in die Linie W5 integriert. Der politisch bedeutende und für die Netzanbindung von Nord- und Südeuropa wichtige Standort Berlin wird zusätzlich in die Linie aufgenommen.

Die Potenzialerschließung verursacht im Abschnitt Paris – Peking eine mittlere Zugauslastung mit relativ geringen Schwankungen. Im Folgeabschnitt bis Tokio kann jedoch allein mit dem Aufkommen aus Europa keine angemessene Zugauslastung mehr gewährleistet werden. Die Schließung der Auslastungslücke ist durch Verknüpfung mit einem kontinentalen Netz für Ostasien möglich, jedoch nicht Gegenstand der vorliegenden Betrachtung.

Abb. 3.11 Linienschema W5

Die im Bau befindliche Magnetschwebebahn Tokio – Nagoya – Osaka (Chūō-Shinkansen) ist für eine Geschwindigkeit von ca. 500 km/h vorgesehen und soll um das Jahr 2040 fertiggestellt werden. Diese Bahn dient der Kapazitätssteigerung im japanischen Binnenverkehr und erhält sechs Zwischenstationen [5]. Der Chūō-Shinkansen kann die interkontinentale Linie W5 als Zubringersystem für die Standorte Tokio und Osaka ergänzen.

Daten und Fakten zur Linie W5

• Verlagerungspotenzial im maßgebenden Betriebsjahr 2160:

Mio. Passagiere im Jahr 2160	PAR - FRA	FRA - BER	BER - MOS	MOS - PEK	PEK - SEO	SEO - OSA	OSA - TOK
Europa - Ostasien	31	90	119	165	47	28	24
Innerhalb des Europa-Netzes	115	74	45				
Übrige Verkehrsrelationen	32	11	9	5			
Summe	178	175	172	169	47	28	24

• Linienlänge gesamt in km	11.020
• Linienanteil im europäischen Europanetz in km	2.640
• davon Anteil mit Erreichung von v = 7.200 km/h in km	880
• davon unter Trassierungszwang (Radien, Bündel, Hindernisse) in km	1.310
• Anzahl Vakuumröhren pro Richtung	1
• Zugfolgezeit in Minuten	10
• Anzahl täglicher Zugabfahrten pro Richtung	107
• Zeitzonenbedingte tägliche Nutzbarkeit ostwärts in Stunden	16,2
• Zeitzonenbedingte tägliche Nutzbarkeit westwärts in Stunden	15,6
• Anzahl benötigter Fahrzeuge (Züge)	63
• Sitzplätze pro Zug im ersten Betriebsjahr 2085	3.200
• Sitzplätze pro Zug im maßgebenden Betriebsjahr 2160	3.600
• Rumpfdurchmesser der Fahrzeuge in m	7,4
• Depotkapazität im Europanetz in Zugplätzen (PAR)	44

Von der Linie W5 wird anteilig der ca. 2.640 km lange Abschnitt Paris – Moskau dem europäischen Hyperschallbahn-Netz zugerechnet. Der Linienanteil im europäischen Netz lässt sich in baulich-konstruktiver und verkehrlicher Hinsicht folgenden zwei Segmenten zuordnen:

• Das erste Segment umfasst ca. 960 km und erstreckt sich nahezu ohne Bündelung mit anderen Linien von Paris bis Berlin.
• Das zweite Segment von Berlin bis Moskau hat eine Länge von ca. 1.680 km und verläuft durchgehend im Bündel mit der Linie E10, die erst im Jahr 2085 in Betrieb gehen wird (vgl. Abschn. 3.3).

Bereits im Jahr 2060 wird der Abschnitt Paris – Moskau für das große Zugprofil in Betrieb genommen. Dieser Abschnitt dient bis zur Vollinbetriebnahme der Gesamtlinie nur dem kontinentalen Verkehr.

Linie W6: Europa – Südostasien

Die in Abb. 3.12 dargestellte Linie W6 verläuft von London bis Bangkok und bedient die Verkehrsachse Europa – Südostasien einschließlich Indien. Im Abschnitt London – Istanbul bedient die Linie W6 auch den Verkehr innerhalb des europäischen Netzes mit einem durchschnittlichen Anteil von 32 % am gesamten Verkehrsaufkommen.

Im Luftverkehr zwischen Europa und Südostasien nehmen auf asiatischer Seite die Flughafenstandorte in Indien, Bangkok, Hongkong/Perlflussdelta und Singapur/ Kuala Lumpur eine herausragende Position ein. Annähernd 80 % des südostasiatischen Passagieraufkommens mit Europa entfallen auf diese Regionen bzw. Metropolen [2].

Die Anbindung aller genannten Standorte an die Linie W6 ist trassierungstechnisch nicht darstellbar. Aus diesem Grund wird die Linie W6 nur bis Bangkok geführt. Die Standorte Hongkong/Perlflussdelta und Singapur/Kuala Lumpur werden über ein südasiatisch-pazifisches Kontinentalnetz bzw. eine gesonderte interkontinentale Linie mit dem Standort Bangkok verknüpft. Diese Maßnahme ist jedoch nicht Gegenstand der vorliegenden Betrachtung.

Auf europäischer Seite nehmen die Standorte London, Frankfurt, Paris, Amsterdam und perspektivisch Istanbul eine führende Rolle im Luftverkehr mit Südostasien ein. Rund 68 % des europäischen Passagieraufkommens mit Südostasien konzentrieren sich auf diese Metropolen [2]. In angemessener Anbindung des Kontinents werden London, Paris und Istanbul europäische Stationen der Linie W6. Die Station Amsterdam wird über Kontinentallinien mit den genannten Stationen verknüpft (vgl. Abschn. 3.3). Die Station Frankfurt ist durch die Linien W1 und W3 mit Istanbul verbunden.

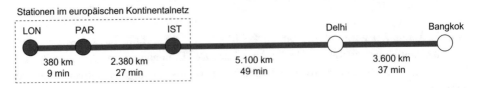

Abb. 3.12 Linienschema W6

Daten und Fakten zur Linie W6

• Verlagerungspotenzial im maßgebenden Betriebsjahr 2160:

Mio. Passagiere im Jahr 2160	LON - PAR	PAR - IST	IST - DEL	DEL - BAN
Europa - Südostasien	81	148	267	137
Innerhalb des Europa-Netzes	134	90		
Übrige Verkehrsrelationen	50	73	17	
Summe	265	311	285	137

• Linienlänge gesamt in km	11.460
• Linienanteil im europäischen Europanetz in km	3.620
• davon Anteil mit Erreichung von v = 7.200 km/h in km	2.040
• davon unter Trassierungszwang (Radien, Bündel, Hindernisse) in km	3.065
• Anzahl Vakuumröhren pro Richtung	2
• Zugfolgezeit in Minuten	5
• Anzahl täglicher Zugabfahrten pro Richtung	210
• Zeitzonenbedingte tägliche Nutzbarkeit ostwärts in Stunden	15,9
• Zeitzonenbedingte tägliche Nutzbarkeit westwärts in Stunden	15,8
• Anzahl benötigter Fahrzeuge (Züge)	112
• Sitzplätze pro Zug im ersten Betriebsjahr 2085	2.800
• Sitzplätze pro Zug im maßgebenden Betriebsjahr 2160	3.200
• Rumpfdurchmesser der Fahrzeuge in m	7,4
• Depotkapazität im Europanetz in Zugplätzen (LON)	65

Die Potenzialerschließung verursacht im Abschnitt London – Delhi eine hohe und relativ gleichmäßige Zugauslastung, wie die Daten und Fakten zur Linie W6 zeigen. Im Folgeabschnitt bis Bangkok kann dieses Auslastungsniveau allein mit dem Aufkommen aus Europa nicht mehr aufrechterhalten werden. Die Schließung der Auslastungslücke ist durch Verknüpfung mit einem südasiatisch-pazifischen Kontinentalnetz möglich, jedoch nicht Gegenstand der vorliegenden Betrachtung.

Von der Linie W6 werden anteilig ca. 3.620 km dem europäischen Hyperschallbahn-Netz zugerechnet. Der europäische Anteil lässt sich in baulich-konstruktiver und verkehrlicher Hinsicht folgenden zwei Segmenten zuordnen:

• Das erste Segment umfasst ca. 2.760 km und erstreckt sich von London bis Istanbul. Es unterquert den Ärmelkanal, verläuft über Paris (PAR) und nördlich der Alpen. Dieses Segment nimmt wie erwähnt neben dem interkontinentalen Verkehr auch kontinentalen Verkehr auf (vgl. Abschn. 3.5).

- Das zweite Segment hat eine Länge von ca. 860 km und verläuft im Bündel mit der interkontinentalen Linie W1 und mit weiteren Linien von Istanbul bis zur Provinz Hatay im Süden der Türkei.

3.3   Kontinentale Linien im Europanetz

Wie Abschn. 3.2 zeigte, können interkontinentale Hyperschallbahn-Linien relativ eindeutig aus der geographischen Ausrichtung der weltweiten Luftverkehrsströme bestimmt werden. Diese Möglichkeit ist im kontinentalen Rahmen nicht gegeben. Die Gesamtheit aller Luftverkehrsrelationen über Europa erscheint diffus und lässt nur in Einzelfällen klare Bündelungen über größere Entfernungen erkennen.

Zur Umlegung der Luftverkehrsrelationen auf ein europäisches Hyperschallbahn-System ist infolgedessen die Definition verschiedener über den Kontinent verteilter Linien geboten, die durch Umsteigepunkte miteinander verknüpft sind. Damit entsteht ein kontinentales Liniennetz, wie es in seiner Struktur prinzipiell bereits von konventionellen Netzen im Straßen- und Schienenverkehr bekannt ist.

Nach der Theorie der Liniennetzplanung existieren diverse Lösungsansätze zur Bestimmung kontinentaler Linien für ein europäisches Hyperschallbahn-Netz. Im Kern geht es darum, dass dieses Netz das Verlagerungspotenzial vom Luftverkehr maximal erschließt und dabei möglichst geringe Systemkosten verursacht. Die kontinentale Liniennetzplanung ist das Ergebnis eines iterativen Such- und Optimierungsprozesses unter Berücksichtigung der nachfolgenden Prämissen.

3.3.1   Prämissen der Netzgestaltung

Die Prämissen für die Gestaltung des kontinentalen Hyperschallbahn-Netzes sind vielfältig. Sie unterscheiden sich partiell von denen für interkontinentale Linien (siehe Abschn. 3.2) aufgrund der voneinander abweichenden Netzstrukturen. Im Unterschied zu interkontinentalen Linien besteht im kontinentalen Netz die Möglichkeit der Routenwahl und verstärkter Wettbewerb mit konventionellen Verkehrsträgern. In der Folge muss auch das potenzielle Nutzerverhalten bei der Gestaltung des kontinentalen Liniennetzes berücksichtigt werden.

Prämissen für die Systemdimensionierung
- Das im Abschn. 4.3 ermittelte Potenzial für die Verkehrsverlagerung auf das europäische Hyperschallbahn-Netz wird vollständig ausgeschöpft.
- Das europäische Netz geht entsprechend Abschn. 2.1 im Jahr 2060 in Betrieb. Die Infrastruktur wird für eine Nutzungsdauer von 100 Jahren ausgelegt. Ab dem Jahr 2160 beginnt der Ersatz der Infrastruktur.

- Das für diesen Zeitpunkt prognostizierte Verlagerungspotenzial wird Grundlage der Systemdimensionierung, um Kapazitätsengpässe im Betrieb auszuschließen.
- Die interkontinentalen Linien gehen im Jahr 2085 in Betrieb und bewirken aufgrund der Linienverknüpfung zusätzliches Verlagerungspotenzial auf den kontinentalen Linien. Das Zusatzpotenzial wird für die Systemdimensionierung der kontinentalen Linien mit berücksichtigt.
- Die kontinentalen Linien werden für den Einsatz von Klein- und Mittelprofilzügen nach Abschn. 2.5 mit maximal 2.700 Plätzen pro Zug und einem Rumpfdurchmesser von maximal 6,2 m ausgelegt.
- Alle kontinentalen Linien bestehen aus einer Vakuumröhre pro Richtung und werden im 10-min-Takt bedient.

Prämissen für die Liniennetzgestaltung

- Bei der Festlegung der kontinentalen Linien soll die Anbindung europäischer Staaten entsprechend ihrer Einwohnerzahl und Fläche angemessen berücksichtigt werden.
- Alle entsprechend Abschn. 3.1 identifizierten Stationen werden mit dem Ziel einer hohen Ausschöpfung des Verlagerungspotenzials in das europäische Liniennetz integriert.
- Metropolen sollen entsprechend ihrer politischen, wirtschaftlichen und verkehrlichen Bedeutung in die Linienplanung integriert werden. Dieser Prämisse wird mit der Aufnahme der in Abschn. 3.1 identifizierten Stationen bereits Rechnung getragen.
- In Übereinstimmung mit Abschn. 3.2 unterstützt Europa die Nachbarkontinente bei der Verknüpfung ihrer kontinentalen Netze. Dies gilt insbesondere für Linienprojekte mit Afrika und der Nahost-Region und findet Eingang in die kontinentale Linienplanung.
- Die Mitnutzung von Einzelabschnitten interkontinentaler Linien für kontinentale Verkehrsrelationen und ihre Integration in das Europanetz soll möglich sein.
- Um eine angemessene Linienauslastung sicherzustellen, soll das kontinentale Netz aus einer möglichst geringen Anzahl von Linien bestehen, ohne die Erschließung des Verlagerungspotenzials aus dem Luftverkehr zu gefährden.
- Auf jeder Linie soll der Mindestabstand der Stationen entsprechend Abschn. 2.3 möglichst eingehalten werden, um die Systemvorteile des europäischen Hyperschallbahn-Netzes umfassend zur Geltung zu bringen.
- Für die Trassierung der kontinentalen Linien sind die fahrdynamischen Parameter entsprechend Abschn. 2.3 anzuwenden.
- Aus Kostengründen sollen die kontinentalen Linien nach Möglichkeit in Bündelung mit anderen kontinentalen und mit interkontinentalen Linien (vgl. Abschn. 3.2) trassiert werden, ohne dass daraus eine wesentliche Erhöhung der Fahrzeit resultiert.

Prämissen zum Nutzerverhalten

- Innerhalb des europäischen Hyperschallbahn-Netzes wird unter mehreren alternativen Routen diejenige mit der kürzesten Reisezeit ausgewählt.

- Während einer Reise innerhalb des europäischen Liniennetzes werden maximal zwei Umstiege akzeptiert. Bei mehr als zwei Umstiegen wird das System nicht genutzt.
- Zur Auswahl stehende annähernd gleichwertige Routen werden von den Passagieren paritätisch genutzt. Es besteht aber die Bereitschaft zum Ausweichen auf alternative Nachbarrouten bei Überlastung von Linienabschnitten.
- Das Befahren eines Linienabschnitts gegen die Zielrichtung bis zur nächsten Umsteigestation und die maximal doppelte Luftlinienlänge der Reiseroute sind hinnehmbar, wenn der Reisezeitvorteil des Systems gewahrt wird.
- Die Beschleunigung und Abbremsung während der Zugfahrt werden in Verbindung mit starken Richtungs- und Höhenänderungen als unangenehm empfunden. Daher werden Routen mit wenig Zwischenhalten und ausgeglichener Gradiente bevorzugt.
- Das beschriebene Nutzerverhalten setzt die freie Zugauswahl ohne Reservierungszwang voraus. Reservierungen gelten nur in zeitlichen Phasen hoher Netzbelastung.

Prämissen für die Zugauslastung
- Im Sinne der Wirtschaftlichkeit werden kontinentale Linien nur bei Existenz relativ aufkommensstarker und gebündelter Verkehrsströme eingerichtet.
- Die Nachfrage auf jeder Linie soll im maßgebenden Prognosejahr 2160 mindestens Kleinprofil-Züge mit je 1.000 Plätzen und maximal Mittelprofil-Züge mit je 2.700 Plätzen bei einer Zugfolgezeit von 10 min erfordern.
- Über die gesamte Linienlänge soll eine möglichst gleichmäßige Zugauslastung angestrebt werden. Die Zugauslastung kann durch angepasste Verknüpfung von kontinentalen mit interkontinentalen Linien reguliert werden.

3.3.2 Begrenzung des Verkehrsaufkommens je Linie

Unter Bezugnahme auf Abschn. 2.5 wird die Formel 2.13 zur Ermittlung der erforderlichen Platzkapazität eines Zuges umgeformt, sodass aus der neuen Formel 3.2 Grenzwerte des Verkehrsaufkommens auf kontinentalen Linien für den vorgesehenen Einsatz von Klein- und Mittelprofil-Zügen abgeleitet werden können.

Aus den Prämissen für die Zugauslastung werden entsprechend Formel 3.2 für das Jahr 2160 ein Mindestaufkommen und ein Höchstaufkommen je Linie ermittelt. Der Einsatz von Kleinprofil-Zügen mit mindestens 1.000 Plätzen pro Zug wird bei einem Aufkommen ab ca. 60 Mio. Passagieren pro Jahr erforderlich und gilt bei einer Zugfolgezeit von 10 min je Linie sowie bei einer mittleren täglichen Betriebsdauer von 19,5 h. Unter den gleichen betrieblichen Kenngrößen sind bei maximal 160 Mio. Passagieren pro Jahr Mittelprofil-Züge mit je 2.700 Plätzen ausreichend, während Kleinprofil-Züge bis maximal 100 Mio. Passagieren pro Jahr eingesetzt werden können.

$$P_{Gr} = \frac{n_{SOLL}\, T_{AZ}}{33\, t_{ZF}}$$

P_{Gr}	Grenzwert für Verkehrsaufkommen in Millionen Passagieren pro Jahr
n_{SOLL}	erforderliche Sitzplatzkapazität pro Zug
T_{AZ}	Tägliche Nutzbarkeit (Abfahrtszeitspanne) in Stunden pro Tag
t_{ZF}	Zugfolgezeit in Minuten

Formel 3.2 Grenzwert für Verkehrsaufkommen auf kontinentalen Linien

3.3.3 Parameter der ermittelten Linien

Mengenpotenzial und erforderliche Zugkapazität

Im Ergebnis des iterativen Such- und Optimierungsprozesses sowie unter Beachtung der Grenzwerte für das Verkehrsaufkommen wurden 13 kontinentale Linien identifiziert. Das abschnittsweise Verkehrsaufkommen und die erforderliche Zugkapazität jeder dieser Linien entsprechend Tab. 3.2 befinden sich im systemtechnisch maßgebenden Prognosejahr 2160 innerhalb der ermittelten bzw. definierten Grenzwerte.

Der summarische Prognosewert der Verkehrsleistung der 13 Linien für das Jahr 2160 ist gemäß Tab. 3.2 mehr als fünfmal größer als der Vergleichswert des Jahres 2017. Das Verkehrswachstum basiert auf dem Prognosemodell in Abschn. 4.2 und ist deutlich geringer als das in Abschn. 3.2 für die interkontinentalen Linien unterstellte Wachstum. Zwischen den 13 kontinentalen Linien bestehen allerdings erhebliche Unterschiede beim prognostischen Potenzialwachstum im Vergleichszeitraum. Grundsätzlich wird für Linien in entwickelten Regionen ein geringeres Wachstum als für Linien in aufstrebenden Regionen prognostiziert.

Tab. 3.2 Nachfragepotenzial und Kapazität der kontinentalen Linien

Kontinentale Linie		Verlauf	Potenzial im Jahr 2017 in Mrd Pkm	Potenzial im Jahr 2160 in Mrd Pkm	Potenzial im Jahr 2160 in max. Mio. P	Kapazität im Startjahr in Plätzen/Zug	Kapazität im Jahr 2160 in Plätzen/Zug
E1		Schottland - Côte d'Azur	25	92	75	800	1.200
E2		Dublin - Region Valencia	38	144	87	1.200	1.400
E3		London - Sankt Petersburg	53	202	132	1.500	2.400
E4		London - Kiew	26	153	98	1.000	1.600
E5		Oslo - Genf-Lyon	29	129	101	1.400	1.600
E6		Amsterdam - Sizilien	34	130	95	1.000	1.600
E7		Amsterdam - Casablanca	53	289	161	2.100	2.700
E8		Hamburg - Athen	43	189	113	1.500	2.100
E9		Manchester - Budapest	24	113	81	800	1.400
E10		Lissabon - Moskau	74	372	131	1.800	2.400
E11		Mailand - Kairo	43	349	147	1.800	2.700
E12		Frankfurt - Helsinki	17	97	73	1.000	1.200
E13		Sankt Petersburg - Tel Aviv	49	372	128	1.200	2.400
Summe			507	2.630			

Tab. 3.3   Infrastrukturparameter der kontinentalen Linien

Kontinentale Linie	Verlauf	Länge in km	Fahrzeug-profil in m	Zwischen-halte	Bündel mit anderen Linien in km	Länge unter Trassierungs-zwang in km
E1	Schottland - Côte d'Azur	1.679	5,4	4	833	1.293
E2	Dublin - Region Valencia	2.197	5,4	5	1.383	2.132
E3	London - Sankt Petersburg	2.561	6,2	6	1.162	2.366
E4	London - Kiew	2.338	5,4	5	1.420	1.154
E5	Oslo - Genf-Lyon	1.988	5,4	6	440	1.198
E6	Amsterdam - Sizilien	2.141	5,4	6	1.060	1.467
E7	Amsterdam - Casablanca	2.538	6,2	5	2.262	1.600
E8	Hamburg - Athen	2.771	6,2	8	1.161	1.599
E9	Manchester - Budapest	1.843	5,4	5	1.843	1.451
E10	Lissabon - Moskau	4.553	6,2	8	2.812	2.477
E11	Mailand - Kairo	3.643	6,2	9	1.827	1.925
E12	Frankfurt - Helsinki	2.271	5,4	6	681	921
E13	Sankt Petersburg - Tel Aviv	4.145	6,2	8	1.827	1.711
Summe		34.668			18.711	21.294

Infrastrukturparameter der ermittelten kontinentalen Linien

Die identifizierten Kontinentallinien weisen gemäß Tab. 3.3 eine Länge von insgesamt 34.668 km auf. Sieben Linien werden für das Kleinprofil mit einem Durchmesser des Fahrzeugrumpfes von 5,4 m ausgelegt. Sechs Linien erhalten das mittlere Profil für den Einsatz von Fahrzeugen mit einem Rumpfdurchmesser von 6,2 m. Der mittlere Abstand zwischen Stationshalten beträgt rund 370 km im Durchschnitt der 13 Linien und erfüllt damit die Systemanforderungen gemäß Abschn. 2.3.

Mit 18.711 km wird über die Hälfte der Linienlänge in Bündelung mehrerer Linien trassiert. Über 60 % der Länge kontinentaler Linien unterliegt Trassierungszwängen, resultierend aus der Anwendung fahrdynamisch bedingter Mindestradien, aus der Umfahrung von größeren Bergregionen und Gewässern sowie partiell aus der Linien-bündelung in Verbindung mit der einheitlichen Linienausrichtung in Stationen.

Angebotsparameter der ermittelten kontinentalen Linien

Entsprechend Tab. 3.4 ermöglichen die 13 kontinentalen Linien gewichtet nach dem Ver-kehrspotenzial eine mittlere Reisegeschwindigkeit von 1.435 km/h. Die linienbezogenen Reisegeschwindigkeiten berücksichtigen den trassierungsbedingten Umweg und basieren auf der Luftlinien-Entfernung. Bei der genannten mittleren Stationsentfernung von 370 km bestehen die Hyperschallbahn-Fahrten grundsätzlich nur aus wechselnden Phasen mit Anfahrt- und Bremsbeschleunigung. Die maximale Streckengeschwindig-keit von 7.200 km/h wird lediglich in einem ca. 200 km langen Abschnitt der Linie E10 erreicht. Weitere linienspezifische Besonderheiten werden nachfolgend aufgeführt.

Tab. 3.4 Angebotsparameter der kontinentalen Linien

Kontinentale Linie		Verlauf	Fahrzeit mit Haltem in Minuten	Reisegeschwindigkeit in km/h	Max. Streckengeschwindigkeit in km/h	Zugfolgezeit in Minuten	Tägliche Betriebszeit in Stunden
E1		Schottland - Côte d'Azur	64	1.315	4.017	10	20,2
E2		Dublin - Region Valencia	79	1.383	4.850	10	19,9
E3		London - Sankt Petersburg	93	1.371	4.252	10	19,6
E4		London - Kiew	81	1.442	5.176	10	19,9
E5		Oslo - Genf-Lyon	84	1.184	3.859	10	19,8
E6		Amsterdam - Sizilien	85	1.253	4.641	10	19,8
E7		Amsterdam - Casablanca	84	1.512	4.850	10	19,8
E8		Hamburg - Athen	112	1.237	3.829	10	19,3
E9		Manchester - Budapest	74	1.243	3.731	10	20,0
E10		Lissabon - Moskau	129	1.763	7.200	10	18,8
E11		Mailand - Kairo	133	1.361	4.311	10	18,8
E12		Frankfurt - Helsinki	88	1.278	3.884	10	19,7
E13		Sankt Petersburg - Tel Aviv	132	1.565	5.489	10	18,8
Mittelwert (gewichtet nach Verkehrspotenzial)				1.435			19,4

3.3.4 Kurzbeschreibung der Linien

Linie E1: Schottland – Côte d'Azur

Entsprechend Abb. 3.13 umfasst die Linie E1 sechs Stationen, von denen sich drei Stationen außerhalb großer Städte befinden. Die Station Schottland (SCO) wird zwischen den benachbarten Flughafenstandorten Edinburgh und Glasgow positioniert. Ähnlich werden die Stationen Genf-Lyon (GEL) und Côte d'Azur (COA) zwischen den jeweils benachbarten Flughafenstandorten Genf und Lyon sowie Nizza und Marseille eingerichtet (vgl. Abschn. 3.4).

Trassierungstechnisch muss die Linie E1 im Abschnitt Schottland (SCO) – Manchester (MAN) weitgehend küstennah entlang der Irischen See geführt werden, um größere Gebirgsquerungen zu vermeiden. Im Zulauf auf Manchester ist die Unterquerung einer Meeresbucht auf einer Länge von ca. 30 km erforderlich, um die Linienbündelung ab Manchester zu ermöglichen. Der Abschnitt London (LON) – Paris (PAR) unterquert den Ärmelkanal im Bündel mit weiteren Linien. Zwischen den Stationen Genf-Lyon und Côte d'Azur verläuft die Linie E1 unter weitgehender Umgehung der Westalpen.

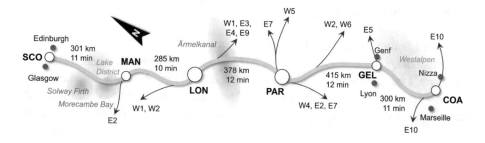

Abb. 3.13 Linien- und Fahrzeitschema E1

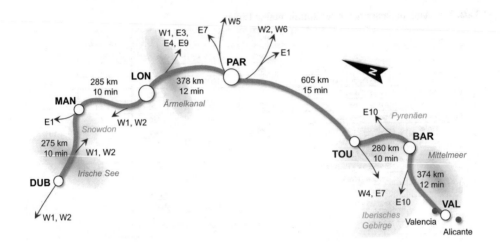

Abb. 3.14 Linien- und Fahrzeitschema E2

Linie E2: Dublin – Region Valencia

Von den sieben Stationen der Linie E2 gemäß Abb. 3.14 befindet sich die Station Region
Valencia (VAL) außerhalb großer Städte. Diese Station wird zwischen den benach-
barten Flughafenstandorten Alicante und Valencia positioniert (vgl. Abschn. 3.4). Die
Trassierung des Abschnitts Dublin (DUB) – Manchester (MAN) erfordert die Unter-
querung der Irischen See auf einer Länge von ca. 110 km im Bündel mit weiteren
Linien. Die anschließende Trassierung mit Minimalradien ermöglicht die Umgehung
des Snowdon-Massivs und die Minimierung von Unterwasserquerungen im Bereich von
Liverpool. Der Abschnitt London (LON) – Paris (PAR) unterquert den Ärmelkanal im
Bündel mit weiteren Linien.

Der Abschnitt Paris (PAR) – Toulouse (TOU) verläuft im Bündel mit der interkontinentalen Linie W4 und wird trassierungstechnisch von dieser Linie geprägt.
Im Abschnitt Toulouse (TOU) – Barcelona (BAR) ist eine Umfahrung der östlichen
Pyrenäen aufgrund des geometrischen Trassierungszwanges nicht möglich. Der
Abschnitt Barcelona (BAR) – Region Valencia (VAL) verläuft in Ufernähe zum Mittel-
meer. Die Trassierung erfolgt ohne Unterwasserabschnitte und minimiert die Querung
des östlichen Iberischen Gebirges.

Linie E3: London – Sankt Petersburg

Die Trassierung der Linie E3 (vgl. Abb. 3.15) ist aufgrund des relativ hohen Gewässer-
anteils im Linienverlauf abschnittsweise kompliziert. Der Abschnitt London (LON)
– Amsterdam (AMS) unterquert den Ärmelkanal im Bündel mit weiteren Linien. Zur
Vermeidung der Unterwasserquerung wird das Rhein-Maas-Delta umfahren. Dieser

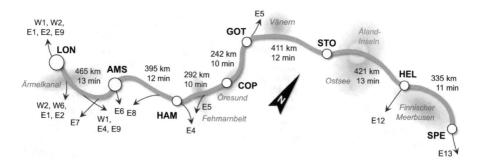

Abb. 3.15 Linien- und Fahrzeitschema E3

Trassierungszwang erfordert auf belgischem und niederländischem Gebiet eine Linien-führung mit Minimalradius bei einer ausnahmsweise überhöhten Querneigung der Fahr-bahn von 20°.

Der Linienabschnitt von Hamburg (HAM) bis Göteborg (GOT) unterquert den Feh-marnbelt und den Öresund. Auf dänischem und schwedischem Gebiet wird die Linie küstennah weitergeführt. Weitere Unterwasserquerungen werden durch Trassierung unter Einsatz von Minimalradien vermieden. Der Abschnitt Stockholm (STO) – Helsinki (HEL) unterquert die Ostsee im Bereich der Åland-Inseln. Unter Anwendung von Minimalradien wird der Landanteil dieses Linienabschnitts maximiert. Der Abschnitt Helsinki (HEL) – Sankt Petersburg (SPE) verläuft küstennah bei weitestgehender Ver-meidung von Unterwasserquerungen.

Linie E4: London – Kiew

Der Abschnitt London (LON) – Amsterdam (AMS) der in Abb. 3.16 dargestellten Linie E4 verläuft im Bündel mit dem gleichnamigen Abschnitt der Linie E3 und unterliegt trassierungstechnisch den gleichen Restriktionen. Der Abschnitt Berlin (BER) – Warschau (WAR) der Linie E4 ist vollständig mit der interkontinentalen Linie W5 gebündelt und wird trassierungstechnisch von dieser Linie geprägt. Der Abschnitt Warschau (WAR)

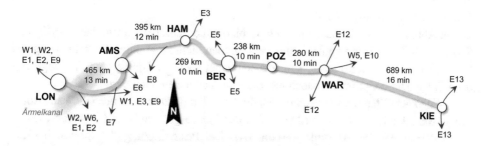

Abb. 3.16 Linien- und Fahrzeitschema E4

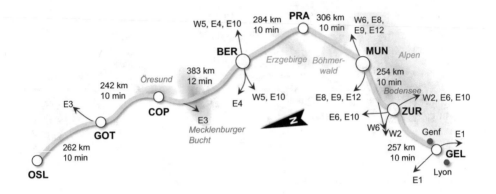

Abb. 3.17 Linien- und Fahrzeitschema E5

– Kiew (KIE) weist relativ einfache topographische Bedingungen auf und wird deshalb annähernd geradlinig trassiert.

Linie E5: Oslo – Genf-Lyon

Von den acht Stationen der Linie E5 entsprechend Abb. 3.17 befindet sich die Station Genf-Lyon (GEL) außerhalb großer Städte. Diese Station wird zwischen den benachbarten Flughäfen Genf und Lyon positioniert (vgl. Abschn. 3.4).

Die Trassierung der Linie E5 erfolgt auf dem Gebiet der skandinavischen Länder auf möglichst kurzem Weg unter Umgehung größerer Gewässer, jedoch mit Unterquerung des Öresund. Im Abschnitt Kopenhagen (COP) – Berlin (BER) wird die Mecklenburger Bucht der Ostsee nahe Rostock auf einer Länge von ca. 45 km unterquert.

Im Abschnitt München (MUN) – Prag (PRA) ist die Unterquerung des Böhmerwaldes trassierungstechnisch unvermeidlich. Der Abschnitt München (MUN) – Zürich (ZUR) wird durch die Trassierung der im Bündel führenden interkontinentalen Linie W6 und die nordwestliche Umfahrung des Bodensees geprägt. Die Linienführung des Abschnitts Zürich (ZUR) – Genf-Lyon (GEL) sieht die Vermeidung der Querung von Gebirgen und die Umfahrung größerer Gewässer vor.

Linie E6: Amsterdam – Sizilien

Die in Abb. 3.18 verzeichnete Linie E6 verbindet die Stationen Amsterdam (AMS) und Sizilien (SIC). Die Führung der Linie nach Sizilien dient nicht nur der Erschließung des Verkehrspotenzials dieser Insel, sondern beinhaltet auch die Option einer Verlängerung nach Tunis. Diese Option ist jedoch nicht Gegenstand der Betrachtung.

Von den acht Stationen der Linie E6 befindet sich die Station Sizilien (SIC) außerhalb großer Städte. Diese Station wird zwischen den beiden größten Insel-Flughäfen Catania und Palermo positioniert (vgl. Abschn. 3.4). Die Positionierung der Station berück-

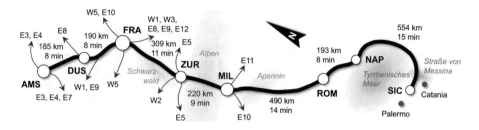

Abb. 3.18 Linien- und Fahrzeitschema E6

sichtigt auch die trassierungstechnische Möglichkeit der Verlängerung der Linie E6 nach Tunis.

Die Trassierung des Abschnitts Frankfurt (FRA) – Zürich (ZUR) erfolgt in östlicher Umgehung des Schwarzwalds. Der Abschnitt Zürich (ZUR) – Mailand (MIL) unterquert die Alpen auf dem kürzesten Weg bei Umgehung größerer Gebirgsseen. Die Trassierung zwischen Mailand (MIL) und Rom (ROM) wird küstennah bei Minimierung der Querung des nördlichen Apennin-Gebirges realisiert. Der Abschnitt Neapel (NAP) – Sizilien (SIC) muss zur Umgehung des Tyrrhenischen Meeres und Querung der Straße von Messina mit Mindestradien bei ausnahmsweiser Querneigung von 20° und partieller Begrenzung der Geschwindigkeit trassiert werden.

Linie E7: Amsterdam – Casablanca

Abb. 3.19 veranschaulicht die Linie E7 von Amsterdam (AMS) nach Casablanca (CAS). Die Planung dieser Linie setzt die Prämisse der Unterstützung der Nachbarkontinente bei der Verknüpfung der kontinentalen Netze um. In der Station Casablanca (CAS) besteht die Möglichkeit der Verbindung des europäischen mit einem afrikanischen Kontinentalnetz. Von den sieben Stationen der Linie befinden sich zwei Stationen außerhalb großer Städte. Die Station Andalusien (AND) wird zwischen den bedeutenden Flughafenstandorten Málaga und Sevilla positioniert. Die Station Casablanca (CAS) entsteht in Settat zwischen den bedeutenden Flughafenstandorten Casablanca und Marrakesch (vgl. Abschn. 3.4).

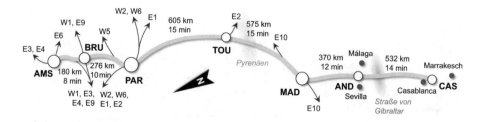

Abb. 3.19 Linien- und Fahrzeitschema E7

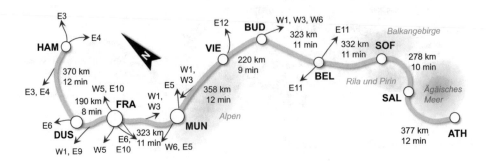

Abb. 3.20 Linien- und Fahrzeitschema E8

Der Abschnitt Paris (PAR) – Casablanca (CAS) wird von der Trassierung der im Bündel verlaufenden Linie W4 mit den Minimalradien für interkontinentale Linien geprägt. Es besteht keine Möglichkeit, die Pyrenäen zu umgehen. Der Abschnitt von Andalusien (AND) nach Casablanca (CAS) unterquert die Straße von Gibraltar im Bereich der geringsten Meerestiefe.

Linie E8: Hamburg – Athen

Der Abschnitt München (MUN) – Budapest (BUD) der in Abb. 3.20 dargestellten Linie E8 wird fast vollständig von der Trassierung der im Bündel verlaufenden interkontinentalen Linie W6 geprägt und passiert die Alpenkette nördlich. Der Abschnitt Belgrad (BEL) – Thessaloniki (SAL) wird bei maximaler Umgehung des Balkangebirges und weiterer Gebirge trassiert. Im Bereich der Station Thessaloniki (SAL) muss die Linie so ausgerichtet werden, dass bis Athen (ATH) die Unterquerung von Randbereichen des Ägäischen Meeres unter Anwendung von Mindestradien vermieden werden kann.

Linie E9: Manchester – Budapest

Die Linie E9 entsprechend Abb. 3.21 hat eine Entlastungsfunktion für weitere Linien im Zentrum Europas und ist in ihrem gesamten Verlauf mit anderen Linien gebündelt. Der Abschnitt London (LON) – Brüssel (BRU) unterquert den Ärmelkanal. Die Linien-

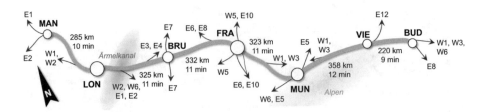

Abb. 3.21 Linien- und Fahrzeitschema E9

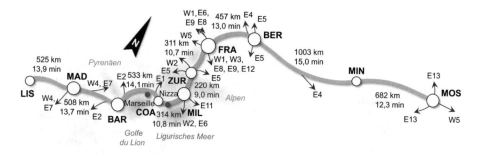

Abb. 3.22 Linien- und Fahrzeitschema E10

führung des Abschnitts München (MUN) – Budapest (BUD) der Linie E9 wird fast vollständig von der Trassierung der im Bündel verlaufenden interkontinentalen Linie W6 geprägt.

Linie E10: Lissabon – Moskau

Die Linie E4 bedient die Stationen Warschau und Poznan (vgl. Abb. 3.16). Für eine zusätzliche Anbindung dieser Stationen an die Linie E10 gemäß Abb. 3.22 besteht im Ergebnis der Verkehrsprognose in Abschn. 4.3 kein ausreichender Bedarf. Eine nachträgliche Anbindung ist jedoch trassierungstechnisch möglich, da die Linie E10 im Bereich beider Stationen im Bündel mit der Linie E4 verläuft.

Das europäische Liniennetz geht im Jahr 2060 in Betrieb. Eine Ausnahme stellt der Abschnitt Frankfurt (FRA) – Moskau (MOS) der Linie E10 dar, der aufgrund der Bedarfsentwicklung erst im Jahr 2085 startet. Von den zehn Stationen der Linie E10 befindet sich die Station Côte d'Azur (COA) außerhalb großer Städte. Diese Station wird zwischen den benachbarten Flughafenstandorten Nizza und Marseille positioniert (vgl. Abschn. 3.4).

Die Trassierung des Abschnitts Barcelona (BAR) – Côte d'Azur (COA) erfolgt unter weitmöglicher Umgehung der Pyrenäen und entlang der Küste des Golfe du Lion bei Anwendung von Mindestradien (vgl. Abb. 2.22). Der Nachbarabschnitt Côte d'Azur (COA) – Milano (MIL) verläuft ebenfalls in größtmöglicher Küstennähe bei Vermeidung der Unterquerung des Ligurischen Meeres und bei Minimierung der Querung der Westalpen. Der Folgeabschnitt Mailand (MIL) – Zürich (ZUR) unterquert in Bündelung mit weiteren Linien die Alpen auf dem kürzesten Weg bei Umgehung größerer Gebirgsseen.

Der Abschnitt Berlin (BER) – Moskau (MOS) wird von der Trassierung der im Bündel verlaufenden Linie W5 geprägt. Damit kann im 1.003 km langen Abschnitt Berlin (BER) – Minsk (MIN) der Linie E10 die maximale Systemgeschwindigkeit von 7.200 km/h auf einer Teillänge von rund 200 km erreicht werden. Aufgrund seiner großen Länge wird der Abschnitt Berlin (BER) – Moskau (MOS) mit einer Anfahr- und Bremsbeschleunigung von 5 m/s^2 befahren, während für das übrige Kontinentalnetz der Beschleunigungswert von 3 m/s^2 gilt.

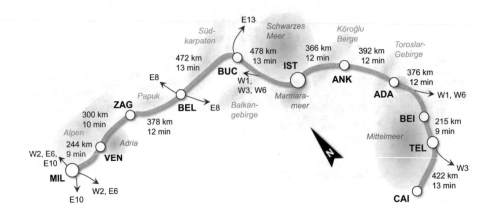

Abb. 3.23 Linien- und Fahrzeitschema E11

Linie E11: Mailand – Kairo

Mit der Planung der Linie E11 entsprechend Abb. 3.23 wird die Prämisse der Unterstützung der Nachbarkontinente bei der Verknüpfung der kontinentalen Netze umgesetzt. In den Stationen Tel Aviv (TEL) und Kairo (CAI) besteht die Möglichkeit der Verbindung des Europanetzes mit einem westasiatischen und einem afrikanischen Kontinentalnetz.

Im Abschnitt Bukarest (BUC) – Tel Aviv (TEL) verläuft die Linie E11 im Bündel mit weiteren Linien. Aufgrund der Bündelung wird eine Nord-Süd-Ausrichtung der Station Bukarest (BUC) erforderlich, die in der Folge eine Trassierung mit Minimalradien im Abschnitt Belgrad (BEL) – Bukarest (BUC) erzwingt, um die Südkarpaten weitestmöglich zu umgehen.

Der Abschnitt Bukarest (BUC) – Adana (ADA) wird durch die Vermeidung von Unterwasserquerungen im Bereich von Istanbul (IST) und eine fast vollständige Bündelung mit den interkontinentalen Linien W1 und W6 geprägt. Beide Linien müssen in dem Abschnitt mit Minimalradien für interkontinentale Linien konstruiert werden. Demnach ist eine Umgehung von Gebirgen im Zentralbereich der Türkei durch die Linie E11 nicht möglich.

Der Abschnitt Adana (ADA) – Tel Aviv (TEL) verläuft nahe der Mittelmeerküste bei weitestmöglicher Vermeidung der Unterquerung von Gewässern und bei Umgehung von Gebirgen. Jedoch ist eine ca. 30 km lange Unterquerung des Golfs von Iskenderun am Ostrand des Mittelmeeres trassierungstechnisch nicht abwendbar. Der Abschnitt von Tel Aviv (TEL) nach Kairo (CAI) verläuft zunächst entlang der Mittelmeerküste und nimmt anschließend den kürzesten Weg mit Untertunnelung des Suezkanals.

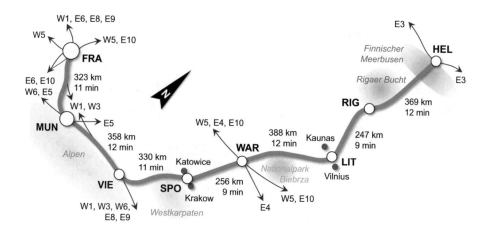

Abb. 3.24 Linien- und Fahrzeitschema E12

Linie E12: Frankfurt – Helsinki

Von den acht Stationen der Linie E12 (vgl. Abb. 3.24) befinden sich zwei Stationen außerhalb großer Städte. Die Station Südpolen (SPO) wird zwischen den benachbarten Flughafenstandorten Krakow und Katowice positioniert. Die Station Litauen (LIT) entsteht zwischen den benachbarten Flughafenstandorten Vilnius und Kaunas.

Die Linienführung des Abschnitts München (MUN) – Wien (VIE) wird vollständig von der Trassierung der im Bündel verlaufenden interkontinentalen Linie W6 geprägt (vgl. Abb. 2.20). Der Abschnitt Wien (VIE) – Südpolen (SPO) umgeht die Westkarpaten, während der Abschnitt Warschau (WAR) – Litauen (LIT) westlich am Nationalpark Biebrza vorbeiführt. Nach östlicher Umgehung der Rigaer Bucht wird der Finnische Meerbusen auf dem Weg nach Helsinki (HEL) auf einer Länge von annähernd 70 km unterquert.

Linie E13: Sankt Petersburg – Tel Aviv

Wie bei den Linien E7 und E11 setzt die Planung der Linie E13 entsprechend Abb. 3.25 die Prämisse der Unterstützung der Nachbarkontinente bei der Verknüpfung der kontinentalen Netze um. In der Station Tel Aviv (TEL) besteht die Möglichkeit der Verbindung des europäischen mit einem westasiatischen Kontinentalnetz. Im Rahmen der Trassierung der Linie E13 unterquert der Abschnitt Odessa (ODE) – Bukarest (BUC) die Dnister-Lagune bei Odessa. Im weiteren Verlauf umgeht die Linie das Seengebiet im Mündungsbereich der Donau nördlich. Im Zulauf auf Bukarest (BUC) wird die Querung der Südkarpaten durch Anwendung von Minimalradien vermieden. Im nachfolgenden Abschnitt von Bukarest (BUC) bis Tel Aviv (TEL) verläuft die Linie E13 vollständig im Bündel mit der Linie E11 und unterliegt den gleichen trassierungstechnischen Erfordernissen.

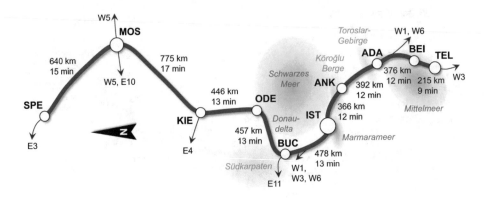

Abb. 3.25 Linien- und Fahrzeitschema E13

3.4   Zubringer-Infrastruktur

Die vollständige Erschließung des Verlagerungspotenzials vom Luftverkehr auf das europäische Hyperschallbahn-Netz erfordert die zeitgünstige Verkehrsanbindung der Potenzialstandorte an die 58 Verkehrsstationen entsprechend Abschn. 3.1, um den Reisezeitvorteil des Systems gegenüber dem Luftverkehr sicherzustellen. Für 35 Stationen sind ergänzende Zubringer-Verkehrsangebote nicht erforderlich, da sich diese Stationen mit den Potenzialstandorten decken.

Die übrigen 23 Verkehrsstationen benötigen ab der Inbetriebnahme der kontinentalen Hyperschallbahn-Linien im Jahr 2060 ergänzende Zubringer-Verkehrsangebote mit geeigneten Umsteigemöglichkeiten, um abseits gelegene Potenzialstandorte anforderungsgerecht anzubinden. Dabei lassen sich folgende Realisierungsfälle unterscheiden:

3.4.1   Nutzung vorhandener Bahnstrecken

Anbindung an vorhandene Bahnstrecken ohne Ausbau

Zur Anbindung von acht Stationen sind vorhandene Bahnstrecken gemäß Tab. 3.5 mit einer Länge von insgesamt 1.340 km als Zubringer-Infrastruktur ausreichend [35]. Außer der Verknüpfung der Stationen mit den Bahnstrecken sind Ausbaumaßnahmen nicht erforderlich.

Infolge der Anbindung ist auf einzelnen Zubringerstrecken mit einem hohen zusätzlichen Passagieraufkommen zu rechnen, das eine Verstärkung der Zugangebote für den Zubringerverkehr erfordert. Dies betrifft insbesondere die Zubringerabschnitte mit folgendem mittleren Zusatzaufkommen pro Betriebsstunde und Richtung im Jahr 2085:

Tab. 3.5 Vorhandene Zubringer-Bahnstrecken ohne notwendigen Streckenausbau

Hyperschallbahn-Station	Zubringer-Potenziale und vorhandene Bahnstrecken	Strecken-länge (km)	max. Fahrzeit (Minuten)	max. Zusatzver-kehr 2085 (P/h/Ri)
Zürich (ZUR)	Zürich – Basel	90	60	156
München (MUN)	München – Nürnberg	170	60	84
Hamburg (HAM)	Hamburg – Bremen	120	60	38
Kopenhagen (COP)	Kopenhagen – Malmö	40	30	411
Litauen (LIT)	Vilnius – LIT – Kaunas	90	60	842
Mailand (MIL)	Turin – MIL – Verona	290	100	141
Mailand (MIL)	Mailand – Bologna	210	60	341
Venedig (VEN)	Venedig – Verona	110	60	37
Venedig (VEN)	Venedig – Bologna	150	80	88
Wien (VIE)	Wien – Bratislava	70	60	38

- Vilnius – Station LIT mit 842 Passagieren,
- Malmö – Station COP mit 411 Passagieren,
- Bologna – Station MIL mit 341 Passagieren.

Anbindung an vorhandene Bahnstrecken mit Ausbau

Zur Anbindung von zwei Stationen sind vorhandene Bahnstrecken entsprechend Tab. 3.6 mit einer Länge von insgesamt 200 km als Zubringer-Infrastruktur geeignet, wenn sie wie bereits geplant ausgebaut werden [35] [36] [37].

Infolge der Anbindung ist auf beiden Zubringerstrecken mit einem hohen zusätzlichen Passagieraufkommen zu rechnen, das eine Verstärkung der Zugangebote für den Zubringerverkehr im Zusammenhang mit dem Streckenausbau erfordert. Besonders betroffen sind die Zubringerabschnitte mit folgendem mittleren Zusatzaufkommen pro Betriebsstunde und Richtung im Jahr 2085:

- Köln – Station DUS mit 2.190 Passagieren,
- Krakow – Station SPO mit 1.111 Passagieren.

Tab. 3.6 Vorhandene Zubringer-Bahnstrecken mit geplantem und notwendigen Streckenausbau

Hyperschallbahn-Station	Zubringer-Potenziale und vorhandene Bahn-strecken	Strecken-länge (km)	max. Fahrzeit (Minuten)	max. Zusatzver-kehr 2085 (P/h/Ri)
Düsseldorf (DUS)	Köln – DUS – Dortmund (RRX-Ausbau)	120	70	2.190
Süd-Polen (SPO)	Krakow – SPO – Katowice	80	40	1.111

Auch für zwei weitere Hyperschallbahn-Stationen ist der Ausbau vorhandener Bahn-strecken als Zubringer-Infrastruktur nötig (vgl. Tab. 3.7). Allerdings ist ein Ausbau dieser insgesamt 320 km langen Strecken bisher noch nicht bzw. nicht ausreichend im Hinblick auf die erforderliche Zulaufzeit geplant [35] [38].

Im Abschnitt Leeds – Station MAN ist mit einem hohen zusätzlichen Verkehrs-aufkommen von 736 Passagieren pro Betriebsstunde und Richtung im Jahr 2085 zu rechnen. Besonders dieser Abschnitt erfordert eine Verstärkung der Zugangebote für den Zubringerverkehr flankierend zum notwendigen Streckenausbau.

3.4.2 Anbindung an neue Bahnstrecken

Anbindung an geplante neue Bahnstrecken

Die anforderungsgerechte Anbindung von sieben Hyperschallbahn-Stationen wird durch den bereits geplanten Neubau von Bahnstrecken entsprechend Tab. 3.8 mit einer Länge von insgesamt 1.320 km ermöglicht [38 bis 44].

Tab. 3.7 Vorhandene Zubringer-Bahnstrecken mit ungeplantem, aber notwendigem Streckenaus-bau

Hyperschallbahn-Station	Zubringer-Potenziale und vorhandene Bahn-strecken	Strecken-länge (km)	max. Fahrzeit (Minuten)	max. Zusatzver-kehr 2085 (P/h/Ri)
Amsterdam (AMS)	Amsterdam – Eindhoven	130	70	135
Amsterdam (AMS)	Amsterdam – Rotterdam (Thalys-Route)	70	30	204
Manchester (MAN)	Liverpool – MAN – Leeds	120	45	736

Tab. 3.8   Geplante Neubau-Bahnstrecken mit anforderungsgerechter Zubringerfunktion

Hyperschallbahn-Station	Zubringer-Potenziale und neue Bahn-strecken	Strecken-länge (km)	max. Fahrzeit (Minuten)	max. Zusatzver-kehr 2085 (P/h/Ri)
Schottland (SCO)	Glasgow – SCO – Edinburgh	80	30	1.446
London (LON)	London – Birmingham/East Midlands	220	50	900
Valencia (VAL)	Valencia – VAL – Alicante	200	60	1.518
Andalusien (AND)	Málaga – AND – Sevilla	190	60	2.759
Frankfurt (FRA)	Frankfurt – (Mannheim) – Stuttgart	180	60	50
Poznan (POZ)	Proznan – Wroclaw	210	50	115
Casablanca (CAS)	Casablanca – CAS – Marrakesch	240	80	2.348

Die ergänzende Nutzung als Zubringerstrecken für Hyperschallbahn-Stationen verursacht überwiegend einen erheblichen Mehrverkehr auf den geplanten neuen Bahnstrecken. Das betrifft insbesondere die Zubringerabschnitte mit folgendem Zusatz-aufkommen pro Betriebsstunde und Richtung im Jahr 2085:

- Málaga – Station AND – Sevilla mit maximal 2.759 Passagieren,
- Casablanca – Station CAS (Settat) – Marrakesch mit maximal 2.348 Passagieren,
- Valencia – Station VAL – Alicante mit maximal 1.518 Passagieren,
- Glasgow – Station SCO – Edinburgh mit maximal 1.446 Passagieren.

Bahnstrecke Tel Aviv – Jerusalem – Amman

Der Standort Amman bietet ein bedeutendes zusätzliches Verlagerungspotenzial für die 140 km entfernte Station Tel Aviv (TEL) an den Linien W3, E11 und E13. Eine direkte und geeignete Landverkehrsverbindung zur Potenzialerschließung zwischen beiden Städten ist nicht vorhanden und auch nicht geplant. Das Verlagerungspotenzial kann erschlossen werden, wenn die bestehende Bahnstrecke Tel Aviv – Jerusalem [45] aus-gebaut und um ca. 80 km nach Amman mit Zwischenhalt in Jericho verlängert wird.

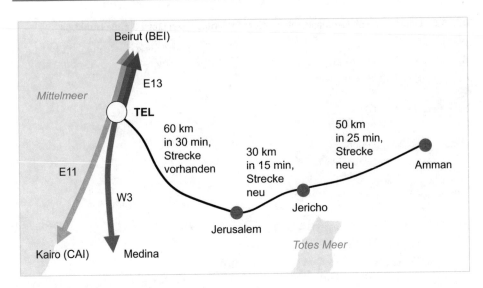

Abb. 3.26 Bahnverlängerung Tel Aviv (TEL) – Jerusalem nach Amman

Eine durchgehende Bahnverbindung entsprechend Abb. 3.26 kann eine Zubringerzeit von ca. 70 min zwischen Amman und der Station TEL ermöglichen. Diese Fahrzeit wäre ausreichend, um das Verlagerungspotenzial des Standorts Amman für das europäische Liniennetz vollständig zu erschließen.

Im Betriebsjahr 2085 muss zwischen Amman und der Station TEL mit durchschnittlich ca. 610 Zubringer-Passagieren pro Betriebsstunde und Richtung gerechnet werden. Außer Zubringer-Passagieren werden auch Bahnreisende zwischen Tel Aviv, Jerusalem, Jericho und Amman den Zugservice nutzen.

3.4.3 Neubau von Kurzstrecken-Magnetbahnen

Auch zur Anbindung von drei weiteren Hyperschallbahn-Stationen ist ein Streckenneubau mit anforderungsgerechter Zubringer-Funktion notwendig. Ein Neubau der betroffenen Strecken ist jedoch nicht geplant. Die einzelnen Verbindungen werden nachfolgend beschrieben.

Zubringerverbindung Lyon – Station GEL – Genf

Genf und Lyon sind mit ihren Flughäfen bedeutende Potenzialstandorte. Beide Standorte sind nur ca. 120 km voneinander entfernt und können daher nicht als Nachbarstationen an eine Kontinentallinie angebunden werden. Zur Erschließung des Verlagerungspotenzials wird eine gemeinsame Station (GEL) zwischen den Stadtzentren von Lyon und Genf eingerichtet und durch Shuttle-Züge verbunden. Die Station GEL ermöglicht den Zugang zu den kontinentalen Linien E1 und E5.

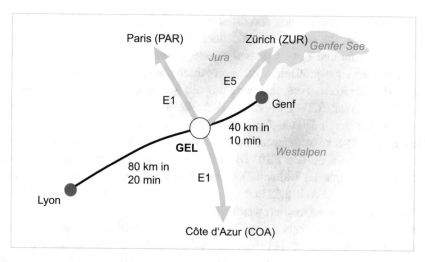

Abb. 3.27 Zubringer-Knoten Genf-Lyon (GEL)

Aktuell benötigt die Eisenbahn als schnellstes Verkehrsmittel mindestens 100 min Fahrzeit für die Relation Lyon – Genf [35]. Als Zubringer für die Station GEL würde dieser Verkehrsservice nicht die Reisezeitanforderung an die vollständige Erschließung des Verlagerungspotenzials beider Standorte entsprechend Abschn. 4.1 erfüllen. Ein Streckenneubau zwischen beiden Standorten ist jedoch nicht geplant.

Zur Erfüllung der Reisezeitanforderung ist infolgedessen eine neue Shuttle-Strecke gemäß Abb. 3.27 erforderlich, die eine Fahrzeit zwischen Lyon und Genf von maximal 30 min einschließlich Zwischenhalt in der Station GEL ermöglicht. Im Betriebsjahr 2085 muss zwischen Genf und der Station GEL mit durchschnittlich ca. 3.330 Zubringer-Passagieren pro Betriebsstunde und Richtung gerechnet werden. Zwischen Lyon und der Station GEL erreicht das Zubringeraufkommen im gleichen Jahr ca. 1.680 Passagiere pro Betriebsstunde und Richtung. Außer Zubringer-Passagieren werden auch Direktpendler zwischen den Städten Genf und Lyon den Shuttle-Service nutzen.

Die Fahrzeitvorgabe erfordert Shuttle-Züge mit einer Reisegeschwindigkeit von mindestens 240 km/h auf der 120 km langen Strecke. Das heutige Eisenbahnsystem ist kapazitiv für diesen Service geeignet, nicht jedoch für derart hohe Geschwindigkeiten auf kurzen Strecken. Eine Kurzstrecken-Magnetschwebebahn auf der Basis der vorhandenen Transrapid-Technologie könnte die Reisezeitanforderung voraussichtlich erfüllen.

Zubringerverbindung Marseille – Station COA – Nizza

Auch Nizza und Marseille sind bedeutende Potenzialstandorte. Beide Standorte sind in der Luftlinie nur ca. 160 km voneinander entfernt und kommen demnach als Nachbarstationen einer Kontinentallinie kaum in Betracht. Außerdem muss beachtet werden, dass das Verlagerungspotenzial beider Standorte zusammen überwiegend auf die

Destinationen Paris und London und damit quer zur Längsachse Marseille – Nizza ausgerichtet ist. Eine Trassierung von Kontinentallinien mit hintereinander befindlichen
Stationen Marseille und Lyon wäre vor diesem Hintergrund kostenintensiv und würde
die Unterquerung eines größeren Mittelmeer-Abschnitts erfordern.

Zur Erschließung des Potenzials wird aus den genannten Gründen eine gemeinsame
Station Côte d'Azur (COA) zwischen Marseille und Nizza entsprechend Abb. 3.28
eingerichtet und durch Shuttle-Züge mit den Stadtzentren beider Standorte auf einer
180 km langen Strecke verbunden. Die Station COA ermöglicht den Zugang zu den
kontinentalen Linien E1 und E10. Die wichtigsten Destinationen Paris und London
werden über die Linie E1 bedient. Die Linie E10 kann bei Lokalisierung der Station
COA entsprechend den Abb. 2.22 und 3.28 in Richtung Barcelona unter Vermeidung der
Mittelmeer-Unterquerung trassiert werden.

Frankreich plant den Neubau einer Eisenbahnstrecke zwischen Nizza und Marseille,
die eine Fahrzeit von rund 70 min zwischen beiden Standorten ermöglichen soll [46]. Als
Zubringer für eine gemeinsame Europanetz-Station zwischen beiden Standorten würde
dieser Verkehrsservice nicht die Reisezeitanforderung an die vollständige Erschließung
des Verlagerungspotenzials der Standorte Nizza und Marseille entsprechend Abschn. 4.1
erfüllen.

Zur Erfüllung der Anforderung ist eine Strecke erforderlich, die eine Fahrzeit zwischen beiden Standorten von maximal 40 min einschließlich Zwischenhalt
in der Station COA ermöglicht. Im Betriebsjahr 2085 muss zwischen Marseille und
der Station COA mit durchschnittlich ca. 1.550 Zubringer-Passagieren pro Betriebsstunde und Richtung gerechnet werden. Zwischen Nizza und der Station COA erreicht

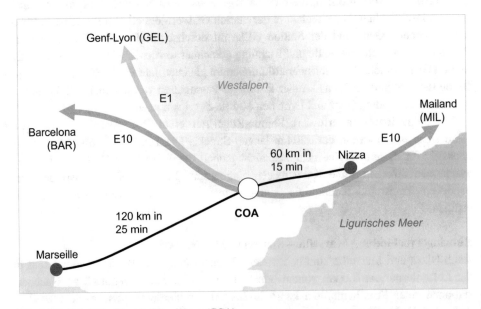

Abb. 3.28   Zubringer-Knoten Côte d'Azur (COA)

das Zubringeraufkommen im gleichen Jahr ca. 1.400 Passagiere pro Betriebsstunde und Richtung. Außer Zubringer-Passagieren werden auch Direktpendler zwischen den Städten Marseille und Nizza den Shuttle-Service nutzen.

Die Fahrzeitvorgabe erfordert Shuttle-Züge mit einer Reisegeschwindigkeit von mindestens 270 km/h auf der 180 km langen Strecke. Das heutige Eisenbahnsystem ist kapazitiv für diesen Service geeignet, nicht jedoch für das hohe Geschwindigkeitsniveau auf kurzen Strecken. Für die Zubringerverbindung Marseille – Station COA – Nizza kommt aus diesem Grund die vorhandene Transrapid-Technologie in Betracht.

Zubringerverbindung Palermo – Station SIC – Catania

Sizilien bietet nur in Summe der Luftverkehrsstandorte Catania und Palermo ausreichend Verlagerungspotenzial für eine auf der Insel beginnende Kontinentallinie. Beide Standorte sind in der Luftlinie weniger als 170 km voneinander entfernt und kommen aufgrund dieser geringen Distanz als Nachbarstationen einer Kontinentallinie kaum in Betracht. Erschwerend wirkt, dass die Trassierung einer auf das italienische Festland und weiter nordwärts führenden Kontinentallinie mit hintereinander befindlichen Stationen Palermo und Catania zu Umwegen führt und kostenintensiv ist. Diese Trassierung würde in ihrem weiteren Verlauf die Unterquerung eines größeren Mittelmeer-Abschnitts erzwingen.

Aus den genannten Gründen wird zur Erschließung des Potenzials eine gemeinsame Station Sizilien (SIC) zwischen Palermo und Catania entsprechend Abb. 3.29 eingerichtet und durch Shuttle-Züge mit den Stadtzentren beider Standorte auf einer rund 200 km langen Strecke verbunden. Die Station SIC ermöglicht den Zugang zur kontinentalen Linie E6 und trassierungsseitig die Reduzierung des Unterwasseranteils der Linie im Bereich der Meerenge Straße von Messina. Die Positionierung der Station

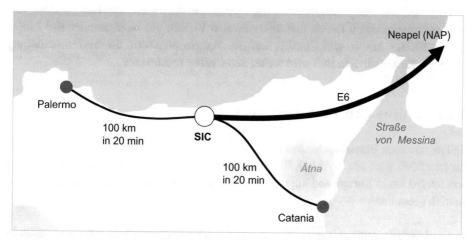

Abb. 3.29 Zubringer-Knoten Sizilien (SIC)

berücksichtigt auch die Möglichkeit der Verlängerung der Linie E6 nach Tunis entsprechend Abschn. 3.3.

Mit dem durch Italien geplanten Aus- und Neubau der ca. 200 km langen Eisenbahnverbindung zwischen Palermo und Catania ist eine Fahrzeitverkürzung zwischen beiden Potenzialstandorten auf 105 min vorgesehen [47]. Als Zubringerverbindung für die Kontinentallinie E6 würde dieser Verkehrsservice nicht die Reisezeitanforderung an die vollständige Erschließung des Verlagerungspotenzials der Standorte Catania und Palermo erfüllen.

Zur Erreichung der Reisezeitanforderung ist deshalb eine neue Shuttle-Strecke erforderlich, die eine Fahrzeit zwischen Palermo und Catania von maximal 40 min einschließlich Zwischenhalt in der Station SIC ermöglicht. Im Betriebsjahr 2085 muss zwischen Catania und der Station SIC mit durchschnittlich ca. 1.620 Zubringer-Passagieren pro Betriebsstunde und Richtung gerechnet werden. Zwischen Palermo und der Station SIC erreicht das Zubringeraufkommen im gleichen Jahr ca. 1.140 Passagiere pro Betriebsstunde und Richtung. Außer Zubringer-Passagieren werden auch Direktpendler zwischen den Städten Palermo und Catania den Shuttle-Service nutzen.

Die Fahrzeitvorgabe erfordert Shuttle-Züge mit einer Reisegeschwindigkeit von mindestens 300 km/h auf der 200 km langen Strecke. Das heutige Eisenbahnsystem ist kapazitiv für diesen Service geeignet, nicht jedoch für derartige Reisegeschwindigkeiten. Eine Magnetschwebebahn auf der Basis der vorhandenen Transrapid-Technologie könnte die Anforderung an die Reisezeit voraussichtlich erfüllen.

3.5   Gesamtes Europanetz

Das Gesamtnetz besteht aus den interkontinentalen und kontinentalen Linien und wird durch die beschriebene Zubringer-Infrastruktur ergänzt. Anknüpfend an die Abschn. 3.2 und 3.3 wird eine integrierte Netznutzung vorgesehen, die partiell interkontinentalen Verkehr auf kontinentalen Linien und kontinentalen Verkehr auf interkontinentalen Linien zulässt. Dieser Ansatz wirkt positiv auf die Verkehrsangebote, die Systemauslastung sowie die Kosteneffizienz und wird weiter unten näher beschrieben.

3.5.1   Liniennetz in Ausbauetappen

Teilausbau zum Betriebsjahr 2060
Im Jahr 2060 wird das in Abb. 3.30 dargestellte Teilnetz mit 16 Linien und einer Länge von 39.370 km in Europa und angrenzenden Regionen mit folgendem Ausbauzustand in Betrieb genommen:

- Die interkontinentalen Linien W3, W4 und W6 sind vor dem Jahr 2085 noch nicht in Betrieb.

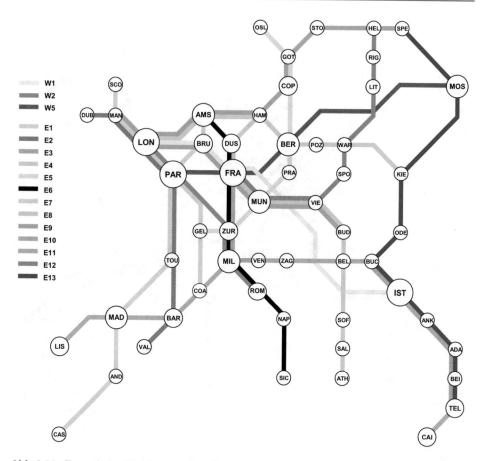

Abb. 3.30 Europäisches Liniennetz nach Teilausbau im Jahr 2060

- Die interkontinentalen Linien W1, W2 und W5 gehen im Jahr 2060 partiell mit Nutzung für den kontinentalen Verkehr in Teilbetrieb.
- Die kontinentalen Linien E1 bis E13 außer E10 gehen im Jahr 2060 vollständig in Betrieb. Linie E10 wird bis zum Jahr 2060 nur von Lissabon bis Frankfurt fertiggestellt.

Vollausbau zum Betriebsjahr 2085

Im Jahr 2085 folgt mit Inbetriebnahme der interkontinentalen Linien die vollständige Fertigstellung des Europanetzes der Hyperschallbahn gemäß Abb. 3.31. Das europäische Netz wird dann eine Länge von 59.807 km aufweisen und dabei aus insgesamt 6 interkontinentalen Linien mit einer Länge von 25.139 km sowie 13 kontinentalen Linien mit einer Länge von 34.668 km bestehen.

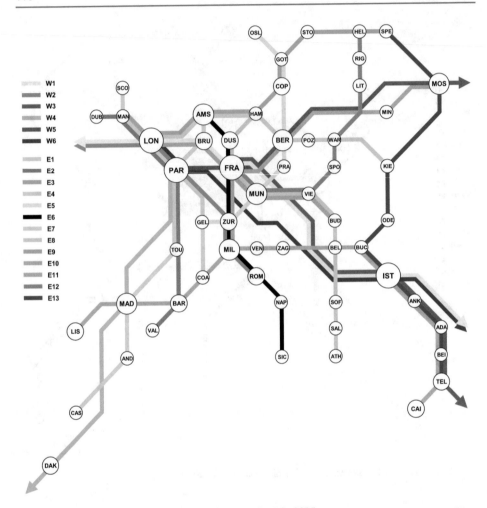

Abb. 3.31 Europäisches Liniennetz nach Vollausbau im Jahr 2085

3.5.2   Differenzierte Netznutzung

Interkontinentaler Verkehr auf kontinentalen Linien

Entsprechend Abschn. 3.3 umfasste das gesamte Verkehrspotenzial auf den 13 kontinentalen Linien 507 Mrd. Passagier-km im Referenzjahr 2017. Das Potenzial wird auf der Grundlage der prognostizierten Verkehrssteigerung (vgl. Kap. 4) im maßgebenden Prognosejahr 2160 auf eine Verkehrsleistung von 2.630 Mrd. Passagier-km anwachsen. Wie Abb. 3.32 verdeutlicht, nimmt zugleich der prozentuale Anteil des interkontinentalen Verkehrspotenzials auf den kontinentalen Linien zu. Dieser Anteil wächst von annähernd 14 % im Jahr 2017 auf über 20 % im Jahr 2160.

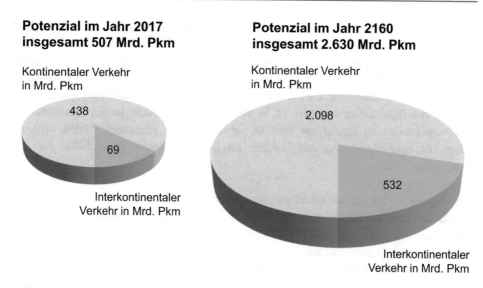

**Potenzial im Jahr 2017
insgesamt 507 Mrd. Pkm**

Kontinentaler Verkehr
in Mrd. Pkm

438

69

Interkontinentaler
Verkehr in Mrd. Pkm

**Potenzial im Jahr 2160
insgesamt 2.630 Mrd. Pkm**

Kontinentaler Verkehr
in Mrd. Pkm

2.098

532

Interkontinentaler
Verkehr in Mrd. Pkm

Abb. 3.32 Potenzialanteile auf kontinentalen Linien

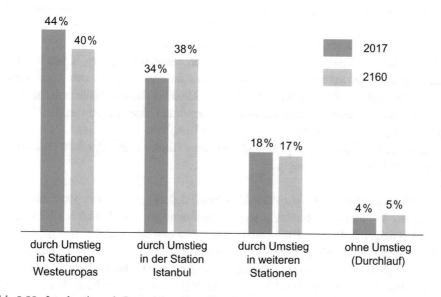

Abb. 3.33 Interkontinentale Potenzialanteile auf kontinentalen Linien nach Umsteigestationen

Ein Beispiel für interkontinentalen Verkehr auf kontinentalen Linien sind Passagiere zwischen Amsterdam und Delhi, die die Kontinentallinie E7 im Abschnitt Amsterdam – Paris nutzen, bevor sie in Paris auf die interkontinentale Linie W6 umsteigen. Entsprechend dieser Zählweise tragen die Umsteigestationen zwischen kontinentalen und interkontinentalen Linien mit nachfolgenden Anteilen zur potenziellen interkontinentalen Verkehrsleistung auf kontinentalen Linien gemäß Abb. 3.33 bei:

Der Verkehr über die Umsteigestationen Westeuropas verursachte im Referenzjahr 2017 in Summe noch den größten Anteil an der potenziellen internationalen Verkehrsleistung, wird jedoch bis zum maßgebenden Prognosejahr 2160 von Istanbul annähernd eingeholt. Der große Anteil dieser Umsteigestation am interkontinentalen Verkehrspotenzial auf kontinentalen Linien wird durch den überdurchschnittlich wachsenden Verkehr mit Südostasien und Nahost in Verbindung mit relativ langen kontinentalen Linienabschnitten im Zulauf auf Istanbul verursacht. Die genannten Zahlen verdeutlichen die hohe Bedeutung von Istanbul als interkontinentale Drehscheibe für das europäische Liniennetz.

Kontinentaler Verkehr auf interkontinentalen Linien

Bereits in Abschn. 3.2 wird aufgezeigt, dass auf den interkontinentalen Linien abschnittsweise auch kontinentaler Verkehr stattfindet. Abb. 3.34 zeigt die Abschnitte interkontinentaler Linien mit anteilig kontinentalem Verkehr.

Das gesamte Verlagerungspotenzial auf die Linienabschnitte in Abb. 3.34 umfasste 392 Mrd. Passagier-km im Referenzjahr 2017 und wird korrespondierend mit der Verkehrsprognose in Kap. 4 bis zum maßgebenden Prognosejahr 2160 auf eine Verkehrsleistung von 2.749 Mrd. Passagier-km anwachsen. Der Potenzialanteil des kontinentalen Verkehrs betrug ca. 37 % im Referenzjahr 2017. Wie Abb. 3.35 verdeutlicht, nimmt dieser Anteil tendenziell ab und sinkt im Jahr 2160 auf unter 30 %.

Die in Abb. 3.34 dargestellten Abschnitte interkontinentaler Linien haben quasi den Charakter eines innereuropäischen Expressnetzes in Ergänzung zu den kontinentalen Linien entsprechend Abschn. 3.3. Auf diesem 9.963 km langen Teilnetz ist das Ausfahren der Maximalgeschwindigkeit von 7.200 km/h auf einer Länge von 5.125 km bei einer zulässigen Längsbeschleunigung von 5 m/s^2 möglich.

Unter diesen Voraussetzungen sind auf dem Teilnetz in Abb. 3.34 beispielhaft folgende Verkehrsangebote möglich:

- Die Verkehrsrelation Frankfurt (FRA) – Istanbul (IST) kann nonstop auf den Linien W1 oder W3 in 23 min bewältigt werden. Auf den kontinentalen Linien E8 und E11 mit Umsteigen in Belgrad (BEL) sind dafür ca. 85 min erforderlich.
- Paris (PAR) ist von Madrid (MAD) aus nonstop auf der Linie W4 in 17 min erreichbar. Die gleiche Verbindung auf der kontinentalen Linie E7 benötigt ca. 32 min.
- Die Verbindung London (LON) – Rom (ROM) kann auf der Linie W2 in 43 min befahren werden. Bei Nutzung der kontinentalen Linien E9 und E6 mit Umsteigen in Frankfurt (FRA) sind dafür ca. 69 min erforderlich.

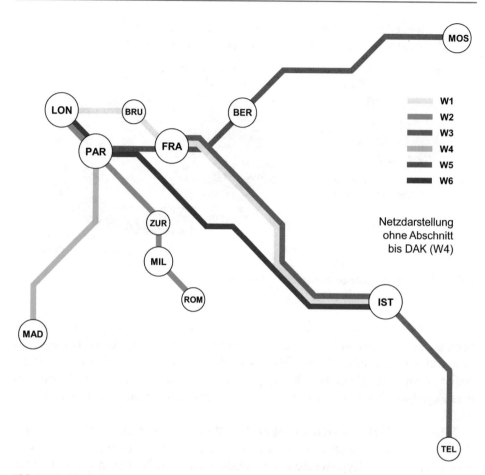

Abb. 3.34 Abschnitte interkontinentaler Linien mit kontinentalen Verkehrsanteilen

Verkehrsstrombündelung am Beispiel eines Linienabschnitts

Der gegenwärtige Luftverkehr über Europa und den anderen Kontinenten zeigt ein diffus erscheinendes Bild von vielen Flugbewegungen. Die potenzielle Umlegung von Linienflügen auf das Netz einer europäischen Hyperschallbahn wird zu einer starken Verkehrsstrombündelung entsprechend der Liniengestaltung des Netzes führen.

Am Beispiel des Abschnitts Prag (PRA) – München (MUN) der Linie E5 wird dieser Effekt näher dargestellt. Im Referenzjahr 2017 waren täglich nur 8 Flüge deckungsgleich mit dem Linienabschnitt. Insgesamt boten jedoch täglich 410 Linienflüge entsprechend Tab. 3.9 das verkehrsgeographische Potenzial für die Umlegung auf den genannten Abschnitt im Rahmen der Liniennetzplanung nach Abb. 3.31 [2]. So würde zum Beispiel ein Passagier von Zürich (ZUR) nach Stockholm (STO) die Linie E5 über MUN und PRA mit Umsteigen in Kopenhagen (COP) oder Göteborg (GOT) auf die Linie E3 nutzen.

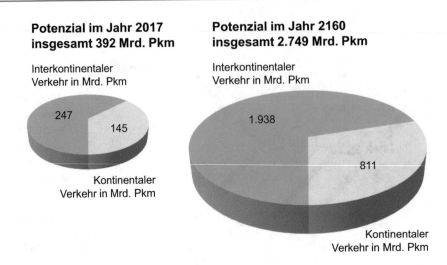

Potenzial im Jahr 2017
insgesamt 392 Mrd. Pkm

Interkontinentaler
Verkehr in Mrd. Pkm

247

145

Kontinentaler
Verkehr in Mrd. Pkm

Potenzial im Jahr 2160
insgesamt 2.749 Mrd. Pkm

Interkontinentaler
Verkehr in Mrd. Pkm

1.938

811

Kontinentaler
Verkehr in Mrd. Pkm

Abb. 3.35   Potenzialanteile auf interkontinentalen Linienabschnitten

Am Beispiel der Tab. 3.9 wird die drastische Erhöhung der Verfügbarkeit von Verkehrsangeboten durch die Verkehrsstrombündelung im Hyperschallbahn-Netz deutlich. Während die Flugrelation PRA – MUN im Jahr 2017 viermal pro Tag und Richtung bedient wurde, ermöglicht die Bündelung der Verkehrsströme im Hyperschallbahn-Netz eine Zugfolgezeit von maximal 10 min, darunter auch im genannten Abschnitt PRA – MUN.

Jeder der in Tab. 3.9 erfassten Flüge beförderte im Durchschnitt 141 Passagiere. Daraus resultiert im Referenzjahr 2017 ein Verkehrsstrompotenzial von 21,1 Mio. Passagieren für den Hyperschallbahn-Abschnitt PRA – MUN. Davon gehen 1,5 Mio. Passagiere durch netzinterne Effekte, darunter dem Kapazitätsausgleich zwischen Linien, auf andere Linien über. Somit verbleiben 19,6 Mio. Passagiere bezogen auf das Referenzjahr 2017 als Potenzial für den Abschnitt PRA – MUN.

Bis zum maßgebenden Prognosejahr 2160 wird für diesen Linienabschnitt ein Verkehrswachstum auf ca. 515 % erwartet – ähnlich dem prognostizierten Wachstum im Durchschnitt aller kontinentalen Linien (vgl. Abschn. 3.3). Damit erreicht das Verkehrspotenzial des Linienabschnitts PRA – MUN den Wert von 101 Mio. Passagieren im Jahr 2160 (vgl. Tab. 3.2).

3.5.3   Eckdaten des gesamten Europanetzes

Tab. 3.10 enthält zusammenfassend wesentliche Eckdaten des gesamten Europanetzes der Hyperschallbahn einschließlich Zubringerverbindungen. Durchschnittswerte wurden nach relationsbezogenem, prognostiziertem Verkehrsaufkommen gewichtet.

Tab. 3.9 Tägliche Flüge im Jahr 2017 mit Umlegungspotenzial für den Abschnitt PRA – MUN der Linie E5

Von – nach	PRA	BER	COP	STO	GOT	OSL	MOS	POZ	Weitere	Summe
MUN	8	56	18	10	6	10	20	6	12	146
VIE		20	6			4			4	34
ZUR	6		10	10					0	30
GEL	2	6	4	6					4	22
LON	20									20
PAR	16									16
BRÜ	12									12
MIL	8									8
ROM	6		6	2					4	18
FRA	12									12
DUS	10									10
BUD	2	10	2			2				16
ATH		6	4							10
IST	8									8
Weitere	26	8	4	4	2	2				48
Summe	136	106	54	32	8	22	20	6	26	410

Tab. 3.10 Eckdaten des gesamten Europanetzes der Hyperschallbahn

Betriebszeitraum	ab 2060	ab 2085
Linienlänge interkontinental (W-Linien) in km	0	25.139
Linienlänge kontinental (E-Linien) in km	39.368	34.668
Linienlänge gesamt im europäischen Netz in km	39.368	59.807
Anzahl Stationen	56	58
Mittlerer Stationsabstand auf W-Linien in km		1.034
Mittlerer Stationsabstand auf E-Linien in km	417	369
Betriebsleistung auf allen Linien in Mio. Zug-km	3.396	6.154
Mittlerer Umweg intrakontinental gegenüber Luftlinie	1,21	1,21
Mittlere Anzahl Umstiege pro Reise intrakontinental	0,49	0,47
Vorhandene bzw. geplante Zubringer-Strecken in km	2.830	2.980
Bisher ungeplante Zubringer-Strecken in km	840	840
System-Reisezeit zu Flugzeit intrakontinental	44 %	43 %
System-Reisezeit zu Flugzeit interkontinental		27 %

Die System-Reisezeiten der Hyperschallbahn berücksichtigen die Vor- und Nachlaufzeit auf den Zubringerstrecken sowie Verlagerungseffekte zwischen benachbarten
Metropolen (vgl. Abschn. 3.4 und 4.1). Die Reisezeit-Ermittlung und der Vergleich mit
den Reisezeiten des Luftverkehrs werden nachfolgend im Abschn. 4.1 beschrieben.

Ertragspotenzial

4

Die in einem Referenzjahr realisierten Flüge von Airports in Europa und Anteile des Landverkehrs werden in ihrer Verlagerungsfähigkeit auf die Hyperschallbahn ausgewertet. Für das resultierende Verkehrsmengenpotenzial folgt die Prognose des Wachstums über einen sehr langen Zeitraum. Auf der Basis der Mengenprognose liefert ein Elastizitätsmodell die Prognose der Preisentwicklung. Damit wird eine nach Marktsegmenten differenzierte Einschätzung der Ertragsentwicklung über den gesamten Prognosezeitraum möglich. Die Mengenprogose entscheidet außerdem über die Dimensionierung von Systemelementen der Hyperschallbahn während ihrer gesamten Nutzungsdauer.

4.1 Potenzielle Nachfrage im Referenzjahr

Um das Ertragspotenzial für die europäische Hyperschallbahn ermitteln zu können, wird zunächst im Abschn. 4.1 eingeschätzt, welchen Mengenanteil dieses System in einem Referenzjahr vom gegenwärtigen Verkehrsmarkt gewinnen kann, wenn es bereits im voll ausgebauten Zustand existieren würde.

In Abschn. 4.2 folgt ein langfristiges Preis-Nachfrage-Prognosemodell für die Hyperschallbahn unter Berücksichtigung vorhandener Verkehrsmarktprognosen. Auf dieser Basis wird in Abschn. 4.3 die Entwicklung der Verkehrsmengen, des Preisniveaus und der Verkehrserlöse im Europanetz der Hyperschallbahn bis zum Jahr 2160 eingeschätzt, bevor die Ermittlung des gesamtes Ertragspotenzials im Abschn. 4.4 folgt.

Für die Ermittlung des Mengenpotenzials am gegenwärtigen Verkehrsmarkt wurde das Jahr 2017 als Referenzjahr ausgewählt. Die Luftverkehrsleistung des genannten Jahres unterlag keinen wesentlichen temporären marktexternen Einwirkungen und befindet sich auf der historischen Entwicklungslinie sowie im Langfristprognose-Korridor (vgl.

Abschn. 4.2). Das Jahr 2017 eignet sich deshalb als zeitliche Aufsetzbasis für die Einschätzung der perspektivischen Entwicklung des Mengenpotenzials der Hyperschallbahn.

4.1.1   Methodik und Entscheidungskriterien

Die Ermittlung des Mengenpotenzials für die Hyperschallbahn aus der Verlagerung von anderen Verkehrssystemen und aus der Generierung neuer Verkehrsnachfrage erfolgt unter Berücksichtigung folgender Kriterien:

- Die Einführung des neuen Verkehrssystems generiert per se keinen Neuverkehr, sondern grundsätzlich nur eine Veränderung des Modal-Split am Verkehrsmarkt.
- Der Vergleich der benötigten Reisezeit entscheidet vorrangig über die Nutzung der Hyperschallbahn oder weiterhin des Luftverkehrs.
- Vorhandene direkte Landverkehrsrelationen zwischen Standorten der Hyperschallbahn gelten uneingeschränkt als Verlagerungspotenzial.
- Die Mengenentwicklung unterliegt auch bei der Hyperschallbahn der Preis-Nachfrage-Elastizität. Preissenkungen erzeugen Neuverkehr.
- Zusätzlich kann die zeitliche Angebotsverfügbarkeit ein Entscheidungskriterium zwischen Verkehrsmitteln sein.

Entscheidungskriterium Reisezeit
In Abschn. 2.3 wurde die allgemein kürzere Reisezeit der Hyperschallbahn gegenüber dem Luftverkehr auf der Basis variabler systemtechnischer Modellparameter und der definierten fahrdynamischen Prämissen herausgearbeitet.

Für die Ermittlung des Mengenpotenzials der Hyperschallbahn aus der Verlagerung vom Luftverkehr ist dieser allgemeine Vergleich nicht ausreichend. Zusätzlich ist ein Vergleich der Reisezeit jeder einzelnen Luftverkehrsrelation mit alternativen Hyperschallbahn-Angeboten erforderlich. In diesem Vergleich müssen neben den systemtechnischen Zeitanteilen auch die Abfertigungsdauer sowie die Vor- und Nachlaufzeit berücksichtigt werden.

Wenn das in Kap. 3 entwickelte europäische Hyperschallbahn-Netz für eine bestimmte Flugrelation eine alternative Zugverbindung bieten kann und wenn die Gesamtreisezeit der Alternativverbindung günstiger ist, dann wird die betrachtete Flugrelation als Verlagerungspotenzial eingestuft. Zur Identifizierung des Verlagerungspotenzials werden folgende vereinfachende Annahmen getroffen:

- Beim Luftverkehr werden nur Nonstop-Verbindungen für den Reisezeitvergleich herangezogen. Eine Flugrelation mit einem Zwischenstopp zum Umsteigen wird als zwei verschiedene Nonstop-Verkehrsrelationen berücksichtigt, auch wenn dadurch die originäre relationsbezogene Verkehrsnachfrage nicht genau abgebildet wird.

- Die Vor- und Nachlaufzeit beim Luftverkehr ist nicht hinreichend genau abgrenzbar. Eine Fokussierung allein auf die Fahrzeit zwischen City und zugeordnetem Flughafen beschreibt die Vor- und Nachlaufzeit nur partiell. Aus diesem Grund wird die Vor- und Nachlaufzeit beim Luftverkehr für den Reisezeitvergleich nicht quantifiziert, auch wenn sich daraus ein Vorteil für die Bewertung des Luftverkehrs gegenüber der Hyperschallbahn ergibt.

- Der Reisezeitvergleich lässt die zeitintensive Abfertigung der Passagiere in den Flughäfen unberücksichtigt. Relativierend wird angenommen, dass die Abfertigung im Luftverkehr langfristig zeitlich reduziert werden kann. Neutralisierend wirkt zudem, dass eine erhöhte Abfertigungszeit in Hyperschallbahn-Stationen aufgrund der dortigen hohen Anforderungen an die Lenkung der Passagierströme nicht ausgeschlossen werden kann.

Beispiele für reisezeitbezogene Potenzialentscheidungen

Drei Beispiele verdeutlichen die Entscheidungsfindung zur Verlagerung von Luftverkehrsrelationen [2] auf die Hyperschallbahn:

Flugrelation
London (LON) –
Düsseldorf (DUS)

74 Minuten Flug
LON - DUS

29 Minuten Hyperschallbahn
LON - DUS

- Luftlinie 480 km
- kein Vor- und Nachlauf an den Hyperschallbahn-Stationen LON und DUS erforderlich
- Nutzung der Hyperschallbahn-Linien E3 und E6 mit Umstieg in AMS
- Hyperschallbahn-Reisezeit um 45 Minuten unter der Flugzeit
- Flugrelation wird als Verlagerungspotenzial eingestuft

Flugrelation
Birmingham –
Düsseldorf (DUS)

83 Minuten Flug
Birmingham - DUS

50 Minuten Vor- und Nachlauf
Birmingham - LON (Kapitel 3.4)
und 10 Minuten Umsteigen LON

29 Minuten Hyperschallbahn
LON - DUS

- Luftlinie 610 km
- Vor- und Nachlauf an der Hyperschallbahn-Station LON erforderlich
- Nutzung der Hyperschallbahn-Linien E3 und E6 mit Umstieg in AMS (vgl. Kapitel 3)
- Hyperschallbahn-Reisezeit mit Vor- und Nachlauf um 6 Minuten über der Flugzeit
- Flugrelation wird nicht als Verlagerungspotenzial eingestuft

---

Flugrelation
Birmingham –
Mailand (MIL)

119 Minuten Flug
Birmingham - MIL

50 Minuten Vor- und Nachlauf
Birmingham – LON (Kapitel 3.4)
und 10 Minuten Umsteigen LON

31 Minuten Hyperschallbahn
LON - MIL

- Luftlinie 1.130 km
- Vor- und Nachlauf an der Hyperschallbahn-Station LON erforderlich
- Nutzung der Hyperschallbahn-Linie W2 ohne Umstieg (vgl. Kapitel 3)
- Hyperschallbahn-Reisezeit um 28 Minuten unter der Flugzeit   ✓
- Flugrelation wird als Verlagerungspotenzial eingestuft

4.1.2   Potenzialermittlung aus Luftverkehr

Ermittlung geeigneter Linienflüge für eine Verlagerung

Zur Ermittlung des Marktvolumens im Linienluftverkehr und des Verlagerungspotenzials
vom Luftverkehr auf das Europanetz der Hyperschallbahn wurden die Nonstop-Linienflüge am Mittwoch, dem 15.03.2017 über einen Zeitraum von 24 h erfasst. Als Datengrundlage diente das Online-Portal Flightradar24 [2]. Der ausgewählte Tag ist durch
relativ geringe Saisoneffekte im Luftverkehr geprägt und wird näherungsweise als
Durchschnittstag für Nonstop-Linienflüge im Referenzjahr 2017 gewertet.

Berücksichtigt wurden alle Abflüge von den Luftverkehrsstandorten innerhalb des
Einzugsgebiets des europäischen Hyperschallbahn-Netzes, die jeweils ein Verkehrsaufkommen von mindestens 2,0 Mio. Flugpassagieren pro Jahr aufweisen. Die Festlegung
dieser standortbezogenen Untergrenze ermöglicht die nahezu vollständige Erfassung des
Marktvolumens bei gleichzeitig überschaubarem Erfassungsumfang. Zusätzlich wurden
die für die Umlegung auf das europäische Hyperschallbahn-Netz relevanten Transitflug-
relationen über Europa im Flugkorridor Nordamerika – Golfregion/Indien in einer Ver-
kehrsrichtung aufgenommen. Ohne Berücksichtigung für die Potenzialermittlung blieben
Flüge von und zu Flughäfen mit saisonal stark schwankendem Verkehrsaufkommen in
Urlaubsregionen.

Im Ergebnis wurden am genannten Erfassungstag 11.450 Linienflüge in einer Ver-
kehrsrichtung von rund 4300 Verkehrsrelationen registriert [2]. Für jeden dieser
Flüge erfolgte die Prüfung der Eignung für die Verlagerung auf das Europanetz der
Hyperschallbahn (vgl. Abschn. 3.5) unter Berücksichtigung der Reisezeit. 5.710 der
registrierten Flüge müssen nach der Prüfung aus der weiteren Potenzialbetrachtung ausgeschlossen werden. Folgende Gründe sind dafür hauptsächlich ausschlaggebend:

- Die Prämissen für die Liniennetzgestaltung entsprechend Abschn. 3.3 orientieren auf
  eine Begrenzung der Anzahl der Linien, um eine angemessene Systemauslastung zu
  ermöglichen. Daher kann das europäische Hyperschallbahn-Netz nicht jede Flugroute

berücksichtigen. Betroffen sind insbesondere schwächer frequentierte, regionale und periphere Destinationen.

- Die Prämissen für die Auswahl der Verkehrsstationen entsprechend Abschn. 3.1 orientieren auf Mindestabstände zwischen den Stationen, um die Systemvorteile der Hyperschallbahn gegenüber dem Luftverkehr hinreichend zur Geltung zu bringen. In der Folge entstehen für einen erheblichen Anteil der registrierten Flüge bei Verlagerung auf die Hyperschallbahn nicht wettbewerbsfähige Vor- und Nachlaufzeiten.

Abb. 4.1 liefert einen vollständigen Überblick der Ermittlung von Flügen mit Verlagerungspotenzial. Dieses Potenzial bildet eine Grundlage für die prognostizierte linienbezogene Verkehrsstromermittlung in den Abschn. 3.2 und 3.3.

Abb. 4.1 zeigt auf, dass nur etwa die Hälfte der Linienflüge über dem vorgesehenen europäischen Hyperschallbahn-Netz als Verlagerungspotenzial in Betracht kommt. Gemessen an den angebotenen Sitzplatzkapazitäten verschiebt sich dieses Verhältnis jedoch deutlich zugunsten des Verlagerungspotenzials. Denn die potenziell für eine Verlagerung geeigneten Flüge wiesen im Jahr 2017 eine mittlere Kapazität von 189 Sitzplätzen pro Flug auf, während dieser Wert mit durchschnittlich 134 Plätzen bei den ungeeigneten Flügen deutlich geringer ausfiel [48].

Gemessen an der Verkehrsleistung erhöht sich der Anteil des Verlagerungspotenzials an den registrierten Linienflügen zusätzlich, da die für eine Verlagerung ungeeigneten Flüge aufgrund ihrer vorrangig peripheren und regionalen Destinationen eine geringere mittlere Reiseweite als die potenziell geeigneten Flüge aufweisen. Die Gesamtwirkung der Verkehrsverlagerung ist in Abschn. 6.3 abgebildet.

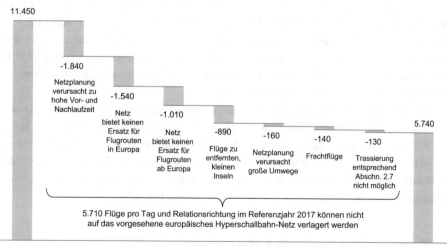

Abb. 4.1   Ermittlung potenziell geeigneter Flüge im Referenzjahr 2017

Gruppierung der Flugrelationen mit Verlagerungspotenzial

Entsprechend Abb. 4.1 wurden 5.740 Flüge pro Tag und Relationsrichtung im Jahr 2017 als Potenzial für die Verlagerung auf das Europanetz der Hyperschallbahn ermittelt. Diese Flüge konzentrieren sich auf 1.671 Flugrelationen in folgender Gruppierung:

- Die erste Gruppe umfasst 649 Flugrelationen innerhalb der definierten Grenzen des europäischen Hyperschallbahn-Netzes mit einer mittleren Flugzeit von 117 min (gewichtet nach Passagieraufkommen) [2]. Die Verlagerung dieser Flüge reduziert die mittlere Reisezeit auf 42 min bzw. 36 % der mittleren Flugzeit und ist ohne Vor- und Nachlauf an den Hyperschallbahn-Stationen möglich.
- Die zweite Gruppe umfasst 357 Flugrelationen innerhalb der definierten Grenzen des europäischen Hyperschallbahn-Netzes mit einer mittleren Flugzeit von 127 min (gewichtet nach Passagieraufkommen) [2]. Die Verlagerung dieser Flüge reduziert die mittlere Reisezeit auf 87 min bzw. 68 % der mittleren Flugzeit und erfordert einen Vor- und Nachlauf an den Hyperschallbahn-Stationen, auf den im Durchschnitt 26 min der Reisezeit entfallen.
- Eine dritte Gruppe umfasst 665 interkontinentale Flugrelationen mit einer mittleren Flugzeit von 232 min innerhalb der definierten Grenzen des europäischen Hyper-schallbahn-Netzes (gewichtet nach Passagieraufkommen) [2]. Die Verlagerung dieser Flüge reduziert die vergleichbare mittlere Reisezeit auf 62 min bzw. 27 % der mittleren Flugzeit. Davon entfällt im Durchschnitt weniger als 1 min auf den Vor- und Nachlauf an den Hyperschallbahn-Stationen.

Flughafen-Gruppierung „Rhombus"

Die vier großen Luftverkehrsstandorte London, Paris, Amsterdam und Frankfurt bilden eine geographische Gruppierung, die einem Rhombus ähnelt (vgl. Abb. 4.2). Die Gruppierung erstreckt sich auf einer Fläche von rund 150.000 km^2 und umfasst damit nur etwa 1,5 % der Fläche von Europa. Zusammen mit den Flughafenstandorten Brüssel und Düsseldorf (mit Köln) ist diese Gruppierung jedoch Start- und Zielpunkt von rund der Hälfte des europäischen Luftverkehrs [2].

Aufgrund ihrer Bedeutung für den europäischen Luftverkehr wird die genannte Gruppierung im Weiteren unter der Bezeichnung „Rhombus" geführt und separat im Rahmen der Marktsegmentierung für die Ermittlung des Erlöspotenzials der europäischen Hyperschallbahn betrachtet (vgl. Abb. 4.5). Die Flughafen-Gruppierung Rhombus ist das Verkehrszentrum der „Blauen Banane" – eines Mega-Wirtschaftsraums in Europa, der sich von der Irischen See bis Norditalien erstreckt.

4.1.3   Potenzialmenge vom Luftverkehr

Der Online-Dienst Flightradar24 gibt pro Flug den eingesetzten Flugzeugtyp an [2]. Diese Information ermöglicht für jeden der potenziell für die Verlagerung geeigneten

Abb. 4.2 Flughafen-Gruppe
Rhombus

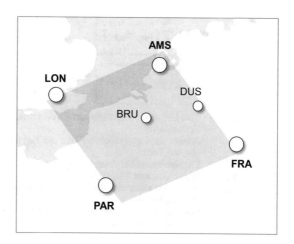

Flüge die Bestimmung der angebotenen Sitzplatzkapazität aus den technischen Flug-zeugdaten [48]. Um daraus das Verlagerungspotenzial beim Passagieraufkommen im Referenzjahr 2017 ableiten zu können, muss jedem der erfassten Flüge ein Sitzladefaktor zugewiesen werden.

Auf der Basis der Geschäftsberichte weltweit operierender Airlines [15–20] steigt der Sitzladefaktor mit zunehmender Reiseweite. Näherungsweise kann eine lineare Beziehung entsprechend Formel 4.1 angenommen werden:

Damit können nach Formel 4.2 Verkehrsmenge und Verkehrsleistung aus den Flügen mit Verlagerungspotenzial bezogen auf das Referenzjahr 2017 angenähert ermittelt werden.

Aus den 5.740 verlagerungsaffinen Flügen pro Tag und Relationsrichtung resultiert bezogen auf das Referenzjahr 2017 ein Verkehrsaufkommen von 620 Mio. Passagieren auf dem vorgesehenen vollständig ausgebauten Europanetz der Hyperschallbahn, davon 399 Mio. Passagiere kontinental und 221 Mio. Passagiere interkontinental. Gemessen an der Verkehrsleistung umfasst das Potenzial 1.069 Mrd. Passagier-km im Referenzjahr 2017, davon 439 Mrd. Passagier-km kontinental und 630 Mrd. Passagier-km inter-kontinental.

Abb. 4.3 verdeutlicht das Prinzip der Ermittlung der Verkehrsleistung am Beispiel der Verkehrsverlagerung eines Flugs von Bukarest (BUC) nach Warschau (WAR) [2, 48] auf das Hyperschallbahn-Netz. Als Entfernungsbasis für die Berechnung gilt die Flug-distanz, obwohl die alternative Streckenführung auf dem Hyperschallbahn-Netz deutlich länger ist.

Formel 4.1 Sitzladefaktor im
Luftverkehr

$$k_{SLF} = 0,75 + L \ / \ 100.000$$

k_{SLF} Sitzladefaktor
L Länge der Nonstop-Luftverkehrsrelation in km

$$P_{Luft\,2017} = 0,00073 \sum_{i=1}^{n_{FL}} (n_{PL\,i}\, k_{SLF\,i})$$

$$V_{Luft\,2017} = 0,001 \sum_{i=1}^{n_{FL}} (P_{Luft\,2017\,i}\, L_{E\,i})$$

$P_{Luft\,2017}$	vom Luftverkehr verlagerbares Verkehrsaufkommen im Referenzjahr 2017 in Mio Passagieren
n_{FL}	Anzahl der verlagerbaren Flüge pro Tag und Relationsrichtung im Referenzjahr 2017 (n_{FL} = 5.740)
$n_{PL\,i}$	Sitzplatzkapazität eines verlagerbaren Fluges (Anzahl Plätze)
$k_{SLF\,i}$	flugabhängiger Sitzladefaktor (Prozent)
$V_{Luft\,2017}$	vom Luftverkehr verlagerbare Verkehrsleistung im Referenzjahr 2017 in Mrd Passagier-km
$L_{E\,i}$	Flugdistanz eines verlagerbaren Fluges innerhalb des europäischen Hyperschallbahn-Netzes (km)

Formel 4.2   Verkehrsmenge und -leistung aus verlagerungsaffinen Flügen im Jahr 2017

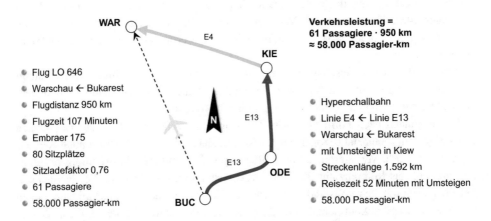

Abb. 4.3   Ermittlung der Verkehrsleistung aus der Verlagerung eines Flugs

4.1.4   Weitere Potenzialmengen

Verlagerungspotenzial vom Landverkehr

Nicht nur der Luftverkehr, sondern auch der konventionelle Landverkehr bietet Verlagerungs-potenzial auf die Hyperschallbahn. Direktrelationen des Landverkehrs zwischen Metropolen mit vorgesehenen Hyperschalbahn-Stationen werden aufgrund des gravierenden Reisezeitvorteils dieses Verkehrssystems gegenüber dem Landverkehr vollständig als Verlagerungspotenzial betrachtet.

Für den direkten Landverkehr zwischen Metropolen liegen allerdings nur unzureichende Verkehrsdaten vor. Infolgedessen wird zunächst mit Formel 4.3 ein vereinfachtes Verkehrs-

$$P_{AB} = i_n\, E_A\, E_B$$

P_{AB}	Nachfrage zwischen den Metropolen A und B (Passagiere pro Tag und Richtung)
i_n	Normativer Intensitätskoeffizient der Nachfrage mit $i_n = 450$
E_A	Bevölkerung in Metropole A (Millionen Einwohner)
E_B	Bevölkerung in Metropole B (Millionen Einwohner)

Formel 4.3   Direkte Verkehrsnachfrage zwischen Metropolen A und B

nachfrage-Modell zwischen Metropolen angenommen, das bekannte Landverkehrsdaten zwischen einigen Metropolen berücksichtigt.

Formel 4.3 lehnt sich an das Gravitationsgesetz an, indem sie die Einwohnerzahlen benachbarter Metropolen mit Massen benachbarter Körper vergleicht. Beim Gravitationsgesetz hat auch die Entfernung zwischen den Körpern einen wesentlichen Einfluss auf die Gravitationswirkung. Diese Gesetzmäßigkeit wird jedoch nicht auf das Verkehrsnachfrage-Modell in Formel 4.3 übertragen, da

- das Modell nur den Direktverkehr zwischen Metropolen erfasst, die benachbarte Hyperschallbahn-Stationen mit insgesamt ähnlichen Entfernungen erhalten (zum Beispiel London – Paris oder Berlin – Hamburg),
- kein nennenswerter Landverkehr zwischen weiter entfernten Metropolen stattfindet (zum Beispiel Barcelona – Lissabon),
- Landverkehr zwischen Metropolen, die geringer entfernt sind als Hyperschallbahn-Stationsabstände, nicht betrachtet wird (zum Beispiel Brüssel – Antwerpen).

Prinzipiell existiert die Möglichkeit, dass der Luftverkehr zwischen Nachbar-Metropolen vollständig oder weitgehend vom Landverkehr, speziell vom Eisenbahnschnellverkehr, verdrängt bzw. verhindert wurde oder dass die Entfernung zwischen den Nachbar-Metropolen zu gering ist für den Luftverkehr, jedoch noch ausreichend für die Hyperschallbahn. Abb. 4.4 zeigt die Situation einiger Metropolenpaare, gemessen an der Intensität der Luftverkehrs-Nachfrage [2].

Der Vergleich verdeutlicht große Unterschiede beim Marktanteil des Luftverkehrs zwischen benachbarten Metropolen, wie folgende Beispiele im Zusammenhang mit Formel 4.3 und Abb. 4.4 zeigen:

- Der Luftverkehr zwischen Paris (9 Mio. Einwohner) und Brüssel (1,5 Mio. Einwohner) wurde weitgehend durch den Eisenbahnschnellverkehr verdrängt und erreichte nur noch eine spezielle Intensität von 32 bei rund 430 Passagieren pro Tag und Richtung im Jahr 2017 [2]. Der Unterschied zwischen der speziellen und der normativen Intensität von 450 beträgt 418 und wird dem direkten Landverkehr zwischen beiden Metropolen angerechnet, der aufgrund dieser Annahme gemäß Formel 4.3 eine Größenordnung von ca. 5.640 Passagieren pro Tag und Richtung im Jahr 2017 erreicht.

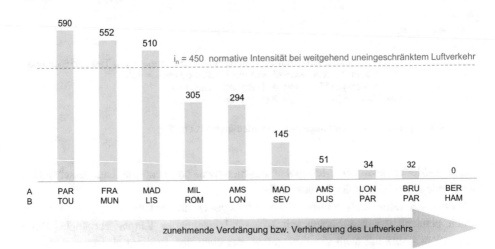

Abb. 4.4 Spezielle Intensität des Luftverkehrs zwischen benachbarten Metropolen im Jahr 2017

- Zwischen Madrid (4 Mio. Einwohner) und Lissabon (1 Mio. Einwohner) führte der Luftverkehr im Jahr 2017 mit rund 1.790 Passagieren pro Tag und Richtung [2] zu einer Intensität des Direktverkehrs von 510. Dieses Beispiel steht für eine absolute Monopolstellung des Luftverkehrs, die dem Landverkehr gemäß Modell keinen Marktanteil überlässt.

Unter den genannten Annahmen und auf der Basis der Formel 4.3 wird das Landverkehrspotenzial zwischen Metropolen mit Stationen der Hyperschallbahn im Referenzjahr 2017 nach Formel 4.4 berechnet:

Sollte aus Formel 4.4 ein Wert von weniger als 1.000 Passagieren pro Tag und Richtung resultieren, dann wird dieser Wert im Rahmen der Ermittlung das Verlagerungspotenzials vom konventionellen Landverkehr vernachlässigt. Insgesamt wurde bei 35 Metropolpaaren ein Verlagerungspotenzial vom konventionellen Landverkehr auf

$$P_{\text{Land 2017}} = 450\, E_A\, E_B - P_{\text{Luft 2017}}$$

$P_{\text{Land 2017}}$ Landverkehrsaufkommen zwischen den Metropolen A und B im Jahr 2017 (Passagiere pro Tag und Richtung)

$P_{\text{Luft 2017}}$ Luftverkehrsaufkommen zwischen den Metropolen A und B im Jahr 2017 (Passagiere pro Tag und Richtung)

E_A Anzahl der Einwohner in Metropole A (Millionen)

E_B Anzahl der Einwohner in Metropole B (Millionen)

Formel 4.4 Landverkehrspotenzial zwischen benachbarten Metropolen im Jahr 2017

ein vollausgebautes Europanetz der Hyperschallbahn entsprechend Formel 4.4 ermittelt. Das Potenzial umfasst bezogen auf das Referenzjahr 2017 rund 103 Mio. Passagiere bei einer Verkehrsleistung von 41 Mrd. Passagier-km.

Potenzial aus Neuverkehr

Neben Verlagerungseffekten muss auch die potenzielle Generierung neuer Verkehrsnachfrage mit Einführung der Hyperschallbahn berücksichtigt werden. Der Neuverkehr resultiert aus regionalen Preissenkungen, die im Abschn. 4.2 näher beschrieben und begründet werden.

Begünstigt vom Neuverkehr sind vorrangig geographische Randregionen Europas und hier besonders die Mittelmeer-Anrainerstaaten. Das Potenzial des Neuverkehrs im voll ausgebauten europäischen Hyperschallbahn-Netz umfasst bezogen auf das Referenzjahr 2017 rund 85 Mio. Passagiere bei einer Verkehrsleistung von 105 Mrd. Passagier-km.

Sonderfall Südatlantiktunnel

Entsprechend Abschn. 3.2 wird die Nordosthälfte des Südatlantiktunnels der Linie W4 dem europäischen Hyperschallbahn-Netz zugeordnet. Über diesen Netzabschnitt verläuft nicht nur der Verkehr mit Europa, sondern auch Verkehr ohne Bezug zum Europanetz – im Wesentlichen aus der Verlagerung der Luftverkehrsrelationen von Afrika nach Nord- und Südamerika sowie von Nahost und Asien nach Südamerika.

Das Mengenpotenzial dieser Verkehrsrelationen wird dem Europanetz zugerechnet. Es umfasste im Referenzjahr 2017 rund 3 Mio. Passagiere [50–54] bei einer Verkehrsleistung von annähernd 5 Mrd. Passagier-km und ist im Marktsegment „Übrige Verkehrsrelationen" des Luftverkehrs in Abb. 4.5 enthalten.

Abb. 4.5 Potenzialsegmente für das Europanetz der Hyperschallbahn im Referenzjahr 2017

4.1.5   Gesamtpotenzial im Referenzjahr 2017

In Summe entspricht das Potenzial aus Verlagerung und Neuverkehr einem Aufkommen von 809 Mio. Passagieren bei einer Verkehrsleistung von 1.215 Mrd. Passagier-km im Referenzjahr 2017. Das Potenzial bezieht sich auf die definierten Grenzen eines europäischen Hyperschallbahn-Netzes im vollständigen Ausbauzustand. Die in Abb. 4.5 verzeichnete Potenzialsegmentierung nach Teilmärkten orientiert sich an der regionalen Clusterung der Verkehrsprognosen der Luftfahrtindustrie und Fluggesellschaften und wird auch in den Folgeabschnitten angewendet.

4.2   Preis-Nachfrage-Prognosemodell

Eine Preis-Nachfrage-Prognose bis zum Ende des ersten Lebenszyklus der Infrastruktur und anderer Elemente der Hyperschallbahn ist einerseits unverzichtbar für die Dimensionierung und die Ermittlung der Finanzkennzahlen des Systems. Andererseits ist es faktisch unmöglich, aufgrund vieler vorhandener und noch unbekannter Einflussfaktoren für den genannten Zeitraum bis zum Jahr 2160 eine solche Prognose zu erstellen.

Um dennoch eine Einschätzung der finanziellen Wirkung in Abhängigkeit von der Systemdimensionierung zu ermöglichen, wird eine Betrachtung verschiedener, breit gestreuter Preis-Nachfrage-Entwicklungen durchgeführt. Abschn. 4.2 beschreibt eine Entwicklung in Fortschreibung existierender Langzeit-Prognosen. Dieser Basiseinschätzung liegen bereits die System- und Liniendaten in den Kap. 2 und 3 zugrunde. Ergänzend werden im Abschn. 6.1 stark voneinander abweichende Nachfrage-Szenarien betrachtet und in ihren Auswirkungen auf die Systemdimensionierung sowie die Kosten- und Ertragsentwicklung beschrieben.

4.2.1   Aktuelles Preisniveau im Luftverkehr

Das mittlere Preisniveau im Luftverkehr als Quotient aus dem Passagiererlös und der Verkehrsleistung (Yield) ist abhängig von den Verkehrsmarktregionen und wird in Abb. 4.6 auf der Basis einer Auswertung der International Air Transport Association (IATA) aus dem Jahr 2018 [55] dargestellt.

Abb. 4.6 beinhaltet die für das europäische Hyperschallbahn-Netz relevanten kontinentalen und interkontinentalen Luftverkehrsströme und lässt eine Abhängigkeit des Preisniveaus von der mittleren Flugdistanz erkennen. Formel 4.5 beschreibt diese Abhängigkeit näherungsweise und liefert eine entsprechende Modellkurve in Abb. 4.6.

Die Modellfunktion entsprechend Formel 4.5 wird grundsätzlich für jede Relation des europäischen Hyperschallbahn-Netzes als Preisbasis für das Referenzjahr 2017 angewendet. Mit Blick auf die Abb. 4.6 sind jedoch folgende Anpassungen erforderlich:

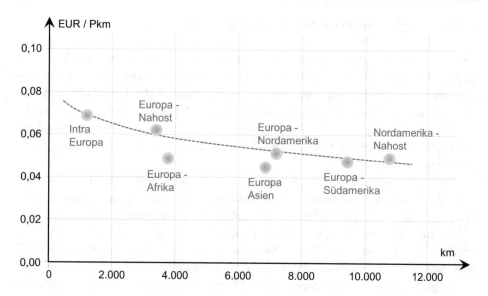

Abb. 4.6 Preisniveau (Yield) im weltweiten Luftverkehr

$$y = 0,2\, e_F^{-0,15}$$

y   Preisniveau (Yield) als Verhältnis von Verkehrserlös zu Verkehrsleistung (EUR/Pkm)
e_F Nonstop-Flugentfernung (km)

Formel 4.5 Abhängigkeit des Preisniveaus im Luftverkehr von der Flugdistanz

- Das mittlere Preisniveau beim Marktpotenzial Europa – Afrika beträgt 80 % der Modellwerte. Für das Marktpotenzial Europa – Asien werden 90 % angenommen.
- Das mittlere Preisniveau im innereuropäischen Luftverkehr ist regional differenziert. Im Luftverkehr mit und innerhalb von Mittel- und Osteuropa ist der Durchschnittspreis ca. 20 % geringer als im Luftverkehr innerhalb Westeuropas.
- Die gleiche Differenzierung gilt im Luftverkehr Europa – Asien für entwickelte und aufstrebende Regionen Asiens.
- Im innereuropäischen Hyperschallbahn-Verkehr wird ein integrierendes Preissystem in Anlehnung an die Verbundtarifmodelle des öffentlichen Nahverkehrs in Ballungsräumen eingeführt und weiter unten näher beschrieben.
- Die gegenwärtigen Abweichungen von der Preis-Modellfunktion in einzelnen Marktregionen werden sich kontinuierlich abschwächen und bis zum Jahr 2160 gegen Null konvergieren.

4.2.2   Langfristige Preis-Nachfrage-Elastizität

Die weltweite Luftverkehrsleistung stieg seit dem Jahr 1970 um durchschnittlich 6 % jährlich [50–52]. Zeitgleich sank das reale Preisniveau im Mittel um 2 % pro Jahr [56]. Für den Zeitraum bis zum Jahr 2037 prognostiziert die Luftfahrtindustrie ein abgeschwächtes mittleres Mengenwachstum von 4,6 % pro Jahr [50–52], während für die künftigen Dekaden eine Preissenkung um 1,0 bis 1,5 % pro Jahr im weltweiten Luftverkehr prognostiziert wird [57]. Abb. 4.7 veranschaulicht diese Preis-Nachfrage-Entwicklung.

Formel 4.6 beschreibt näherungsweise die aufgezeigte Preis-Nachfrage-Elastizität unter der Annahme, dass langfristig die prozentuale Reduzierung des mittleren Preisniveaus ein Viertel vom zeitgleichen prozentualen Anstieg der Verkehrsleistung beträgt.

Der Elastizitätsansatz entsprechend Formel 4.6 wird für die Preis-Nachfrage-Entwicklung der europäischen Hyperschallbahn im gesamten Betrachtungszeitraum bis zum Jahr 2160 übernommen. Er wirkt im Zusammenhang mit der vorausgesetzten Konvergenz regionaler Marktpreise gegenüber der Preis-Modellfunktion entsprechend Formel 4.5.

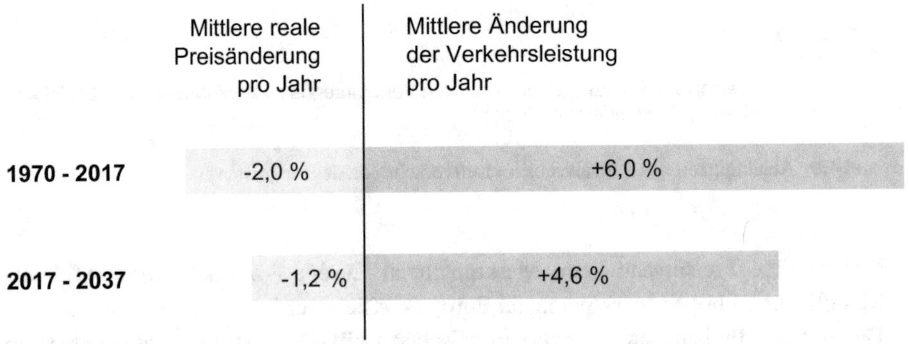

	Mittlere reale Preisänderung pro Jahr	Mittlere Änderung der Verkehrsleistung pro Jahr
1970 - 2017	-2,0 %	+6,0 %
2017 - 2037	-1,2 %	+4,6 %

Abb. 4.7   Preis- und Mengenänderung im weltweiten Luftverkehr 1970–2037

$$CAGR\ (V)\ =\ \eta\ CAGR\ (y)$$

CAGR   Jährliche Wachstumsrate
V   Luftverkehrsleistung (auf Basis der Luftlinienentfernung)
y   Mittleres Preisniveau (Yield) im Luftverkehr
η   Elastizitätskoeffizient mit $\eta = -4$

Formel 4.6   Langfristige Preis-Nachfrage-Elastizität im Luftverkehr

4.2.3   Wachstumsmodell im Luftverkehr

Seit dem Jahr 1970 bis zum Referenzjahr 2017 hat sich die weltweite Luftverkehrs-leistung von 0,5 auf 7,6 Billionen Passagier-km vervielfacht. Den Prognosen der Luft-fahrtindustrie zufolge wird der Luftverkehr auch in den kommenden Dekaden stark wachsen. Allerdings ist das absolute Wachstum mit einer weiterhin sinkenden jährlichen Wachstumsrate (CAGR) verbunden [50–52]. Für den Prognosezeitraum bis zum Jahr 2160 werden folgende weltweite Rahmenbedingungen angenommen:

- Das Wachstum der Weltbevölkerung flaut ab und wird negativ.
- Der Wohlstand wird auf allen Kontinenten steigen und sich annähern.
- Die Globalisierung wird unvermindert fortschreiten.
- Der Preisverfall im Luftverkehr wird abflauen.

Perspektivische Entwicklung im Luftverkehr bis zum Jahr 2160
In der summarischen Wirkung dieser Rahmenbedingungen wird vorausgesetzt, dass die jährliche Wachstumsrate im weltweiten Luftverkehr auch perspektivisch weiter kontinuierlich abnimmt. Abb. 4.8 zeigt ein perspektivisches Modell, das die prognostizierte Entwicklung der Wachstumsrate fortschreibt. Diesem Modell zufolge wird das Mengen-wachstum im weltweiten Luftverkehr nach dem Jahr 2100 nahezu zum Stillstand kommen.

Die in Abb. 4.8 aufgezeigte Nachfrageentwicklung resultiert entsprechend Formel 4.6 aus einer weiteren Abschwächung der jährlichen realen Preisreduzierung im weltweiten

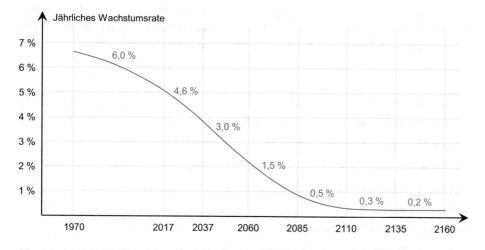

Abb. 4.8   Jährliche Wachstumsraten der weltweiten Luftverkehrsleistung bis zum Jahr 2160

Luftverkehr. Nach dem Jahr 2100 wird die jährliche Absenkungsrate des Preisniveaus 0,1 % unterschreiten, womit die reale Preisreduzierung annähernd zum Erliegen kommt.

Die langfristige Entwicklung des weltweiten Luftverkehrs war in der Vergangenheit mehreren externen Markteinflüssen mit temporären Einbrüchen des Wachstums der Verkehrsleistung ausgesetzt. Danach kehrte dieser Parameter jedoch wieder auf den langfristigen Pfad der Nachfrageentwicklung zurück. Derartige Regulierungseffekte werden auch für die künftige Entwicklung des Luftverkehrs unterstellt.

Das beschriebene Modell der Entwicklung des weltweiten Luftverkehrs ist eine Grundlage für die Prognose des Marktpotenzials des Europanetzes der Hyperschallbahn. Dabei kann jedoch nicht ausgeschlossen werden, dass künftige externe Einflüsse den bisher prognostizierten Wachstumspfad des Luftverkehrs im Unterschied zur bisherigen robusten Entwicklung nachhaltig verändern. Für derartige Fälle wird die Entwicklung entsprechend Abb. 4.8 und Formel 4.6 als „latente Nachfrage" gewertet und weiterhin der Ermittlung des Verlagerungspotenzials zugrunde gelegt.

Differenziertes Wachstum des Luftverkehrs nach Marktregionen

Das in Abb. 4.8 gezeigte jährliche Wachstum der weltweiten Luftverkehrsleistung verläuft in den regionalen Teilmärkten des Luftverkehrs unterschiedlich. Abb. 4.9 verdeutlicht diesen Effekt auf der Basis der Prognosen der Luftfahrtindustrie für Teilmärkte, die für die Verkehrsverlagerung auf das europäische Hyperschallbahn-Netz relevant sind [50–52].

Die in Abb. 4.9 erfassten zehn relevanten Teilmärkte des Luftverkehrs wachsen gewichtet nach der Verkehrsleistung zusammen um rund 4,1 % pro Jahr im Zeitraum 2017–2037, das heißt geringer als der gesamte weltweite Luftverkehr. Diesem Wachstum steht im gleichen Zeitraum gemäß Formel 4.6 eine Senkung des mittleren Preisniveaus der Teilmärkte von 1,0 % pro Jahr gegenüber. Die Wachstumsraten der Verkehrsleistung der relevanten Teilmärkte werden sich denen des weltweiten Luftverkehrs gemäß Abb. 4.8 nach dem Jahr 2037 annähern und nach dem Jahr 2100 angleichen.

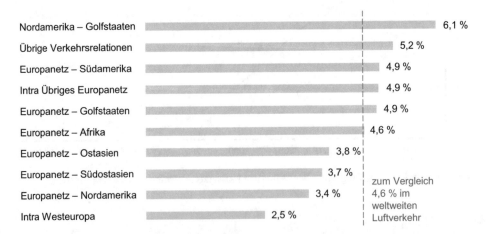

Abb. 4.9 Jährliche Wachstumsraten von Teilmärkten des Luftverkehrs im Zeitraum 2017–2037

4.2.4 Modelle für weitere Potenziale

Preis-Nachfrage-Modell für den verlagerungsaffinen Landverkehr

Der in Abschn. 4.1 beschriebene Landverkehr zwischen Metropolen mit Verlagerungs-potenzial auf das europäische Hyperschallbahn-Netz ist in verschiedenen Relationen Westeuropas durch den Preiswettbewerb des Luftverkehrs mit dem High Speed Rail System der Bahnen gekennzeichnet. Für dieses Marktsegment werden folgende Preis-Nachfrage-Modellannahmen getroffen:

- Das für den Luftverkehr beschriebene Preisniveau wird auf den Landverkehr mit Ver-lagerungspotenzial übertragen.
- Die langfristige Preis-Nachfrage-Elastizität des Luftverkehrs entsprechend Formel 4.6 gilt auch für den verlagerungsaffinen Landverkehr.
- Die Verkehrsleistung des Landverkehrs mit Verlagerungspotenzial wächst langfristig wie der Luftverkehr und beginnt nach dem Jahr 2100 nahezu zu stagnieren.
- Auch der potenziell verlagerungsfähige Landverkehr wächst entsprechend Abb. 4.9 regional unterschiedlich – innerhalb Westeuropas langsamer als in den anderen Regionen des vorgesehenen europäischen Hyperschallbahn-Netzes.

Integrierendes Preissystem innerhalb Europas

Für den Hyperschallbahn-Verkehr innerhalb Europas wird in Anlehnung an regionale Verbundtarifsysteme des öffentlichen Nahverkehrs ein integrierendes Preissystem ein-geführt, das die entfernungsbedingt höheren Fahrtkosten für geographische Randregionen in Südeuropa, Nordeuropa und der Atlantikregion weitgehend kompensiert. Die Preis-regulierung bewirkt Neuverkehr zwischen den Rand- und Kernregionen Westeuropas. Zusätzlich unterstützt sie die Förderung der wirtschaftlichen Entwicklung in Südeuropa.

Die in Formel 4.6 definierte Preis-Nachfrage-Elastizität des Luftverkehrs wirkt lang-fristig unter verschiedenen gesamtgesellschaftlichen und globalen Rahmenbedingungen. Davon abweichend wird für das integrierende Preissystem des innereuropäischen Hyper-schallbahn-Verkehrs eine kurzfristig wirkende Preis-Nachfrage-Beziehung entsprechend Formel 4.7 zugrunde gelegt. Die Kernannahme für Formel 4.7 besteht darin, dass ein Passagier kurzfristig bereit ist, häufiger zu reisen, wenn der Preis sinkt, ohne dass das gesamte Reisebudget steigt.

Formel 4.7 Kurzfristige Preis-Nachfrage-Funktion im Hyperschallbahn-Verkehr innerhalb Europas

$$V_{vor}\, y_{vor} = V_{nach}\, y_{nach}$$

V_{vor}	Luftverkehrsleistung vor Preisänderung
y_{vor}	Preis vor Änderung
V_{nach}	Luftverkehrsleistung nach Preisänderung
y_{nach}	Preis nach Änderung

Abb. 4.10 Beispiel für Preisbildung zwischen Rand- und Kernregionen Europas

Abb. 4.10 verdeutlicht diesen Zusammenhang am Beispiel der Verkehrsverbindung AMS (Amsterdam) – NAP (Neapel). Bei Halbierung des regulären Preisniveaus (Yield) nach Formel 4.5 verdoppelt sich die Verkehrsnachfrage auf dieser Relation. Der gesamte Verkehrserlös bleibt unverändert. Der halbierte Fahrpreis auf der Relation AMS – NAP entspricht annähernd dem Fahrpreis auf der Vergleichsrelation AMS – ZUR (Zürich) im Kernbereich Westeuropas.

Die von der Preisregulierung betroffenen Randregionen befinden sich in der in Abb. 4.9 verzeichneten Prognoseregion „Intra Westeuropa". Die langfristige Wachstumsrate des Hyperschallbahn-Verkehrs in diesem Teilmarkt gilt damit auch für die Entwicklung des Neuverkehrs zwischen den Rand- und Kernregionen Europas.

Die innereuropäische Preisregulierung wird nicht auf die Verkehrsrelationen in Mittel- und Osteuropa ausgedehnt. Diese Relationen weisen im Luftverkehr ein um 20 % geringeres Preisniveau als in Westeuropa auf, sind geographisch im Durchschnitt den Kernregion Westeuropas näher als die nördlichen und südlichen Randregionen Europas und werden sich langfristig partiell selbst zu Kernregionen Europas entwickeln. Sie benötigen demzufolge keine preisliche Randförderung im Verkehr der Hyperschallbahn.

4.3 Nachfrage- und Erlösentwicklung in Marktsegmenten

Bereits in Kap. 3 werden Verkehrsströme mengenmäßig betrachtet, um daraus erforderliche Linien bestimmen und dimensionieren zu können sowie Prämissen für die Netzgestaltung festzulegen. Die Mengenerfassung im Kap. 3 konzentriert sich auf das für die Systemdimensionierung maßgebende Prognosejahr 2160.

In Erweiterung dieser kapazitäts- und auslastungsorientierten Betrachtung und aufbauend auf Abschn. 4.1 und 4.2 erfolgt im Abschn. 4.3 eine an den Verkehrsmärkten orientierte Ermittlung des gesamten Nachfrage- und Erlöspotenzials in einem Europanetz der Hyperschallbahn vom Referenzjahr 2017 bis zum Jahr 2160. In die perspektivische Entwicklung der Verkehrserlöse werden vereinfachend keine Inflationseffekte eingerechnet.

Aufgrund seiner Heterogenität wird der für die Potenzialermittlung relevante Verkehrsmarkt in zwölf Marktsegmente entsprechend Abschn. 4.1 aufgegliedert. Dieses Vorgehen ermöglicht eine weitgehend differenzierte und transparente Abbildung der Potenzialentwicklung. Nachfolgend wird das Nachfrage- und Erlöspotenzial für jedes der zwölf Marktsegmente aufgezeigt.

4.3.1   Interkontinentaler Luftverkehr

Marktsegment Luftverkehr Europanetz – Nordamerika
In seiner Ausdehnung bis zur Atlantikmitte (vgl. Abschn. 3.2) partizipiert das Europanetz mit knapp 40 % Verkehrsleistung am äußerst umfangreichen Verlagerungspotenzial zwischen Europa und Nordamerika. Aus dieser Position heraus bildet der Verkehr mit Nordamerika das größte interkontinentale Marktsegment im europäischen Hyperschallbahn-Netz.

Das Marktsegment weist ein unterdurchschnittliches Verkehrswachstum auf. Daher verringert sich der Größenvorsprung des Marktsegments Europanetz – Nordamerika gegenüber den anderen interkontinentalen Marktsegmenten, geht jedoch bis zum Jahr 2160 nicht verloren. Entsprechend Kap. 3 wird das Verkehrspotenzial mit Nordamerika im europäischen Hyperschallbahn-Netz ab dem Jahr 2085 durch die Linien W1 und W2 aus-geschöpft, unterstützt durch weitere Linien bei der Sammlung und Verteilung der Ver-kehrsströme im Europanetz.

Die mittlere Reiseweite im Luftverkehr zwischen Europa und Nordamerika beträgt rund 7.100 km und entspricht in dieser Größenordnung annähend der mittleren Reise-weite des gesamten interkontinentalen Verkehrs mit Europa [58]. Dementsprechend befindet sich das Preisniveau des Marktsegments pro Passagier-km im mittleren Bereich.

Herausragende Potenzialstandorte sind New York City und die Rhombus-Gruppe, darunter besonders London. Die verkehrliche Bedeutung dieser Standorte wurde bereits in Abschn. 3.2 beschrieben und wird im Betrachtungszeitraum bis zum Jahr 2160 bestehen bleiben. In diesem Zeitraum werden innerhalb des Marktsegments keine größeren Veränderungen der Anteile wesentlicher Relationen eintreten. Jedoch wird die Region Türkei/Nahost/Nordafrika innerhalb des Europanetzes ihren Verkehrsanteil am Marktsegment mit Nordamerika erheblich ausbauen können.

Marktsegment Luftverkehr Europanetz – Golfstaaten
Der Luftverkehr zwischen Europa und den Golfstaaten ist ein großes und dynamisch wachsendes Marktsegment. Das Europanetz der Hyperschallbahn erstreckt sich gemäß Abschn. 3.2 bis zur östlichen Mittelmeerküste und hält damit einen Anteil von über 55 % am Verlagerungspotenzial aus der Luftverkehrsleistung mit den Golfstaaten.

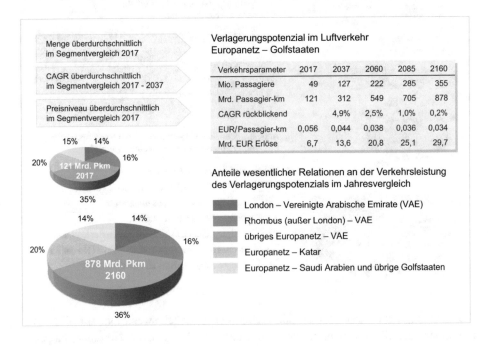

Menge überdurchschnittlich im Segmentvergleich 2017

CAGR überdurchschnittlich im Segmentvergleich 2017 - 2037

Preisniveau überdurchschnittlich im Segmentvergleich 2017

Verlagerungspotenzial im Luftverkehr Europanetz – Golfstaaten

Verkehrsparameter	2017	2037	2060	2085	2160
Mio. Passagiere	49	127	222	285	355
Mrd. Passagier-km	121	312	549	705	878
CAGR rückblickend		4,9%	2,5%	1,0%	0,2%
EUR/Passagier-km	0,056	0,044	0,038	0,036	0,034
Mrd. EUR Erlöse	6,7	13,6	20,8	25,1	29,7

Anteile wesentlicher Relationen an der Verkehrsleistung des Verlagerungspotenzials im Jahresvergleich

■ London – Vereinigte Arabische Emirate (VAE)
■ Rhombus (außer London) – VAE
■ übriges Europanetz – VAE
■ Europanetz – Katar
■ Europanetz – Saudi Arabien und übrige Golfstaaten

15% 14% 16% 20% 121 Mrd. Pkm 2017 35%

14% 14% 16% 20% 878 Mrd. Pkm 2160 36%

Die Erschließung des Verlagerungspotenzials beginnt im Jahr 2085 und erfolgt über die Linien W1, W3 und W6, unterstützt durch weitere Linien bei der Sammlung und Verteilung der Verkehrsströme im Europanetz.

Das verhilft dem Marktsegment Europanetz – Golfstaaten zum Platz zwei unter den verkehrsstärksten interkontinentalen Marktsegmenten im europäischen Hyperschallbahn-Netz. Aufgrund seines überdurchschnittlichen Wachstums wird dieses Segment bis zum Jahr 2160 annähernd zum verkehrsstärksten interkontinentalen Marktsegment Europanetz – Nordamerika aufschließen.

Die mittlere Reiseweite im Luftverkehr zwischen Europa und den Golfstaaten liegt mit rund 4.400 km deutlich unterhalb des Vergleichswertes für den gesamten interkontinentalen Verkehr mit Europa [58]. Aus diesem Grund ist das Preisniveau des Marktsegments pro Passagier-km überdurchschnittlich hoch und trägt dazu bei, dass das Marktsegment bis zum Jahr 2160 auch hinsichtlich der Verkehrserlöse eine Spitzenposition einnehmen wird.

Nahezu zwei Drittel der Verkehrsleistung im Marktsegment entfallen auf Relationen mit den Vereinigten Arabischen Emiraten. Auf europäischer Seite dominiert die Rhombus-Gruppe, darunter besonders London. Bis zum Jahr 2160 sind keine größeren Änderungen der Anteile wesentlicher Relationen zu erwarten.

Marktsegment Luftverkehr Nordamerika – Golfstaaten
Dieses Marktsegment erschließt den Nonstop-Luftverkehr zwischen Nordamerika und den Golfstaaten im Transit über Europa für das europäische Hyperschallbahn-Netz. In seiner Ausdehnung von der Atlantikmitte bis zur östlichen Mittelmeerküste erhält das Europanetz annähernd 50 % vom Verlagerungspotenzial aus der Luftverkehrsleistung zwischen Nordamerika und den Golfstaaten. Die Ausschöpfung des Verkehrspotenzials beginnt im Jahr 2085 und erfolgt hauptsächlich über die Linie W1, unterstützt durch die Linie W3.

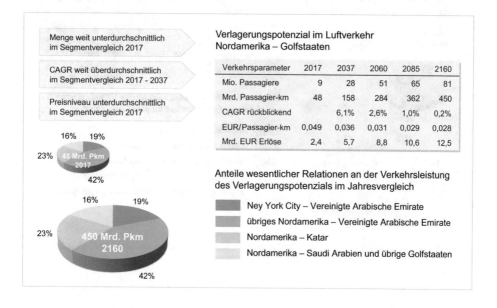

Menge weit unterdurchschnittlich im Segmentvergleich 2017

CAGR weit überdurchschnittlich im Segmentvergleich 2017 - 2037

Preisniveau unterdurchschnittlich im Segmentvergleich 2017

Verlagerungspotenzial im Luftverkehr Nordamerika – Golfstaaten

Verkehrsparameter	2017	2037	2060	2085	2160
Mio. Passagiere	9	28	51	65	81
Mrd. Passagier-km	48	158	284	362	450
CAGR rückblickend		6,1%	2,6%	1,0%	0,2%
EUR/Passagier-km	0,049	0,036	0,031	0,029	0,028
Mrd. EUR Erlöse	2,4	5,7	8,8	10,6	12,5

Anteile wesentlicher Relationen an der Verkehrsleistung des Verlagerungspotenzials im Jahresvergleich

- Ney York City – Vereinigte Arabische Emirate
- übriges Nordamerika – Vereinigte Arabische Emirate
- Nordamerika – Katar
- Nordamerika – Saudi Arabien und übrige Golfstaaten

48 Mrd. Pkm 2017
16% 19%
23%
42%

450 Mrd. Pkm 2160
16% 19%
23%
42%

Gemessen an der Verkehrsleistung ist das Marktsegment noch relativ klein, weist aber eine sehr hohe Wachstumsrate unter den Marktsegmenten des Europanetzes auf. Die mittlere Reiseweite im Nonstop-Luftverkehr Nordamerika – Golfstaaten beträgt ca. 11.500 km [58]. Dieser hohe Wert verursacht gemäß Formel 4.5 ein unterdurchschnittliches Preisniveau pro Passagier-km für das Marktsegment.

Mehr als 60 % der Verkehrsleistung des Marktsegments entfallen auf Relationen mit den Vereinigten Arabischen Emiraten. Auf amerikanischer Seite ist der Potenzialstandort New York City herausragend. Bis zum Jahr 2160 werden voraussichtlich keine größeren Änderungen der Anteile wesentlicher Verkehrsrelationen eintreten.s

Marktsegment Luftverkehr Europanetz – Lateinamerika

Neben dem Marktsegment Nordamerika – Golfstaaten ist der Verkehr mit Lateinamerika von der perspektivisch höchsten Wachstumsdynamik geprägt. Das Marktsegment Europanetz – Lateinamerika erstreckt sich über eine Distanz von Europa über Dakar bis zur Mitte des Atlantiks zwischen Afrika und Südamerika (vgl. Abschn. 3.2). Damit hat das Europanetz Zugang zu annähernd 60 % des Verlagerungspotenzials aus der Luftverkehrsleistung zwischen Europa und Lateinamerika. Unter diesen Prämissen steigt das Marktsegment im Betrachtungszeitraum bis zum Jahr 2160 in die Gruppe der Marktsegmente mit den höchsten Verkehrsleistungen auf. Das Verkehrspotenzial dieses Marktsegments wird ab dem Jahr 2085 durch die Linie W4 erschlossen, unterstützt durch weitere Linien bei der Sammlung und Verteilung der Verkehrsströme im Europanetz.

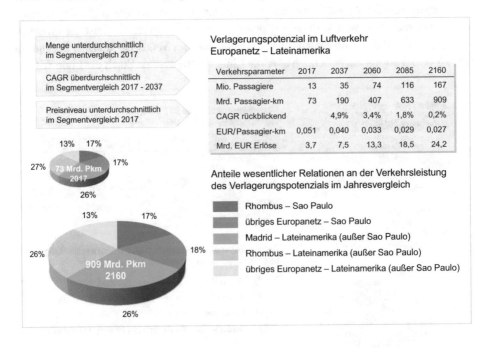

Menge unterdurchschnittlich im Segmentvergleich 2017

CAGR überdurchschnittlich im Segmentvergleich 2017 - 2037

Preisniveau unterdurchschnittlich im Segmentvergleich 2017

Verlagerungspotenzial im Luftverkehr Europanetz – Lateinamerika

Verkehrsparameter	2017	2037	2060	2085	2160
Mio. Passagiere	13	35	74	116	167
Mrd. Passagier-km	73	190	407	633	909
CAGR rückblickend		4,9%	3,4%	1,8%	0,2%
EUR/Passagier-km	0,051	0,040	0,033	0,029	0,027
Mrd. EUR Erlöse	3,7	7,5	13,3	18,5	24,2

Anteile wesentlicher Relationen an der Verkehrsleistung des Verlagerungspotenzials im Jahresvergleich

Rhombus – Sao Paulo

übriges Europanetz – Sao Paulo

Madrid – Lateinamerika (außer Sao Paulo)

Rhombus – Lateinamerika (außer Sao Paulo)

übriges Europanetz – Lateinamerika (außer Sao Paulo)

Die mittlere Reiseweite im Luftverkehr zwischen Europa und Lateinamerika liegt mit rund 9.300 km deutlich über dem Vergleichswert für den gesamten interkontinentalen Verkehr mit Europa [58] und verursacht deshalb ein unterdurchschnittliches Preisniveau pro Passagier-km.

Verkehrsrelationen mit Sao Paulo übersteigen ein Drittel der Verkehrsleistung des Marktsegments. Auf europäischer Seite dominieren die Potenzialstandorte Rhombus-Gruppe und Madrid. Relationen mit beiden Standorten erbringen einen Anteil von rund 70 % an der Verkehrsleistung des Marktsegments. Diese Verkehrsanteile werden sich bis zum Jahr 2160 nicht wesentlich ändern.

Marktsegment Luftverkehr Europanetz – Ostasien

Der Luftverkehrsmarkt Europa – Ostasien ist vergleichsweise mengenstark. Allerdings hat das Europanetz aufgrund seiner Ausdehnung bis Moskau einen Verkehrsleistungs-anteil von nur wenig über 20 % an diesem Markt. Das Marktsegment weist ein mittleres Wachstum im Durchschnitt aller interkontinentalen Verkehrsrelationen auf. Daher wird sich der Mengenanteil dieses Marktsegments im Betrachtungszeitraum bis zum Jahr 2160 nicht wesentlich ändern.

Das Verkehrspotenzial im Marktsegment Europanetz – Ostasien wird ab dem Jahr 2085 durch die Linie W5 erschlossen, unterstützt durch die Linie E13 und weitere Linien bei der Sammlung und Verteilung der Verkehrsströme im Europanetz. Die mittlere Reiseweite im Luftverkehr zwischen Europa und Ostasien liegt mit rund 8.400 km über dem Vergleichswert für den gesamten interkontinentalen Verkehr mit Europa [58] und verursacht demnach im Marktsegment ein unterdurchschnittliches Preisniveau pro Passagier-km.

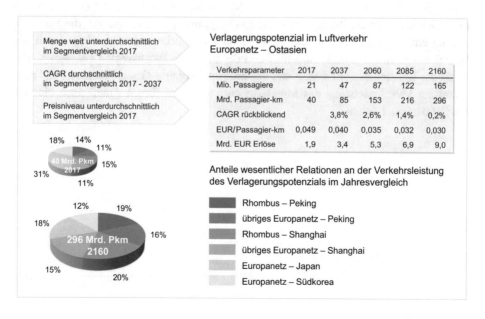

| Menge weit unterdurchschnittlich im Segmentvergleich 2017 |
| CAGR durchschnittlich im Segmentvergleich 2017 - 2037 |
| Preisniveau unterdurchschnittlich im Segmentvergleich 2017 |

Verlagerungspotenzial im Luftverkehr Europanetz – Ostasien

Verkehrsparameter	2017	2037	2060	2085	2160
Mio. Passagiere	21	47	87	122	165
Mrd. Passagier-km	40	85	153	216	296
CAGR rückblickend		3,8%	2,6%	1,4%	0,2%
EUR/Passagier-km	0,049	0,040	0,035	0,032	0,030
Mrd. EUR Erlöse	1,9	3,4	5,3	6,9	9,0

Anteile wesentlicher Relationen an der Verkehrsleistung des Verlagerungspotenzials im Jahresvergleich

- Rhombus – Peking
- übriges Europanetz – Peking
- Rhombus – Shanghai
- übriges Europanetz – Shanghai
- Europanetz – Japan
- Europanetz – Südkorea

Rund die Hälfte der Verkehrsleistung des Marktsegments entfällt auf Relationen mit Peking und Shanghai. Dieser Anteil wird sich bis zum Jahr 2160 auf 70 % erhöhen, während der prozentuale Anteil von Japan und Südkorea am Marktsegment rückläufig sein wird. Auf europäischer Seite dominiert die Rhombus-Gruppe als Quell- und Zielstandort den Verkehr im Marktsegment ohne wesentliche Änderungen bis zum Jahr 2160.

Marktsegment Luftverkehr Europanetz – Südostasien
Zum Verkehrsmarkt Südostasien zählen im Rahmen dieser Marktbetrachtung Südchina, der indische Subkontinent, das übrige südostasiatische Festland und das insulare Südostasien. Das Europanetz der Hyperschallbahn erstreckt sich entsprechend Abschn. 3.2 bis zur östlichen Mittelmeerküste und erschließt damit einen Verkehrsleistungsanteil von über 30 % am Verlagerungspotenzial zwischen Europa und Südostasien.

Die Ausschöpfung des Potenzials im Marktsegment Europanetz – Südostasien beginnt im Jahr 2085 durch die Linien W6, W1, W3 und E13, unterstützt durch weitere Linien bei der Sammlung und Verteilung der Verkehrsströme im Europanetz. Das Marktsegment weist ähnlich dem Segment Europanetz – Ostasien ein mittleres Wachstum auf und wird damit seinen Mengenanteil unter allen Marktsegmenten im Betrachtungszeitraum bis zum Jahr 2160 nicht wesentlich ändern.

Die mittlere Reiseweite im Luftverkehr zwischen Europa und Südostasien beträgt ca. 8.500 km und übersteigt damit den Durchschnittswert aller interkontinentalen Linien [58]. Daraus resultiert für das Marktsegment gemäß Formel 4.5 ein unterdurchschnittliches Preisniveau pro Passagier-km. Dieser Effekt wird durch die überwiegende Zugehörigkeit von Südostasien zu den wirtschaftlich aufstrebenden Regionen (vgl. Abschn. 4.2) noch verstärkt.

Innerhalb des Marktsegments Europa – Südostasien wird der Anteil der Relationen mit Indien im Zeitraum bis zum Jahr 2160 kräftig ansteigen. Bezogen auf die Verkehrsleistung erreicht der Indienverkehr im genannten Zeithorizont den gleichen Anteil wie die Relationen mit Bangkok, Südchina und der insularen Pazifikregion zusammen. Der Anteil der Relationen mit London und der übrigen Rhombus-Gruppe umfasst rund zwei Drittel der Verkehrsleistung des Marktsegments und wird diesen Anteil auch bis zum Jahr 2160 halten können.

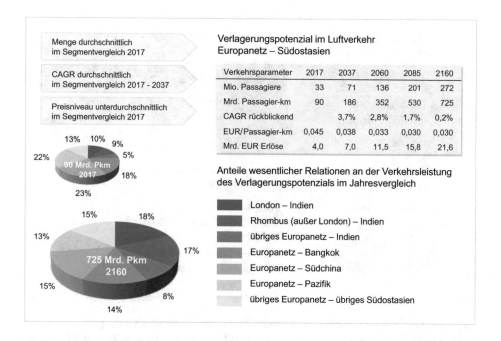

Marktsegment Luftverkehr Europanetz – Afrika

In seiner Verknüpfung mit Kairo, Casablanca und Dakar (vgl. Abschn. 3.2 und 3.3) kann das Europanetz annähernd 55 % des Verlagerungspotenzials aus der Luftverkehrsleistung zwischen Europa und Afrika erschließen. Das bisher verhältnismäßig verkehrsschwache Marktsegment ist durch ein überdurchschnittliches Mengenwachstum gekennzeichnet und kann damit seinen Verkehrsanteil unter allen interkontinentalen Marktsegmenten bis zum Jahr 2160 deutlich erhöhen.

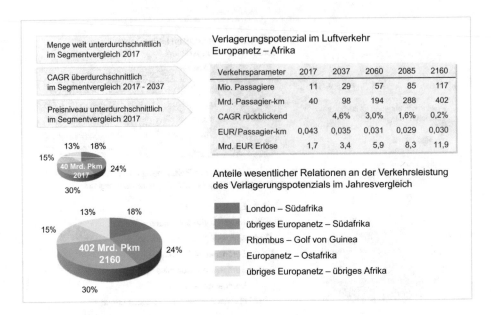

Die Ausschöpfung des Verkehrspotenzial durch das Europanetz erfolgt ab dem Jahr 2060 über die Verknüpfungsstationen Kairo und Casablanca. Ab dem Jahr 2085 steht der Anschluss Dakar der Linie W4 zur Verfügung. Im Rahmen der Potenzialermittlung wird unterstellt, dass bis zum Jahr 2085 ein innerafrikanisches Kontinentalnetz entsteht, das die vollständige Erschließung des Verlagerungspotenzials für das Europanetz ermöglicht.

Die mittlere Reiseweite im Luftverkehr zwischen Europa und Afrika ist mit ca. 6.600 km etwas geringer als der Durchschnittswert aller interkontinentalen Linien [58]. Daraus müsste gemäß Formel 4.5 ein leicht überdurchschnittliches Preisniveau pro Passagier-km resultieren. Das aktuelle Preisniveau im Luftverkehr mit Afrika ist jedoch aufgrund der Zugehörigkeit des Kontinents zu den wirtschaftlich aufstrebenden Regionen deutlich niedriger (vgl. Abschn. 4.2).

Über 80 % der europäischen Luftverkehrsrelationen mit Afrika haben ihre Quelle oder ihr Ziel in der Rhombus-Gruppe. Verkehrsrelationen mit Südafrika und der Region um den Golf von Guinea kommen auf einen Anteil von über 70 % an der Verkehrsleistung im Marktsegment. Für den Zeitraum bis zum Jahr 2160 zeichnen sich keine wesentlichen Veränderungen der Verkehrsanteile ab.

Marktsegment Luftverkehr Europanetz – übrige interkontinentale Relationen

Die übrigen interkontinentalen Relationen bilden im Unterschied zu den anderen Marktsegmenten keinen zusammenhängenden Verkehrskorridor, sondern sind ein Konglomerat aus verschiedenen, voneinander unabhängigen Einzelrelationen. Das europäische Hyperschallbahn-Netz erschließt in seiner Ausdehnung ca. 60 % des Verlagerungspotenzials aus der Verkehrsleistung dieser Relationen, die damit das mengenschwächste unter allen interkontinentalen Marktsegmenten bilden.

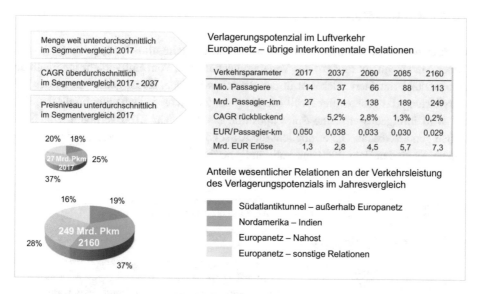

Das Marktsegment der übrigen interkontinentalen Relationen ist jedoch durch eine der höchsten Wachstumsraten unter den Marktsegmenten gekennzeichnet und wird seinen Mengenanteil unter ihnen bis zum Jahr 2160 deutlich erhöhen. Das Verkehrspotenzial der Luftverkehrsrelationen wird ab dem Jahr 2085 überwiegend durch die Linien W6, W4 und E13 erschlossen, unterstützt durch weitere Linien bei der kontinentalen Sammlung und Verteilung der Verkehrsströme.

Die mittlere Reiseweite der übrigen interkontinentalen Luftverkehrsrelationen ist mit näherungsweise 6.000 km geringer als der Durchschnittswert aller interkontinentalen Linien [58]. Daraus müsste gemäß Formel 4.5 ein überdurchschnittliches Preisniveau pro Passagier-km resultieren. Die übrigen interkontinentalen Relationen bedienen jedoch überwiegend wirtschaftlich aufstrebende Regionen, sodass in Übereinstimmung mit den Preisprämissen in Abschn. 4.2 für diese Relationen ein unterdurchschnittliches Preisniveau gilt.

Das Marktsegment wird besonders durch drei Verkehrsrelationen geprägt:

- Die Relation Nordamerika – Indien hat eine besonders starke Wachstumsdynamik und entwickelt sich zum größten Teilsegment.
- Der bisher anteilsstärkste Verkehr zwischen dem Europanetz und dem Nahen Osten außerhalb des Europanetzes wächst verhaltener und muss bis zum Jahr 2160 starke Anteilsverluste hinnehmen.
- Der in Abschn. 4.1 genannte Verkehr durch den Südatlantiktunnel ohne Bezug zum Europanetz kann seinen Anteil am Marktsegment behaupten.

4.3.2   Kontinentaler Luftverkehr

Marktsegment Luftverkehr im Europanetz mit der Rhombus-Gruppe

Dieses Marktsegment umfasst das Verlagerungspotenzial vom Luftverkehr innerhalb des Europanetzes mit Start oder Ziel in der Rhombus-Gruppe. Es ist gemessen an der Verkehrsleistung das größte aller zwölf Marktsegmente, wächst jedoch unterdurchschnittlich und wird infolgedessen seine Spitzenposition bis zum Jahr 2160 verlieren. Der Netzausbau gemäß Abschn. 3.3 ermöglicht die Ausschöpfung des Verlagerungspotenzials fast vollständig ab dem Jahr 2060 und vollständig ab dem Jahr 2085.

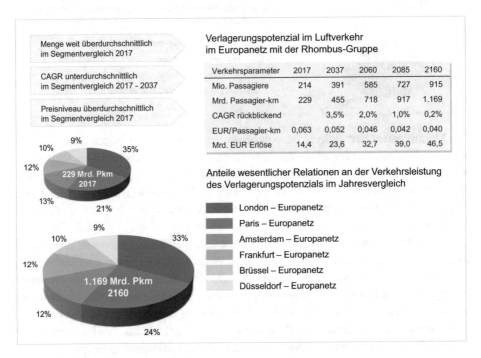

Verlagerungspotenzial im Luftverkehr im Europanetz mit der Rhombus-Gruppe

Verkehrsparameter	2017	2037	2060	2085	2160
Mio. Passagiere	214	391	585	727	915
Mrd. Passagier-km	229	455	718	917	1.169
CAGR rückblickend		3,5%	2,0%	1,0%	0,2%
EUR/Passagier-km	0,063	0,052	0,046	0,042	0,040
Mrd. EUR Erlöse	14,4	23,6	32,7	39,0	46,5

Anteile wesentlicher Relationen an der Verkehrsleistung des Verlagerungspotenzials im Jahresvergleich

- London – Europanetz
- Paris – Europanetz
- Amsterdam – Europanetz
- Frankfurt – Europanetz
- Brüssel – Europanetz
- Düsseldorf – Europanetz

Die mittlere Reiseweite im Marktsegment ist mit weniger als 1.100 km gering im Vergleich zum interkontinentalen Luftverkehr [58]. Deshalb weist der Verkehr mit der Rhombus-Gruppe innerhalb des Europanetzes ein überdurchschnittlich hohes Preisniveau pro Passagier-km auf. Das Marktsegment wird besonders vom Luftverkehr mit den Rhombus-Standorten London und Paris dominiert. Im Betrachtungszeitraum bis zum Jahr 2160 werden im Marktsegment keine wesentlichen Veränderungen der Verkehrsanteile wesentlicher Relationen eintreten. Allerdings wird der Standort Paris seinen Verkehrsanteil zu Lasten von London erhöhen können.

Marktsegment Luftverkehr im Europanetz außer der Rhombus-Gruppe

Das Verlagerungspotenzial vom Luftverkehr innerhalb des Europanetzes ohne Start oder Ziel in der Rhombus-Gruppe ist annähernd so verkehrsstark wie das zuvor beschriebene

Marktsegment und wächst zugleich schneller, da es in größerem Umfang aufstrebende Regionen im Europanetz bedient. Es wird demnach hinsichtlich der Verkehrsleistung bis zum Jahr 2160 die Spitzenposition unter den Marktsegmenten übernehmen.

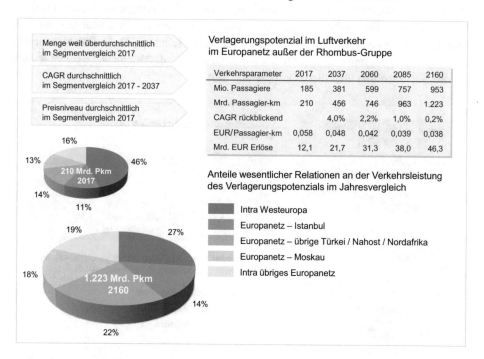

Verkehrsparameter	2017	2037	2060	2085	2160
Mio. Passagiere	185	381	599	757	953
Mrd. Passagier-km	210	456	746	963	1.223
CAGR rückblickend		4,0%	2,2%	1,0%	0,2%
EUR/Passagier-km	0,058	0,048	0,042	0,039	0,038
Mrd. EUR Erlöse	12,1	21,7	31,3	38,0	46,3

Die mittlere Reiseweite des Luftverkehrs im Europanetz außer der Rhombus-Gruppe überschreitet 1.100 km [58]. Das Marktsegment müsste bei diesem Wert ein hohes Preisniveau pro Passagier-km aufweisen. Dieser Effekt wird jedoch durch Preisabstufungen für aufstrebende Regionen teilweise kompensiert (vgl. Abschn. 4.2).

Innerhalb des Marktsegments besteht eine differenzierte Wachstumsdynamik. Der bisher dominierende Verkehr innerhalb Westeuropas wächst verhalten und verliert erhebliche Mengenanteile an Verkehrsrelationen mit Moskau, Istanbul und besonders mit der Region übrige Türkei/Nahost/Nordafrika innerhalb der Grenzen des Europanetzes.

4.3.3   Weitere Marktsegmente

Marktsegment Landverkehr im Europanetz

Das relativ verkehrsschwache Marktsegment des Verlagerungspotenzials vom Landverkehr – im Wesentlichen vom High Speed Rail System – wirkt nicht homogen innerhalb des gesamten Europanetzes, sondern konzentriert sich auf Gruppierungen benachbarter Metropolen. Das Marktsegment wächst unterdurchschnittlich, ähnlich dem

Luftverkehr innerhalb Westeuropas. Charakteristisch für das Verlagerungspotenzial vom Landverkehr ist seine geringe mittlere Reiseweite von rund 400 km.

Aus Formel 4.5 resultiert für dieses Marktsegment das mit Abstand höchste Preisniveau pro Passagier-km unter allen Marktsegmenten. Das Mengenwachstum innerhalb des Segments verläuft differenziert. Gegenwärtig dominiert das Potenzial aus der Verlagerung vom Landverkehr im Netzumfeld einer Achse London – Paris. Das Netzumfeld überdeckt sich geographisch mit der Rhombus-Gruppe (vgl. Abschn. 4.1), reicht jedoch in Nord-Süd-Richtung über diese Gruppierung hinaus.

Der Mengenanteil der Verlagerungsregion London – Paris innerhalb des Marktsegments wird sich perspektivisch erheblich verringern. Zunehmende Bedeutung gewinnen eine ähnlich strukturierte Verlagerungsregion um die Achse Sankt Petersburg – Moskau und besonders Verlagerungspotenziale im Bereich weiterer Paare benachbarter Metropolen mit Anbindung an das europäische Hyperschallbahn-Netz.

Marktsegment Neuverkehr im Europanetz

Entsprechend Abschn. 4.1 und 4.2 entsteht dieses Marktsegment als Reaktion der Verkehrsnachfrage auf Preissenkungen für Relationen mit geographischen Randgebieten Europas. Das Marktsegment konzentriert sich auf Randregionen innerhalb der Prognoseregion Westeuropa, für die eine im Verhältnis geringe Wachstumsrate des Luftverkehrs prognostiziert wird. Diese Wachstumsrate wird für das Segment Neuverkehr übernommen.

Aufgrund seiner Entstehung durch Preissenkungen weist das Marktsegment das niedrigste Preisniveau pro Passagier-km unter allen zwölf Marktsegmenten auf – trotz der geringen mittleren Reiseweite des potenziellen Neuverkehrs von 1.200 bis 1.300 km [58]. Vom Neuverkehr profitiert überwiegend die europäische Mittelmeerregion. Die übrigen Anteile entfallen auf Verkehrsrelationen mit Nordeuropa und der Atlantik-Region.

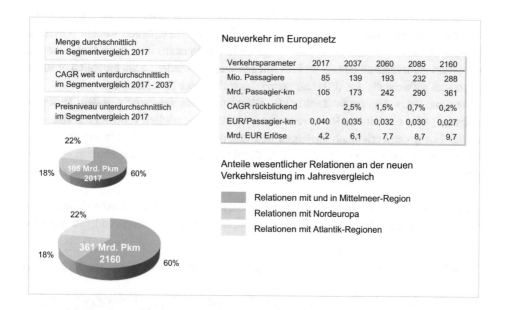

Verkehrsparameter	2017	2037	2060	2085	2160
Mio. Passagiere	85	139	193	232	288
Mrd. Passagier-km	105	173	242	290	361
CAGR rückblickend		2,5%	1,5%	0,7%	0,2%
EUR/Passagier-km	0,040	0,035	0,032	0,030	0,027
Mrd. EUR Erlöse	4,2	6,1	7,7	8,7	9,7

4.4 Entwicklung des gesamten Ertragspotenzials

In Zusammenfassung der Verkehrsprognosen in den einzelnen Marktsegmenten wird nachfolgend die Entwicklung der Verkehrsnachfrage und der Verkehrserlöse im gesamten Europanetz der Hyperschallbahn aufgezeigt. Zusätzlich werden sonstige Erträge betrachtet, die zusammen mit den Verkehrserlösen das gesamte Ertragspotenzial des Systems bilden. In die Entwicklung der Erträge wird aufgrund des sehr langen Betrachtungszeitraums bis zum Jahr 2160 vereinfachend keine Inflation eingerechnet. Im Gegenzug enthält auch die Darstellung der Kostenentwicklung des Systems (vgl. Kap. 5) keine perspektivischen Teuerungseffekte.

4.4.1 Mengenpotenzial in Summe aller Marktsegmente

Tab. 4.1 zeigt in Zusammenfassung aller zwölf Marktsegmente die potenzielle Entwicklung des Verkehrsaufkommens im Zeitraum 2017–2160 unter den Bedingungen eines vollausgebauten Europanetzes der Hyperschallbahn gemäß Abschn. 3.5.

Das potenzielle Verkehrsaufkommen im Referenzjahr 2017 wird sich bis zur Inbetriebnahme des vollausgebauten europäischen Hyperschallbahn-Netzes im Jahr 2085 vervierfachen. Die mittlere jährliche Wachstumsrate der Verkehrsmenge erreicht 3,5 % im Zeitraum 2017–2037. Korrespondierend zum Wachstumsmodell für den weltweiten Luftverkehr (vgl. Abschn. 4.2) wird sich anschließend die jährliche Wachstumsrate bis zum Jahr 2160 auf rund 0,2 % verringern.

Der Luftverkehr im Transit über das Europanetz, der das Marktsegment Nordamerika
– Golfstaaten, die Relationen Nordamerika – Indien und den externen Verkehr durch den
Südatlantiktunnel umfasst, ist in Tab. 4.1 gesondert dargestellt, weil er deutlich schneller
wächst als der interkontinentale Verkehr mit Europa, der wiederum ein erheblich größeres
Wachstum aufweist als das Verkehrspotenzial innerhalb des Europanetzes.

Aufgrund des überdurchschnittlichen Wachstums des interkontinentalen Verkehrspotenzials wird die mittlere Reiseweite des gesamten potenziellen Verkehrs mit Relevanz
für das Europanetz erheblich ansteigen und erst nach dem Jahr 2100 in die Stagnation
übergehen. Abb. 4.11 zeigt das Wachstum der Reiseweite gewichtet nach dem relations-
bezogenen Verkehrsmengenpotenzial und gerechnet über die gesamte Distanz der Verkehrsrelationen.

Der Anstieg der Reiseweite führt dazu, dass die potenzielle Verkehrsleistung im
Europanetz stärker wächst als das Verkehrsmengenpotenzial. Entsprechend Tab. 4.2 wird

Tab. 4.1 Verkehrsmengenpotenzial aus Verlagerung und Neuverehr im Europanetz im Zeitraum
2017–2160

Mio. Passagiere	2017	2037	2060	2085	2110	2135	2160
Luftverkehr im Europanetz	399	772	1.184	1.484	1.646	1.755	1.868
Luftverkehr mit Europanetz	209	468	830	1.129	1.291	1.388	1.477
Luftverkehr über Europanetz	13	41	76	100	112	120	128
Landverkehr im Europanetz	103	191	286	355	391	416	443
Neuverkehr im Europanetz	85	139	193	232	254	271	288
Summe Potenzial	809	1.611	2.569	3.299	3.694	3.950	4.205

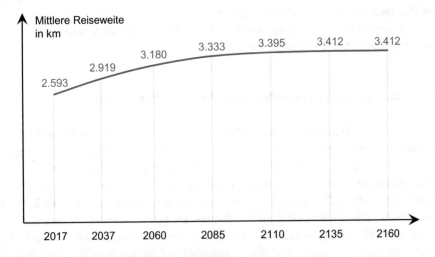

Abb. 4.11 Mittlere Reiseweite des Europanetz-relevanten Verkehrs im Zeitraum 2017–2160

Tab. 4.2 Verkehrsleistungspotenzial im Europanetz im Zeitraum 2017–2160

Mrd. Pkm im Europanetz	2017	2037	2060	2085	2110	2135	2160
Luftverkehr im Europanetz	439	910	1.464	1.881	2.104	2.247	2.392
Luftverkehr mit Europanetz	570	1.286	2.325	3.222	3.726	4.019	4.278
Luftverkehr über Europanetz	60	193	354	464	518	554	590
Landverkehr im Europanetz	41	77	117	145	160	171	181
Neuverkehr im Europanetz	105	173	242	291	319	339	361
Summe Potenzial	1.215	2.639	4.502	6.003	6.827	7.330	7.802

sich das Verkehrsleistungspotenzial im Europanetz bis zur Inbetriebnahme des vollausgebauten europäischen Hyperschallbahn-Netzes im Jahr 2085 verfünffachen.

Das Verkehrsleistungspotenzial des Europanetzes aus Luft-, Land und Neuverkehr wächst im Zeitraum 2017–2037 um durchschnittlich knapp 4,0 % pro Jahr und damit weniger stark als der weltweite Luftverkehr, für den ein mittleres jährliches Wachstum der Verkehrsleistung von 4,6 % prognostiziert wird (vgl. Abschn. 4.2). Wie beim Verkehrsaufkommen verlangsamt sich das Wachstum des Verkehrsleistungspotenzials bis zum Jahr 2160 auf ca. 0,2 %.

4.4.2 Prognose der Preise und des Erlöspotenzials

Aus der Summe der in Abschn. 4.3 charakterisierten Marktsegmente resultiert die in Abb. 4.12 dargestellte Entwicklung des mittleren Preisniveaus im europäischen Hyper-

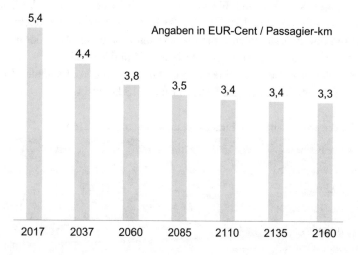

Abb. 4.12 Mittleres Preisniveau des potenziellen Verkehrs im Europanetz

schallbahn-Netz ab dem Referenzjahr 2017 bis zum Jahr 2160. Entsprechend der langfristigen Preis-Nachfrage-Elastizität (vgl. Formel 4.6) tritt im Zeitraum 2017–2037 eine mittlere jährliche Preisreduzierung von 1,0 % ein, die sich danach weiter verlangsamt und nach dem Jahr 2100 zum Erliegen kommt.

Die potenziellen Verkehrserlöse steigen infolge der langfristigen Reduzierung des mittleren Preisniveaus deutlich langsamer als die potenzielle Verkehrsleistung und weisen im Zeitraum 2017–2037 ein mittleres jährliches Wachstum von 2,9 % auf. Damit wird sich das Erlöspotenzial bis zur Inbetriebnahme des vollausgebauten europäischen Hyperschallbahn-Netzes im Jahr 2085 mehr als verdreifachen. Tab. 4.3 beinhaltet die Entwicklung der potenziellen Verkehrserlöse bei vollausgebautem Netz gemäß Abschn. 3.5.

Anteile der Linien am Verkehrserlöspotenzial

Die Erlösanteile der Linien des Europanetzes können nach ihrem Anteil an der Verkehrsleistung der Verkehrsrelationen bestimmt werden. Zum Beispiel erbringt die Relation Prag – Paris im Jahr 2085 Verkehrserlöse in Höhe von 157 Mio. EUR. Die Verkehrsleistung auf dieser Relation erreicht 3,55 Mrd. Passagier-km im gleichen Jahr und verteilt sich zu 52 % auf den Abschnitt Prag – Zürich der Linie E5 und zu 48 % auf den Abschnitt Zürich – Paris der Linie W2. Im gleichen Aufteilungsverhältnis werden von den Verkehrserlösen 81 Mio. EUR der Linie E5 und 76 Mio. EUR der Linie W2 zugeordnet.

Im Jahr 2085 erreicht das Verkehrserlöspotenzial im Europanetz gemäß Tab. 4.3 rund 213 Mrd. EUR. Abb. 4.13 zeigt die nach dem beschriebenen Aufteilungsverfahren ermittelten Erlösanteile aller Linien im genannten Jahr.

Nach der Erlösverteilung lassen sich gemäß Abb. 4.13 folgende Linien-Gruppen darstellen.

- Die drei Linien W1, W2 und W3 vereinen des Erlöspotenzial im Verkehrskorridor Nordamerika – Europa – Golfstaaten, das 33 % der Gesamterlöse erreicht.
- Die anderen interkontinentalen Linien generieren zusammen 29 % der gesamten Verkehrserlöse. Dazu tragen besonders die Linien W4 und W6 bei.
- Rund 38 % der gesamten Verkehrserlöse entfallen auf die kontinentalen Linien, unter denen die Erlösanteile der Linien E10, E11 und E13 herausragen.

Tab. 4.3 Verkehrserlöspotenzial im Europanetz im Zeitraum 2017–2160

Mrd. EUR Verkehrserlöse	2017	2037	2060	2085	2110	2135	2160
Luftverkehr im Europanetz	26,5	45,3	64,0	77,0	83,8	88,2	92,8
Luftverkehr mit Europanetz	29,1	53,4	83,0	105,8	118,5	126,4	133,7
Luftverkehr über Europanetz	2,8	6,8	10,7	13,1	14,2	15,0	15,8
Landverkehr im Europanetz	3,3	5,2	7,0	8,3	8,9	9,3	9,7
Neuverkehr im Europanetz	4,2	6,1	7,7	8,7	9,1	9,4	9,7
Summe Potenzial	66,0	116,7	172,4	212,8	234,5	248,4	261,7

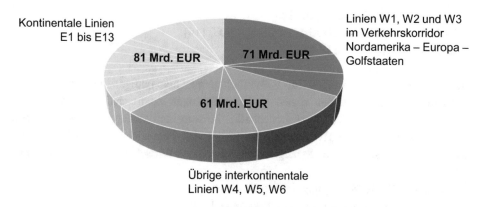

Kontinentale Linien E1 bis E13

Linien W1, W2 und W3 im Verkehrskorridor Nordamerika – Europa – Golfstaaten

81 Mrd. EUR

71 Mrd. EUR

61 Mrd. EUR

Übrige interkontinentale Linien W4, W5, W6

Abb. 4.13 Verkehrserlöse im vollausgebauten Europanetz im Jahr 2085 nach Liniengruppen

4.4.3 Ausschöpfung des Verkehrserlöspotenzials

Das eingeschätzte Potenzial kann nur bei einem vollausgebauten Netz nach Abschn. 3.5 vollständig erschlossen werden, das ab dem Jahr 2085 zur Verfügung steht. Die Teilinbetriebnahme des Netzes ab dem Jahr 2060 (vgl. Abschn. 3.3) ermöglicht die fast vollständige Ausschöpfung des Verkehrspotenzials innerhalb des Europanetzes. Noch kein Zugang besteht zu diesem Zeitpunkt zum interkontinentalen Verkehrspotenzial mit Destinationen außerhalb des Europanetzes. Damit können in baulicher Hinsicht zunächst rund 44 % des Erlöspotenzials erschlossen werden.

Grundsätzlich muss bei Einführung neuer Verkehrssysteme damit gerechnet werden, dass in den ersten Betriebsjahren aus Gründen des Nachfrageverhaltens und technischer Anpassungen noch nicht die erwartete Verkehrsverlagerung stattfindet. Aus diesem Grund wird für das Europanetz der Hyperschallbahn ein zehnjähriger Erlöshochlauf angenommen, der mit 50 % der erwarteten Verkehrserlöse im ersten Betriebsjahr 2060 beginnt und das Erreichen der Sollerlöse im Jahr 2070 unterstellt.

Dieser Hochlauf findet nur nach Erstinbetriebnahme des Netzes im Jahr 2060 statt. Hingegen wird nach Vollinbetriebnahme des Netzes im Jahr 2085 eine sofortige Nachfragesteigerung auf die Sollgröße ohne zeitliche Hochlaufphase angenommen, da die Gründe für den Nachfragehochlauf zu diesem Zeitpunkt nach 25-jähriger Betriebserfahrung nicht mehr gegeben sind.

4.4.4 Prognose der Gesamterträge

Sonstige Erträge

Neben den Verkehrserlösen werden an den Verkehrsmärkten sonstige Erträge generiert. Am Beispiel nachfolgender Airlines wird das prozentuale Verhältnis zwischen diesen Erträgen und den Verkehrserlösen im Geschäftsjahr 2018 aufgezeigt:

- 36 % bei der Lufthansa Group [18],
- 13 % bei der International Airlines Group (IAG) [19],
- 19 % bei der Air France KLM [20].

Die sonstigen Erträge werden im Wesentlichen aus notwendigen und strategischen Ergänzungsaktivitäten zu den reinen Verkehrsleistungen erwirtschaftet, zum Beispiel in den Geschäftsbereichen Verkehrstechnik, Infrastrukturnutzung, Abfertigung und Catering. Speziell für die Hyperschallbahn bieten sich Potenziale für sonstige Erträge aus Ergänzungsleistungen und Synergien mit verwandten Wirtschaftsbranchen, darunter

- Zahlungen für die Mitnutzung der Infrastruktur,
- Kooperationen bei der Nutzung der Vakuumtechnik,
- Innovative Angebote beim Bordservice,
- Zugfahrten zusätzlich zum Regelbetrieb,
- Kooperationen bei der Nutzung der Antriebsenergie,
- Mitnutzung von Zubringersystemen.

Für die Ermittlung des gesamten Ertragspotenzials der europäischen Hyperschallbahn werden sonstige Erträge angenommen, die 23 % der Verkehrserlöse betragen. Dieses Verhältnis entspricht dem Durchschnitt der Vergleichswerte der genannten Airlines.

Gesamtes Ertragspotenzial
Abb. 4.14 zeigt die Entwicklung des gesamten Ertragspotenzials und seiner Ausschöpfung in Summe der Verkehrserlöse und der sonstigen Erträge. Im Jahr 2060 werden

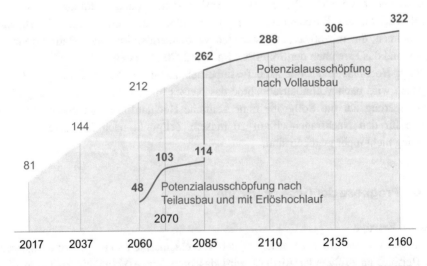

Abb. 4.14 Ertragspotenzial und Ausschöpfung im Europanetz der Hyperschallbahn (Mrd. EUR)

mit Aufnahme des Teilbetriebs die ersten Erträge in einer Höhe von rund 48 Mrd. EUR generiert. Nach dem zehnjährigen Nachfragehochlauf steigert sich die jährliche Ausschöpfung des Potenzials auf 103 Mrd. EUR im Jahr 2070. In den Folgejahren werden ca. 44 % des Ertragspotenzials erschlossen. Mit Vollinbetriebnahme im Jahr 2085 wird das gesamte Ertragspotenzial von ca. 262 Mrd. EUR ausgeschöpft. Die jährlichen Erträge steigern sich im Folgezeitraum um durchschnittlich weniger als 0,3 % pro Jahr auf 322 Mrd. EUR im Jahr 2160.

Kostenelemente

5

Die Kosten der Hyperschallbahn werden differenziert nach Investitionen, Wartung, Betrieb und Energieverbrauch sowie nach wesentlichen Systemelementen ausgewiesen. Da einige Systemelemente eine sehr lange Nutzungsdauer erreichen, ist ihre vorausschauende Dimensionierung erforderlich. Auf Grund der Abhängigkeit von den Systemdimensionen müssen auch die Kosten über sehr lange Zeiträume unter Berücksichtigung von zwischenzeitlichen Realisierungsterminen ermittelt werden. Sie werden nach Modellprämissen berechnet und mit Hilfe verwandter Bezugsfälle der Gegenwart plausibilisiert. Für Unwägbarkeiten und offene technische Fragen werden Zusatzkosten eingerechnet.

5.1   Kosten des Fahrwegs

Aufgrund der unterstellten Nutzungsdauer von 100 Jahren vor seiner Erneuerung (vgl. Abschn. 2.5 und Kap. 3) muss der Fahrweg bereits mit Inbetriebnahme so dimensioniert sein, dass während der Betriebsphase keine Vergrößerungen bzw. Aufweitungen der Bauwerke erforderlich werden und zum Ende des Betrachtungshorizonts im Jahr 2160 noch fahrwegtechnische Kapazitätsreserven vorhanden sind. Nach dieser Prämisse werden nachfolgend die bautechnisch relevanten Investitions- und Instandhaltungskosten für den Fahrweg ermittelt. Darin sind keine Kosten für Atlantiktunnel, Vakuum- und Magnetschwebetechnik enthalten, die in den Abschn. 5.2 und 5.3 separat betrachtet werden. Unter Berücksichtigung vieler noch vorhandener Unwägbarkeiten kommen Kostenmodelle nach Plausibilisierung mit ähnlichen Bauprojekten der Gegenwart zum Ansatz.

5.1.1   Grundlagen der Kostenermittlung

Modellprämissen für die Fahrwegkosten

Die Ermittlung der Fahrwegkosten im Europanetz der Hyperschallbahn basiert auf folgenden Modellprämissen, die grundsätzlich für alle Bauformen des Fahrwegs gelten:

- Die Länge und weitere kostenrelevante bautechnische Parameter als Voraussetzung für die Kostenermittlung resultieren aus der Grobtrassierung der Streckenbausegmente und der Netzplanung (vgl. Abschn. 2.7 und Kap. 3).
- Vereinfachend entwickeln sich die Kosten proportional zur Bauwerkslänge. Auf die Modellierung einer längenabhängigen Kostendegression wird aufgrund der generell großen Bauwerkslängen im Hyperschallbahn-Netz verzichtet.
- Die Fahrwegkosten entwickeln sich linear zur Summe der Durchmesser der auf dem Fahrweg gebündelten Vakuumröhren. Korrespondierend wird ein Fixkostenanteil eingerechnet, der auch den Platzbedarf für den Service- und Rettungsbereich in Tunneln berücksichtigt (vgl. Abb. 2.2). Im Resultat steigen die Bauwerkskosten degressiv mit der Anzahl der gebündelten Röhren.
- Unter diesem Aspekt ist es kostenseitig notwendig, den Streckenverlauf von Hyperschallbahn-Linien unter Vermeidung größerer Umwege möglichst weitgehend zu bündeln. Diesem Erfordernis wird mit der Trassierung der Linien Rechnung getragen (vgl. Abschn. 2.7 und Kap. 3).
- Die Kosten steigen linear mit der Tunnelüberdeckung, da mit zunehmender Tiefe die geologischen Unwägbarkeiten anwachsen. Bei Brücken steigen die Kosten linear mit der Brückenhöhe. Korrespondierend wird ein Fixkostenanteil eingerechnet.
- Lern- und Skaleneffekte bei großen Baumengen bzw. künftige neue Bautechnologien werden durch spezielle kostenreduzierende Koeffizienten berücksichtigt.

Bauformen des Fahrwegs

Für die Trassierung der Linien entsprechend Abschn. 2.7 kommen folgende Bauformen des Fahrwegs zur Anwendung (vgl. Abb. 5.1):

- In dicht besiedelten sowie in welligen und bergigen Geländeabschnitten werden prinzipiell nur Landtunnel in geschlossener Bauweise vorgesehen, da sich in diesen Abschnitten die Streckengradiente aufgrund der Trassierungsprämissen in der Regel nicht an die lokalen Geländeformen anpassen lässt.
- Außerhalb von Ballungsräumen und in weiträumig ebenen Geländeabschnitten kommen aus Kostengründen vorzugsweise Landtunnel in offener Bauweise direkt unter der Geländeoberfläche zur Anwendung.
- Die Trassierungsprämissen entsprechend Abschn. 2.7 erfordern teilweise die Unterquerung von Gewässern. Weisen diese Gewässer einen unebenen Grund auf, werden

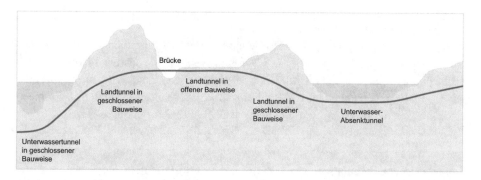

Abb. 5.1 Anwendung von Fahrweg-Bauformen

in der Regel Unterwassertunnel in geschlossener Bauweise errichtet, da sich deren Gradiente nicht an das Relief des Meeresgrundes anpassen lässt.

- In Gewässern mit relativ geringer Tiefe und ebenem Grund werden vorzugsweise Absenktunnel geplant. Diese Bauform verursacht pro Mengeneinheit geringere Kosten als Unterwassertunnel in geschlossener Bauweise.
- Die Untertunnelung tiefer Täler und großer Senken würde eine große Überdeckung mit der Folge erhöhter Tunnelbaukosten und einer ungünstigen Trassierung der Gradiente bewirken. Zur Reduzierung der Baukosten werden diese Abschnitte ausnahmsweise mit Brücken überspannt. Brücken über Meeresengen und größere Binnengewässer werden nicht vorgesehen.

5.1.2 Investitionskosten nach Bauformen

Investitionskosten für Landtunnel in geschlossener Bauweise
Die Investitionskosten für Landtunnel in geschlossener Bauweise werden näherungsweise durch Formel 5.1 beschrieben – unter Berücksichtigung der in Abschn. 2.5 definierten Abhängigkeiten zwischen Systemelementen in ihrer Dimensionierung.

$$INV_{TLG} = 0{,}0045 \, i \, (\, \Sigma \, D + 20 \,) \, (\, \ddot{U} + 100 \,) \, L$$

INV_{TLG}	Investitionskosten in Mio. EUR für Landtunnel in geschlossener Bauweise
L	Länge des Tunnels in km
$\Sigma \, D$	Summe der Innendurchmesser aller Vakuumröhren im Tunnel in m
$\ddot{U}$	Mittlere Überdeckung des Tunnels in m
i	Koeffizient Kostensenkung durch Skaleneffekte und Innovationen mit $i = 0{,}7$

Formel 5.1 Investitionskosten für Landtunnel in geschlossener Bauweise

Vergleich mit Gotthard-Basistunnel (Schweiz)
Die Realisierung des 57 km langen Gotthard-Basistunnels mit zwei
Fahrtunnelröhren von je 9,4 m Durchmesser sowie einem Technik- und
Fluchttunnel hat bei einer mittleren Überdeckung von rund 1.200 m rund 11,5
Mrd. EUR umgerechnet auf das Referenzjahr 2017 gekostet [59]. Gemäß Formel
5.1 müssten die Investitionskosten dieses Tunnels 11,9 Mrd. EUR betragen.

Vergleich mit Eisenbahnschnellstrecke Nürnberg – Erfurt (Deutschland)
Die Realisierung der insgesamt 41 km langen Tunnel auf der Eisenbahnschnellstrecke
Nürnberg – Erfurt mit je einer Tunnelröhre bei einem Tunneldurchmesser von je 9,0
m Durchmesser und einer mittleren Überdeckung von ca. 100 m hat ca. 1,2 Mrd.
EUR umgerechnet auf das Referenzjahr 2017 gekostet [60, 61]. Nach Formel 5.1
müssten die Investitionskosten dieser Tunnel über 1,0 Mrd. EUR betragen.

Vergleich mit Kaiser-Wilhelm-Tunnel (Deutschland)
Die Erneuerung des ca. 4.200 m langen Kaiser-Wilhelm-Bahntunnels beinhaltete
den Neubau einer Tunnelröhre und die Sanierung der vorhandenen Tunnelröhre.
Bei einem Querschnitt von ca. 50 m^2 pro Tunnelröhre und einer mittleren Über-
deckung von 230 m verursachte die Tunnelbaumaßnahme Kosten von ca. 220 Mio.
EUR umgerechnet auf das Referenzjahr 2017 [62]. Nach Formel 5.1 müssten die
Investitionskosten rund 210 Mio. EUR betragen.

Unter allen Bauformen weisen Landtunnel in geschlossener Bauweise wegen ihres hohen
Längenanteils das größte Kostensenkungspotenzial auf. Mit Blick auf die zeitliche
Umsetzung der Tunnelbaumaßnahmen für das Hyperschallbahn-Netz wird angenommen,
dass in Entwicklung befindliche grundlegende Innovationen im Tunnelbau zumindest partiell
für den Bau des Hyperschallbahn-Netzes wirksam werden. Diese Einschätzung schlägt sich
im Koeffizienten der Kostensenkung durch Skaleneffekte und Innovationen nieder.

Im Ergebnis der Grobtrassierung beträgt die Länge der Landtunnel in geschlossener
Bauweise 23.671 km nach Vollausbau des Europanetzes der Hyperschallbahn.

- Anteilig gehen 21.209 km Tunnellänge nach Teilausbau des Netzes im Jahr 2060 in
  Betrieb. Die restlichen 2.462 km folgen nach Vollausbau des Netzes im Jahr 2085.
- Von der Länge aller Landtunnel in geschlossener Bauweise entfallen 9.722 km auf
  Tunnelabschnitte mit baulicher Bündelung von 2 bis maximal 8 Linien.

Die mittlere Überdeckung der Landtunnel in geschlossener Bauweise beträgt ca. 140 m.
Darunter verursacht die Unterquerung der Hochgebirge in größeren Abschnitten eine

Überdeckung von mehr als 1.000 m. Bei der Unterquerung der Alpen im Abschnitt Mailand-Zürich wird vereinzelt die Tunnelüberdeckung von 2.000 m überschritten.

Nach Formel 5.1 entstehen für Landtunnel in geschlossener Bauweise im vollausgebauten europäischen Hyperschallbahn-Netz Investitionskosten von 1.184 Mrd. EUR bei durchschnittlich 50 Mio. EUR pro km Tunnellänge. Die Kostenspanne reicht von 17 Mio. EUR pro km in flachem Gelände ohne Linienbündelung bis 265 Mio. EUR pro km unter Hochgebirgen mit starker Linienbündelung.

Investitionskosten für Landtunnel in offener Bauweise
Für die offene Bauweise wird eine Tunnelüberdeckung von maximal 10 m angenommen. Aus dieser Prämisse resultiert Formel 5.2 nach Umformung der Formel 5.1.

Die Grobtrassierung der Linien führt zu einer Länge der Landtunnel in offener Bauweise von 5.252 km nach Vollausbau des europäischen Hyperschallbahn-Netzes.

- Davon gehen 4.802 km Tunnellänge nach Teilausbau des Netzes im Jahr 2060 in Betrieb. Die restlichen 450 km folgen nach Vollausbau des Netzes im Jahr 2085.
- Von der Länge aller Landtunnel in offener Bauweise entfallen 1.973 km auf Tunnelabschnitte mit baulicher Bündelung von 2 bis maximal 8 Linien.

Resultierend entstehen für Landtunnel in offener Bauweise im vollausgebauten Netz Investitionskosten von 124 Mrd. EUR bei durchschnittlich 24 Mio. EUR pro km Tunnellänge mit einer Spanne zwischen 14 Mio. EUR pro km ohne Linienbündelung und über 86 Mio. EUR pro km bei starker Linienbündelung.

Investitionskosten für Unterwassertunnel in geschlossener Bauweise
Im Rahmen der Modellbetrachtung wird angenommen, dass die Investitionskosten von Unterwassertunneln in geschlossener Bauweise vergleichbaren Tunneln unter Hochgebirgen mit einer extremen Überdeckung von 2.000 m entsprechen. Unter dieser Prämisse gilt Formel 5.3 nach Umformung der Formel 5.1. Für den unrealistischen Fall der Unterquerung von europäischen Gewässern mit einer Meerestiefe von über 2.000 m kommt weiterhin das Kostenmodell für Landtunnel in geschlossener Bauweise nach Formel 5.1 zur Anwendung.

$$INV_{TLO} = 0,5\ i\ (\ \Sigma\ D + 20\ )\ L$$

INV_{TLO}	Investitionskosten in Mio. EUR für Landtunnel in offener Bauweise
L	Länge des Tunnels in km
$\Sigma\ D$	Summe der Innendurchmesser aller Vakuumröhren im Tunnel in m
i	Koeffizient Kostensenkung durch Skaleneffekte und Innovationen mit i = 0,8

Formel 5.2 Investitionskosten für Landtunnel in offener Bauweise

$$INV_{TWG} = 10\ i\ (\ \Sigma\ D + 20\ )\ L$$

INV_{TWG}	Investitionskosten in Mio. EUR für Unterwassertunnel in geschlossener Bauweise
L	Länge des Tunnels in km
$\Sigma\ D$	Summe der Innendurchmesser aller Vakuumröhren im Tunnel in m
i	Koeffizient Kostensenkung durch Skaleneffekte und Innovationen mit i = 0,9

Formel 5.3 Investitionskosten für Unterwassertunnel in geschlossener Bauweise

Vergleich mit Eurotunnel (Großbritannien – Frankreich)
Die Realisierung des Eurotunnels unter dem Ärmelkanal mit einer Länge von 37 km unter Wasser und 13 km an Land sowie mit zwei Fahrtunnelröhren von je 7,6 m Durchmesser und einer Serviceröhre hat rund 15 Mrd. EUR umgerechnet auf das Referenzjahr 2017 gekostet [63]. Nach Formel 5.3 müssten die Investitionskosten für den Unterwasseranteil 12,1 Mrd. EUR betragen.

Vergleich mit Seikan-Tunnel (Japan)
Die Realisierung des 54 km langen Seikan-Tunnels in Japan mit einem Unterwasseranteil von 23 km und mit einer 9,7 m breiten Tunnelröhre hat ca. 11 Mrd. EUR umgerechnet auf das Referenzjahr 2017 gekostet [64]. Nach Formel 5.3 müssten die Investitionskosten für den Unterwasseranteil 6,5 Mrd. EUR betragen.

Das vollausgebaute Europanetz erfordert im Ergebnis der Grobtrassierung den Bau von Unterwassertunneln in geschlossener Bauweise auf einer Länge von 363 km, darunter 180 km zur Anbindung der Britischen Inseln und 95 km zur Anbindung von Finnland.

- Anteilig gehen 343 km Tunnellänge nach Teilausbau des Netzes im Jahr 2060 in Betrieb. Die restlichen 20 km folgen nach Vollausbau des Netzes im Jahr 2085.
- Von der Gesamtlänge der Unterwassertunnel in geschlossener Bauweise entfallen 205 km auf Tunnelabschnitte mit baulicher Bündelung von 2 bis maximal 5 Linien.

Im vollausgebauten Europanetz der Hyperschallbahn entstehen für Unterwassertunnel in geschlossener Bauweise Investitionskosten von 251 Mrd. EUR bei durchschnittlich 691 Mio. EUR pro km Tunnellänge. Die Kostenspanne reicht von 326 Mio. EUR pro km ohne Linienbündelung bis 1.514 Mio. EUR pro km bei starker Linienbündelung.

Investitionskosten für Unterwasser-Absenktunnel
Für Unterwasser-Absenktunnel wird mit Formel 5.4 ein Kostenmodell verwendet, das sich von Formel 5.3 für Unterwassertunnel in geschlossener Bauweise durch geringere Kosten pro Längeneinheit unterscheidet.

$$\text{INV}_{\text{TWA}} = 8 \, i \, (\, \Sigma \, D + 20 \,) \, L$$

INV_{TWA}	Investitionskosten in Mio. EUR für Unterwasser-Absenktunnel
L	Länge des Tunnels in km
$\Sigma \, D$	Summe der Innendurchmesser aller Vakuumröhren im Tunnel in m
i	Koeffizient Kostensenkung durch Skaleneffekte und Innovationen mit i = 0,9

Formel 5.4 Investitionskosten für Unterwasser-Absenktunnel

Vergleich mit Fehmarnbelt-Tunnel (Deutschland – Dänemark)
Für die Fehmarnbelt-Querung ist ein 19 km langer Tunnel im Bau, davon 18 km als Unterwasser-Absenktunnel. Geplant sind je zwei Tunnelfahrbahnen für den Straßen- und Schienenverkehr sowie eine Rettungsröhre auf einer Breite von zusammen 34 m. Die vorgesehenen Investitionskosten betragen rund 7,3 Mio. EUR [65]. Nach Formel 5.4 müssten die Investitionskosten für den Unterwasser-Anteil 7,0 Mrd. EUR umfassen.

Die Grobtrassierung der Linien führt zu einer Länge der Unterwasser-Absenktunnel von 421 km nach Vollausbau des europäischen Hyperschallbahn-Netzes. Darunter werden Dänemark und Schweden mit 142 km, Finnland mit 122 km und die Britischen Inseln mit 82 km an das Festlandsnetz angebunden.

- Anteilig gehen 394 km Tunnellänge nach Teilausbau des Netzes im Jahr 2060 in Betrieb. Die restlichen 27 km folgen nach Vollausbau des Netzes im Jahr 2085.
- Von der Gesamtlänge der Absenktunnel entfallen 182 km auf Tunnelabschnitte mit baulicher Bündelung von 2 bis maximal 5 Linien.

Resultierend entstehen für Unterwasser-Absenktunnel im vollausgebauten Europanetz Investitionskosten von 166 Mrd. EUR bei durchschnittlich 394 Mio. EUR pro km Tunnellänge mit einer Spanne zwischen 261 Mio. EUR pro km ohne Linienbündelung und 1.211 Mio. EUR pro km bei starker Linienbündelung.

Investitionskosten für Brücken
Zur Reduzierung der Baukosten werden tiefe Täler und große Senken je nach topographischer Situation ausnahmsweise mit Brücken überspannt. Die Investitionskosten für Brücken können näherungsweise mit Formel 5.5 abgebildet werden.

Vergleich mit Viadukt von Millau (Frankreich)
Der Autobahn-Viadukt mit einer Länge von 2.460 m und einer Fahrbahnbreite von 32 m überspannt ein Flusstal in einer Höhe von maximal 270 m. Umgerechnet auf das Referenzjahr 2017 beliefen sich die Investitionskosten für dieses Bauwerk auf

rund 480 Mio. EUR [66]. Nach Formel 5.5 müssten die Investitionskosten für den Viadukt ca. 460 Mio. EUR betragen.

Vergleich mit Saale-Elster-Talbrücke (Deutschland)
Die 14 m breite Brücke ist Teil einer Eisenbahn-Schnellstrecke und erstreckt sich auf einer Länge von ca. 8.600 m und in einer Höhe von 21 m über eine Fluss-Auenlandschaft mit Naturschutzgebieten. Umgerechnet auf das Referenzjahr 2017 erreichten die Investitionskosten rund 230 Mio. EUR [60, 66]. Nach Formel 5.5 müssten die Kosten für die Talbrücke rund 270 Mio. EUR betragen.

Resultierend aus der Grobtrassierung beträgt die Brückenlänge 2.213 km nach Vollausbau des europäischen Hyperschallbahn-Netzes.

- Anteilig gehen 2.093 km Brückenlänge nach Teilausbau des Netzes im Jahr 2060 in Betrieb. Die restlichen 120 km folgen nach Vollausbau des Netzes im Jahr 2085.
- Von der Länge aller Brücken entfallen 795 km auf Abschnitte mit baulicher Bündelung von 2 bis maximal 8 Linien.

Die mittlere Brückenhöhe beträgt ca. 40 m. Die Querung von Hochgebirgen verursacht teilweise Brückenhöhen von mehr als 100 m. Bei der Alpenquerung im Abschnitt Mailand – Zürich wird vereinzelt eine Brückenhöhe von 300 m erreicht. Nach Formel 5.5 entstehen für Brücken im vollausgebauten Europanetz Investitionskosten von 111 Mrd. EUR.

Die Investitionskosten pro km Brückenlänge betragen im Mittel 51 Mio. EUR und entsprechen damit annähernd den durchschnittlichen Baukosten pro km Landtunnel in geschlossener Bauweise. Je nach Örtlichkeit und in Abhängigkeit von der Linien-bündelung im Bereich der Brückenbauwerke liegen die Investitionskosten pro km Brückenlänge zwischen 30 und 165 Mio. EUR pro km.

$$INV_{BR} = 0,008 \; i \; (\; \Sigma D + 40 \;)(\; H + 50 \;) L$$

INV_{BR}	Investitionskosten in Mio. EUR für Brücken
L	Länge der Brücke in km
ΣD	Summe der Innendurchmesser aller Vakuumröhren über die Brücke in m
H	Mittlere Brückenhöhe in m
i	Koeffizient Kostensenkung durch Skaleneffekte und Innovationen mit i = 0,9

Formel 5.5 Investitionskosten für Brücken

5.1.3   Kosten der Fahrweginstandhaltung

Ein maßgebendes Kriterium zur Bestimmung der Instandhaltungskosten ist die Intensität der Instandhaltung als Verhältnis der Summe der Instandhaltungsaufwendungen während der gesamten Nutzungsdauer einer Anlage zum Investitionswert dieser Anlage. Formel 5.6 bestimmt die Instandhaltungskosten in Abhängigkeit von der Instandhaltungsintensität und setzt dabei vereinfachend jährlich gleiche Instandhaltungsraten im gesamten Zeitraum der Anlagennutzung voraus.

Für Landbauwerke im Hyperschallbahn-Netz wird ein Koeffizient der Instandhaltungsintensität von 0,10 angenommen. Für Unterwassertunnel wird der Koeffizient aufgrund erschwerter hydrologischer Verhältnisse auf 0,15 angehoben.

Vergleich mit Kosten für Tunnel im Netz der Deutschen Bahn

Bei der Deutschen Bahn wurden in den vergangenen Jahren im Durchschnitt 105 Mio. EUR pro Jahr in die Erneuerung der Tunnel investiert. Die Kosten der Tunnelinstandhaltung betragen im Durchschnitt 16 Mio. EUR pro Jahr. Bahntunnel erreichen eine Nutzungsdauer in einer Größenordnung von 150 Jahren [67]. Das Verhältnis der Kosten deutet auf eine Instandhaltungsintensität bei Tunneln von 15 % bei einer Nutzungsdauer von 150 Jahren bzw. von 10 % bei einem kürzeren Nutzungszeitraum von 100 Jahren hin (Koeffizient 0,10).

Vergleich mit Kosten für Brücken im Netz der Deutschen Bahn

Die Investitionen in die Brückenerneuerung belaufen sich auf durchschnittlich 920 Mio. EUR pro Jahr. Die mittleren jährlichen Kosten der Brückeninstandhaltung betragen rund 120 Mio. EUR. Bahnbrücken erreichen in der Regel eine Nutzungsdauer von rund 120 Jahren [67]. Das Verhältnis der Kosten entspricht einer Instandhaltungsintensität bei Brücken von 13 % bei einer Nutzungsdauer von 120 Jahren bzw. von 11 % bei einem kürzeren Nutzungszeitraum von 100 Jahren (Koeffizient 0,11).

$$INST = i_{INST} \; INV / t_{ND}$$

INST	Jährliche Kosten der Fahrweginstandhaltung
INV	Fahrweginvestitionen
i_{INST}	Koeffizient der Instandhaltungsintensität, bauformbezogen
t_{ND}	Nutzungsdauer des Fahrwegs mit t_{ND} = 100 Jahre

Formel 5.6   Kosten der Fahrweginstandhaltung

Auf der Grundlage der ermittelten Investitionskosten entstehen nach Formel 5.6 für den Fahrweg des Europanetzes in Summe aller Bauformen jährliche Instandhaltungskosten von 1,86 Mrd. EUR nach Teilinbetriebnahme im Jahr 2060 und 2,04 Mrd. EUR nach Vollausbau im Jahr 2085. Die Instandhaltungskosten summieren sich im Betrachtungszeitraum bis zum Jahr 2160 auf 202 Mrd. EUR.

5.1.4 Summe der Fahrwegkosten

Die Fahrwegkosten können in allen Bauformen durch Bündelung von Linien reduziert werden, ohne dass Einschränkungen im Verkehrsangebot entstehen. Dieser Effekt wird in den Grundsätzen der Trassierung berücksichtigt (vgl. Abschn. 2.7) und ist auch in den Formeln 5.1 bis 5.5 verankert. Die kostenorientierte Trassierung führt im Europanetz dazu, dass Tunnel und Brücken im Durchschnitt 4,7 Vakuumröhren aufnehmen. Abb. 5.2 zeigt die Kostenwirkung der Linienbündelung am Beispiel eines Landtunnels in geschlossener Bauweise.

Gerechnet über den gesamten Betrachtungszeitraum bis zum Jahr 2160 summieren sich die Fahrwegkosten aller Bauformen unter Berücksichtigung der Bündelungseffekte auf 2.038 Mrd. EUR. Entsprechend Abb. 5.3 entfallen annähernd 70 % dieser Kosten auf Investitionen in Landbauwerke, die von Tunnel in geschlossener Bauweise dominiert werden. Investitionen in Unterwassertunnel haben einen Anteil von über 20 % an den Fahrwegkosten. Die restlichen 10 % sind für die Instandhaltung des Fahrwegs in allen Bauformen erforderlich.

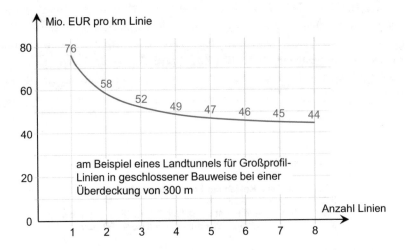

Abb. 5.2 Spezifische Fahrwegkosten in Abhängigkeit von der Linienbündelung

Investitionen Landtunnel
in geschlossener Bauweise

1.184

124 Investitionen Landtunnel
in offener Bauweise

111
202   166   251

Investitionen
Brücken

Investitionen Unterwassertunnel
in geschlossener Bauweise

Instandhaltung   Investitionen
Fahrweg gesamt   Unterwassertunnel-
                    Absenktunnel

Abb. 5.3   Bestandteile der Fahrwegkosten in Summe bis zum Jahr 2160 (Mrd. EUR)

5.2   Kosten der Atlantiktunnel

Der Atlantik weist in der Nähe der Kontinente Schelfsockel mit geringer Meerestiefe und relativ ebenem Meeresgrund auf. Die Schelfsockel haben eine Breite von bis zu mehreren hundert Kilometern. In diesen Meeresbereichen kommen je nach Relief des Meeresgrundes Tunnel in geschlossener Bauweise unter dem Meeresgrund bzw. Absenktunnel entsprechend Abschn. 5.1 zur Anwendung. Weiter abseits der Kontinente beginnt der Tiefseebereich des Atlantiks mit einer mittleren Meerestiefe von mehreren tausend Kilometern. Hier können Tunnel in den bekannten Bauweisen aufgrund des technischen Schwierigkeitsgrades nicht oder nur mit sehr hohem Kostenaufwand realisiert werden. Alternativ wird für den Tiefseebereich die Anwendung von Schwebetunneln mit Verankerung am Meeresgrund unterstellt.

5.2.1   Gestaltungsgrundsätze für Schwebetunnel

Bisher existieren in der Praxis noch keine Schwebetunnel. Norwegen plant die Realisierung einer Schnellstraße entlang der Westküste unter Einsatz von Schwebetunneln zur Durchquerung von Fjorden. Auch in weiteren Staaten laufen Untersuchungen zur Entwicklung von Schwebetunneln, darunter in Italien, Japan, China und Indonesien. In Orientierung an diesen Aktivitäten werden nachfolgende Gestaltungsgrundsätze für Schwebetunnel unter den Bedingungen einer Hyperschallbahn formuliert:

- Die Bestimmung der Schwebetiefe unterhalb der Meeresoberfläche soll besonders die Vermeidung der Behinderung des Schiffsverkehrs, die Minimierung der Einwirkung hydrodynamischer Kräfte an der Meeresoberfläche und die Begrenzung des mit zunehmender Tiefe steigenden Wasserdrucks berücksichtigen.
- Die Schwebetiefe muss auch eventuelle Rettungsaktionen im Blick haben. Für den Fall von Rettungsaktionen auf der Meeresoberfläche muss die Schwebetiefe begrenzt werden. Vorliegende Studien schlagen unter Berücksichtigung aller Einflussfaktoren Schwebetiefen in einer Spanne von 100 bis 300 m Tiefe vor.
- Ein Schwebetunnel wird analog den in Abschn. 5.1 beschriebenen Tunnelbauformen als Röhre gestaltet und nimmt zwei oder mehr Vakuumröhren auf, die innerhalb der Schwebetunnelröhre mit dieser befestigt sind. Die Vakuumröhren selbst sind nicht Bestandteil der Schwebetunnel, sondern werden dem Vakuumsystem zugeordnet (vgl. Abschn. 5.3).
- Der Raum zwischen der Schwebetunnelröhre und den Vakuumröhren beherbergt Service- und Rettungstechnik und ist zur Durchführung von Wartungsarbeiten und Rettungsmaßnahmen mit atmosphärischem Luftdruck ausgefüllt (vgl. Abschn. 2.1).
- Die Schwebetunnel sind mit Tragseilen am Meeresgrund zum Halten in horizontaler und vertikaler Richtung befestigt. Die alternative Möglichkeit der Auflagerung der Schwebetunnel auf Brücken oder Säulen mit Fundament auf dem Meeresgrund wird aus Kostengründen ausgeschlossen.
- Gegebenenfalls werden die Schwebetunnel zusätzlich mit Pontons an der Meeresoberfläche verbunden. Die Verankerung am Meeresboden im Verbund mit den Pontons ermöglicht die Korrektur der Auftriebskräfte zur Einhaltung der vertikalen Ausrichtung der Schwebetunnel.
- Entsprechend Abschn. 2.6 werden in regelmäßigen Abständen Servicepunkte entlang der Atlantiktunnel zur Herstellung und Regulierung des Vakuums, für Inspektionen und Instandsetzungen sowie für die Rettung von Passagieren in Notfällen unter Nutzung der Pontons eingerichtet.
- Die Ermittlung der Tunnellänge und weiterer kostenrelevanter bautechnischer Parameter erfolgt auf der Grundlage der definierten anteiligen Zuordnung interkontinentaler Linien zum Europanetz (vgl. Abschn. 3.2).

5.2.2 Kostenmodell für Schwebetunnel

Modellprämissen für die Kostenermittlung

Die Ermittlung der Kosten von Schwebetunneln ist bisher noch mit großen Unwägbarkeiten verbunden. In dieser Situation ist ein Kostenmodell erforderlich, das wesentliche Bauwerksparameter integriert, in ihrer Kostenwirkung abbildet sowie miteinander verknüpft, und das plausibel ist im Vergleich mit Kostenformeln für näher bekannte Bauformen. Das Kostenmodell muss folgende Prämissen berücksichtigen:

- Vereinfachend entwickeln sich die Kosten proportional zur Bauwerkslänge. Aufgrund allgemein großen Bauwerkslängen von Schwebetunneln im Hyperschallbahn-Netz werden keine längenbezogenen Kostendegressionen eingerechnet.
- Die Kosten steigen linear mit der Meerestiefe im Zusammenhang mit dem wachsenden Umfang der Verankerung der Tunnelröhre. Zusätzlich wird ein Fixkostenanteil für die schwebende Tunnelröhre eingerechnet, der jedoch wesentlich geringer ist als die dominierenden Verankerungskosten.
- Die Ausbalancierung der Auftriebskräfte erfordert Mehraufwendungen in Bezug auf die Konstruktion und den Materialeinsatz für Schwebetunnel sowie den Einsatz von Pontons, die durch einen speziellen Koeffizienten berücksichtigt werden.
- Die Kosten entwickeln sich linear zur Summe der Durchmesser der durch den Schwebetunnel verlaufenden Vakuumröhren. Flankierend wird ein Fixkostenanteil eingerechnet. Im Resultat steigen die Bauwerkskosten degressiv zur Summe der Röhrendurchmesser.
- Schwebetunnel verursachen bei vergleichbarer Längeneinheit und Anzahl von Vakuumröhren größere Baukosten als Unterwassertunnel in Schelfzonen, jedoch geringere Baukosten als Tunnel in geschlossener Bauweise unterhalb der Tiefsee.
- Die Kosten bestehen in Übereinstimmung mit den Fahrwegkosten in Abschn. 5.1 aus den einmaligen Investitionskosten und den proportionalen jährlichen Kosten der Instandhaltung. Skaleneffekte bzw. künftige neue Bautechnologien werden durch einen speziellen kostenreduzierenden Koeffizienten berücksichtigt.

Kostenmodell für Investitionen und Instandhaltung
Auf der Basis der Gestaltungsgrundsätze und Modellprämissen werden die Investitionskosten für Schwebetunnel vereinfachend mit Formel 5.7 dargestellt:

Vergleich mit geplanter Durchquerung eines Fjordes (Norwegen)
Im Südwesten von Norwegen ist die Durchquerung eines 155 m tiefen Fjordes in der Nähe von Stavanger mit einem Unterwasser-Schwebetunnel in Diskussion. Der Bau des 1.400 m langen Schwebetunnels mit zwei Straßenröhren im Gesamtdurchmesser von ca. 20 m soll rund 115 Mio. EUR umgerechnet auf das Referenzjahr 2017 kosten [68]. Nach Formel 5.7 müsste der Bau dieses Tunnels ca. 110 Mio. EUR kosten.

Baukostenvergleich mit Unterwassertunneln in Schelfzonen
Eine Modellprämisse unterstellt, dass Schwebetunnel bei vergleichbarer Längeneinheit und Anzahl von Vakuumröhren größere Baukosten verursachen als Unterwassertunnel in Schelfzonen. Diese Prämisse trifft nach Umformung und Verknüpfung der Formeln Abb. 5.3, 5.4 und 5.7 bei einer Meerestiefe von mehr als

2.800 m im Tiefseebereich zu. Zum Vergleich beträgt die mittlere Meerestiefe über die Gesamtdistanz der Schwebetunnel Europa – Nordamerika und Afrika – Südamerika rund 3.600 m.

Baukostenvergleich mit Tunneln in geschlossener Bauweise unterhalb der Tiefsee
Eine weitere Modellprämisse bestimmt, dass Schwebetunnel bei vergleichbarer Längeneinheit und Anzahl von Vakuumröhren geringere Baukosten verursachen als Tunnel in geschlossener Bauweise unterhalb der Tiefsee. Diese Prämisse trifft nach Umformung und Verknüpfung der Formeln 5.1 und 5.7 ab einer Meerestiefe von rund 900 im Tiefseebereich zu. Bei einer mittleren Meerestiefe von 3.600 m sind die Schwebetunnel um 18 % kostengünstiger als Tunnel in geschlossener Bauweise unter der Tiefsee.

Wie für die Streckeninfrastruktur entsprechend Abschn. 5.1 wird auch für Schwebetunnel eine Nutzungsdauer von 100 Jahren bis zu ihrer Erneuerung unterstellt. Aus diesem Grund müssen die Schwebetunnel bereits mit ihrer Inbetriebnahme im Jahr 2085 ausreichend genug dimensioniert sein, sodass während der Betriebsphase keine Vergrößerungen bzw. Aufweitungen der Tunnel erforderlich werden und dass zum Ende des Betrachtungshorizonts im Jahr 2160 noch bauwerkstechnische Kapazitätsreserven vorhanden sind.

Die Kosten der jährlichen Instandhaltung der Schwebetunnel werden in Analogie zur Streckeninfrastruktur in Abschn. 5.1 näherungsweise nach Formel 5.8 berechnet:

Durch das umgebende Wasser entstehen schwierige Verhältnisse für die Instandhaltung der Schwebetunnel. Eine weitere Besonderheit ist die laufende Kontrolle und Regulierung der festgelegten räumlichen Linienführung und der Auftriebskräfte der Schwebetunnel. Aufgrund dieser Anforderungen wird der Koeffizient der Instandhaltungsintensität für Schwebetunnel mit 0,30 weit höher angenommen als für die Streckeninfrastruktur in Abschn. 5.1.

$$INV_{SWT} = 0{,}002 \, i \, k_A \, (\, \Sigma D + 20 \,) \, (\, T + 600 \,) \, L$$

INV_{SWT}	Investitionskosten in Mio. EUR für Schwebetunnel
L	Länge des Tunnels in km
ΣD	Summe der Innendurchmesser aller Vakuumröhren im Tunnel in m
T	Mittlere Meerestiefe im Tunnelbereich in m
i	Koeffizient Kostensenkung durch Skaleneffekte und Innovationen mit i = 0,9
k_A	Mehraufwand für Ausbalancierung der Auftriebskräfte mit k_A = 1,3

Formel 5.7 Investitionskosten für Schwebetunnel in Tiefseebereichen

$$INST_{SWT} = m\ INV_{SWT}\ /\ t_{DN}$$

INST$_{SWT}$ Jährliche Kosten der Instandhaltung von Schwebetunneln
INV$_{SWT}$ Investitionskosten der Schwebetunnel
t_{ND} Nutzungsdauer der Schwebetunnel mit t_{ND} = 100 Jahre
m Koeffizient der Instandhaltungsintensität mit m = 0,30

Formel 5.8 Kosten der Instandhaltung von Schwebetunneln in Tiefseebereichen

5.2.3   Atlantiktunnel Nordamerika – Europa

Abb. 5.4 veranschaulicht den Verlauf des Atlantiktunnels Nordamerika – Europa mit den Linien W1 und W2. Die Querung umfasst 3.040 km zwischen der Ostküste von Neufundland (Kanada) und der Westküste von Irland [58]. Davon entfallen 1.520 km ab Mitte Atlantik auf das europäische Hyperschallbahn-Netz. Der Atlantiktunnel nimmt von den Linien W1 und W2 insgesamt sechs Vakuumröhren mit einem Durchmesser von je 11,1 m auf (vgl. Abschn. 3.2).

Vor den Küsten beider Kontinente befinden sich ausgedehnte Schelfzonen. Mit dem Ziel der Kostenreduzierung wird der Atlantiktunnel entsprechend Abb. 5.4 unter Minimierung des Tiefseeanteils und Maximierung des Schelfanteils abweichend von der Luftlinie New York City – London trassiert. In der Folge ist der Atlantiktunnel um ca. 1 % länger als bei Trassierung entlang der Luftlinie [58].

Die Verlängerung des Atlantiktunnels gegenüber einem Verlauf entlang der Luftlinie wirkt in Bezug auf das Vakuumsystem und die Magnetschwebetechnik (vgl. Abschn. 2.6 und 5.3) kostensteigernd. Dem steht jedoch eine größere Senkung der Instandhaltungskosten für den Atlantiktunnel aufgrund der Längenminimierung des Tiefseeanteils zugunsten des Schelfanteils gegenüber.

Aus dem Tiefenprofil [69] entsprechend Abb. 5.5 und nach den beschriebenen Modellen können die Kosten des 1.520 km langen Atlantiktunnels Nordamerika – Europa in den Grenzen des europäischen Hyperschallbahn-Netzes bestimmt werden.

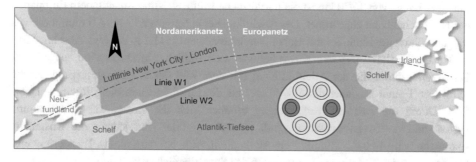

Abb. 5.4 Verlauf des Atlantiktunnels Nordamerika – Europa

Abb. 5.5 Meerestiefen im Verlauf der Linien W1 und W2 im Europanetz

- Der anteilige Schwebetunnel weist eine Länge von 1.290 km auf und befindet sich in einem Tiefseeabschnitt mit einer mittleren Meerestiefe von rund 2.900 m. Gemäß Formel 5.7 betragen die Investitionskosten für den Schwebetunnel 915 Mrd. EUR bei rund 710 Mio. EUR pro km Tunnellänge.
- Der Schelfgürtel vor Irland wird auf einer Länge von 230 km bei einer Meerestiefe von durchschnittlich 230 m und maximal 340 m durchquert. In einem Teilbereich von 125 km kommen aufgrund des gleichmäßigen Meeresgrundes Absenktunnel zur Anwendung. Nach Formel 5.4 entstehen dafür Investitionskosten von 78 Mrd. EUR.
- Im verbleibenden Schelfbereich werden Tunnel in geschlossener Bauweise unter dem Meeresgrund auf einer Länge von 105 km Länge eingebaut. Dafür sind entsprechend Formel 5.3 Investitionen im Umfang von 82 Mrd. EUR notwendig.
- Für die Instandhaltung des Atlantiktunnels werden auf Basis der Formeln 5.6 und 5.8 jährlich 3,0 Mrd. EUR benötigt, davon über 2,7 Mrd. EUR pro Jahr für den Schwebetunnel. Die Instandhaltungskosten summieren sich im Betrachtungszeitraum bis zum Jahr 2160 auf 227 Mrd. EUR.

5.2.4 Atlantiktunnel Südamerika – Afrika

Von der Atlantikquerung der Linie W4 zwischen Recife (Brasilien) und Dakar (Senegal) mit einer Länge von 3.370 km ist die nordöstliche Hälfte ab Mitte Atlantik dem Europanetz der Hyperschallbahn zugeordnet. Der Atlantiktunnel entsprechend Abb. 5.6 nimmt die vier Vakuumröhren der Linie W4 mit einem Durchmesser von je 11,1 m auf (vgl. Abschn. 3.2).

Vor der westafrikanischen Küste befindet sich südlich von Dakar eine ausgedehnte Schelfzone, durch die der Atlantiktunnel mit dem Ziel der Kostenreduzierung geführt wird. Der Tunnel ist daher ca. 6 % länger als die Luftlinienentfernung Recife – Dakar [58]. Durch die Bauwerksverlängerung erhöhen sich die Kosten für das Vakuumsystem und die Magnetschwebetechnik. Deutlich größer sind jedoch die Kosteneinsparungen beim Bau des Atlantiktunnels, da die in Abb. 5.6 dargestellte Trassierung eine Minimierung des Tiefseeanteils zugunsten des Schelfbereichs ermöglicht.

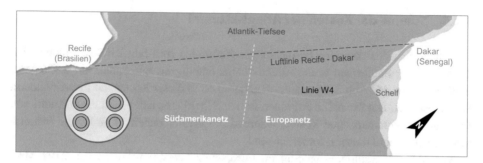

Abb. 5.6 Verlauf des Atlantiktunnels Südamerika – Afrika

Das resultierende Tiefenprofil [69] in Abb. 5.7 und die beschriebenen Kostenmodelle ermöglichen die Ermittlung der Kosten des 1.685 km langen Atlantiktunnels Südamerika – Afrika in den Grenzen des europäischen Hyperschallbahn-Netzes.

- Der anteilige Schwebetunnel weist eine Länge von 1.205 km auf und befindet sich in einem Tiefseeabschnitt mit einer mittleren Meerestiefe von rund 3.800 m. Aus Formel 5.7 resultieren für den Schwebetunnel Investitionskosten von 796 Mrd. EUR bei 660 Mio. EUR pro km Tunnellänge.
- Der Schelfgürtel vor Westafrika wird auf einer Länge von 480 km bei einer Meerestiefe von durchschnittlich 70 m und maximal 240 m durchquert. In einem Teilbereich von 400 km kommen aufgrund des gleichmäßigen Meeresgrundes Absenktunnel zur Anwendung. Nach Formel 5.4 entstehen dafür Investitionskosten von 185 Mrd. EUR.
- Im verbleibenden Schelfbereich werden Tunnel in geschlossener Bauweise unter dem Meeresgrund auf einer Länge von 80 km Länge eingebaut. Dafür sind entsprechend Formel 5.3 Investitionen im Umfang von 46 Mrd. EUR notwendig.
- Für die Instandhaltung des Atlantiktunnels werden auf Basis der Formeln 5.6 und 5.8 jährlich 2,7 Mrd. EUR benötigt, davon 2,4 Mrd. EUR pro Jahr für den Schwebetunnel. Die Instandhaltungskosten summieren sich im Betrachtungszeitraum bis zum Jahr 2160 auf 207 Mrd. EUR.

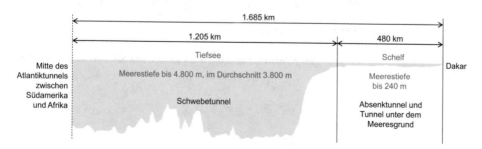

Abb. 5.7   Meerestiefen im Verlauf der Linie W4 im Europanetz

5.2.5   Summe der Kosten der Atlantiktunnel

Gerechnet über den gesamten Betrachtungszeitraum bis zum Jahr 2160 summieren sich die Kosten der Bauformen beider Atlantiktunnel anteilig im Europanetz auf 2.536 Mrd. EUR. Entsprechend Abb. 5.8 entfallen annähernd 68 % dieser Kosten auf Investitionen in Schwebetunnel. Die Tunnelinvestitionen in den Schelfbereichen haben einen Anteil von 15 % an den summarischen Kosten, während die verbleibenden 17 % für die Instandhaltung der Atlantiktunnel erforderlich sind.

Aus Abb. 5.8 resultieren anteilig im Europanetz Investitionskosten von 2102 Mrd. EUR für den Bau beider Atlantiktunnel. Die Länge der Atlantiktunnelanteile im Europanetz erreicht insgesamt 3.205 km. Damit entstehen Investitionskosten von 656 Mio. EUR pro km Atlantiktunnel (ohne Vakuum- und Magnetschwebetechnik). Zum Vergleich betragen die Investitionskosten für Landtunnel in geschlossener Bauweise durchschnittlich 50 Mio. EUR pro km (vgl. Abschn. 5.1).

Atlantiktunnel verursachen auf dieser Berechnungsgrundlage die 13-fachen Investitionskosten pro km Tunnellänge im Vergleich mit Landtunneln in geschlossener Bauweise. Dabei muss allerdings berücksichtigt werden, dass durch Atlantiktunnel im Durchschnitt 4,9 Vakuumröhren im Bündel verlaufen. Bei Landtunneln in geschlossener Bauweise erreicht dieser Wert nur 4,2.

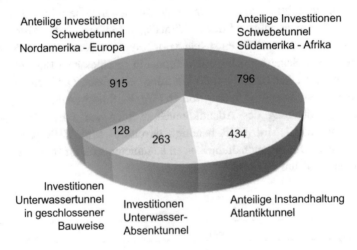

Abb. 5.8 Bestandteile der anteiligen Atlantiktunnel-Kosten im Europanetz bis zum Jahr 2160 (Mrd. EUR)

5.3   Kosten der Vakuum-Magnetschwebetechnik

Obwohl das Vakuumsystem und die Magnetschwebetechnik technisch zwei verschiedene Systemelemente sind (vgl. Abschn. 2.1), müssen deren Kosten im Verbund ermittelt werden. Der Grund dafür liegt in der im Abschn. 2.6 beschriebenen gegenseitigen energetischen Abhängigkeit mit folgender Kostenwirkung:

Je reiner das Vakuum ist, desto kostengünstiger wird die Magnetschwebetechnik und desto aufwendiger wird das Vakuumsystem. Umgekehrt kann das Vakuumsystem bei gröberem Vakuum kostengünstiger dimensioniert werden, während sich die Magnetschwebetechnik in diesem Fall verteuert. Nachfolgend werden die minimalen Gesamtkosten beider Systemelemente in Abhängigkeit von den Druckverhältnissen in den Vakuumröhren ermittelt.

5.3.1   Kosten der Vakuumröhren

Die Kosten für die Herstellung und den Einbau der Vakuumröhren werden vereinfachend mit Formel 5.9 beschrieben – basierend auf folgenden Modellprämissen und Abhängigkeiten:

- Die Kosten der Vakuumröhren sind proportional zur Länge der Hyperschallbahn-Linien. Auf die Modellierung einer längenabhängigen Kostendegression wird aufgrund der generell großen Linienlängen verzichtet.
- Die Kosten entwickeln sich linear zur Summe der Durchmesser der im Linienverlauf gebündelten Vakuumröhren. Zugleich führt die Verlegung von Röhren in Bündeln zu einer Kostenreduzierung pro Röhre.
- Die Investitionskosten sind abhängig von den Anforderungen an den täglich zulässigen Druckanstieg (vgl. Abschn. 2.6). Je geringer der zulässige Druckanstieg, desto höher die Investitionskosten.
- Skaleneffekte bzw. künftige neue Bautechnologien werden durch einen speziellen kostenreduzierenden Koeffizienten berücksichtigt.

$$INV_{VR} = 1{,}3 \; i \; \Sigma \; D \; (\; 1 + 0{,}5 \, / \, N \;) \; L \; p_{Delta}^{-0{,}3}$$

INV_{VR}	Investitionskosten für Herstellung und Verlegung von Vakuumröhren in Mio. EUR
i	Koeffizient Kostensenkung durch Skaleneffekte und Innovationen mit i = 0,8
Σ D	Summe der Innendurchmesser der im Bündel verlegten Vakuumröhren
N	Anzahl der im Bündel verlegten Vakuumröhren
L	Länge des Abschnitts in km
p_{Delta}	Täglicher Druckanstieg in mbar

Formel 5.9 Investitionskosten für Vakuumröhren

$$\text{INST}_{VR} = m \, \text{INV}_{VR} / t_{ND}$$

INST$_{VR}$ Jährliche Kosten der Instandhaltung der Vakuumröhren
INV$_{VR}$ Investitionskosten für Herstellung und Verlegung von Vakuumröhren
t_{ND} Nutzungsdauer der Vakuumröhren mit t_{ND} = 100 Jahre
m   Koeffizient der Instandhaltungsintensität mit m = 0,3 in den ersten 25 Betriebsjahren
             und m = 0,5 danach

Formel 5.10 Kosten der Instandhaltung von Vakuumröhren

Für die Vakuumröhren ist eine lange Nutzungsdauer von 100 Jahren erforderlich (vgl. Abschn. 2.5). Daraus resultiert eine hohe Instandhaltungsintensität im Verhältnis zu den Investitionskosten, die mit zunehmender Nutzungsdauer noch ansteigt. Die Kosten der jährlichen Instandhaltung der Vakuumröhren werden näherungsweise nach Formel 5.10 berechnet:

Vergleich mit Alliance Gas Pipeline (Kanada – USA)
Der Bau der ca. 3.700 km langen oberirdischen Alliance Gas Pipeline von Kanada in die USA mit einer Röhre von 0,9 m Durchmesser hat ca. 2,6 Mrd. EUR umgerechnet auf das Referenzjahr 2017 gekostet [70]. Für dieses Projekt werden eine hohe Druckdichtheit und ein Koeffizient der Kostensenkung von 0,9 unterstellt. Nach Formel 5.9 betragen die Investitionskosten der Alliance Gas Pipeline ca. 5,8 Mrd. EUR. Ein Vergleich zwischen realen und Modellkosten muss den geringeren technischen Schwierigkeitsgrad des Baus oberirdischer Pipelines berücksichtigen.

Vergleich mit Langeled Pipeline (Norwegen – Großbritannien)
Der Bau der ca. 1.170 km langen Gas-Pipeline durch die Nordsee mit einer Röhre von 1,1 m Durchmesser hat ca. 2,8 Mrd. EUR umgerechnet auf das Referenzjahr 2017 gekostet [71]. Unter der Annahme eines Koeffizienten der Kostensenkung von 0,9 und der Voraussetzung einer sehr hohen Druckdichtheit der Pipeline erreichen die Investitionskosten nach Formel 5.9 eine Größenordnung von 2,3 Mrd. EUR. Bei einem Vergleich mit den realen Kosten muss der hohe technische Schwierigkeitsgrad des Baus von Unterwasser-Pipelines beachtet werden.

Vergleich mit Windenergieanlagen (Deutschland)
Die Errichtung des 100 m hohen Turms einer Windenergieanlage mit einem mittleren Durchmesser von 4,0 m kostet im Durchschnitt ca. 0,9 Mio. EUR [72]. Für diesen Industriebereich wird ein Koeffizient der Kostensenkung von 0,9 unterstellt. Nach Formel 5.9 müssten die Investitionskosten ca. 0,7 Mio. EUR betragen. Ein Vergleich mit den realen Kosten muss die erhöhte technische Komplexität des Turmbaus von Windenergieanlagen berücksichtigen. Anforderungen hinsichtlich der Druckdichtigkeit werden bei diesem Vergleich nicht einkalkuliert.

Aufgrund ihrer großen Durchmesser und zur Reduzierung der Logistikkosten wird die Herstellung der Vakuumröhren in unmittelbarer Nähe der vorgesehenen Hyperschall-bahn-Linien erforderlich. Innovative Lösungen für den Einschub in Tunnel werden voraussichtlich die Technologie für die Verlegung der Vakuumröhren prägen. Als Stand-orte für die Produktion und den Einschub der Röhren kommen die wenigen und kurzen oberirdischen Abschnitte der Linien in Betracht. Im Ergebnis der Linienplanung werden für das europäische Netz Vakuumröhren mit einer Gesamtlänge von rund 150.350 km im Vollausbau benötigt, davon:

- 81.020 km Röhren mit einem Innendurchmesser von 11,1 m,
- 40.420 km Röhren mit einem Innendurchmesser von 9,3 m,
- 28.910 km Röhren mit einem Innendurchmesser von 8,1 m.

Die Vakuumröhren werden auf der 31.920 km langen Streckeninfrastruktur (vgl. Abschn. 5.1) und anteilig auf einer Länge von 3.205 km im Bereich der Atlantiktunnel (vgl. Abschn. 5.2) verlegt. Daraus resultiert eine mittlere Bündelungsstärke von 4,3 Röhren im europäischen Hyperschallbahn-Netz. Die größte Bündelung entsteht mit 20 Röhren zwischen London und dem Ärmelkanal. Der für die Kostenberechnung relevante summarische Röhrendurchmesser erreicht im Verlauf aller Linien einen Durchschnitts-wert von ca. 44 m.

Auf dieser Mengenbasis entstehen für Vakuumröhren im vollausgebauten Europanetz der Hyperschallbahn Investitionskosten von 1.789 Mrd. EUR nach Formel 5.9 bei durch-schnittlich 11,9 Mio. EUR pro km Röhrenlänge. Diese Kosten gelten für Röhren, in denen der tägliche Druckanstieg 1 mbar beträgt. Sie sinken, sobald ein größerer täglicher Druckanstieg zugelassen wird. Beispielsweise betragen die Investitionskosten 1.104 Mrd. EUR bei zulässigem Druckanstieg von 5 mbar pro Tag. In diesem Fall würde die Instandhaltung der Vakuumröhren 462 Mrd. EUR in Summe bis zum Jahr 2160 kosten.

5.3.2   Kosten der Vakuumtechnik

Das Volumen der Vakuumröhren aller vollausgebauten Linien im europäischen Hyper-schallbahn-Netz erreicht ca. 12,1 Mrd. m^3 gemäß Formel 5.11. Dieser Wert entspricht ungefähr dem Volumen eines Würfels mit einer Kantenlänge von 2,3 km.

Formel 5.11   Volumen der Vakuumröhren einer Linie

$$V_{Vak} = 250 \ \pi \ N \ d_R^2 \ L$$

V_{Vak}	Volumen der Vakuumröhren einer Linie in m^3
N	Anzahl der Vakuumröhren der Linie
d_R	Durchmesser einer Vakuumröhre der Linie in m
L	Länge der Linie in km

In Kenntnis des Volumens und in Abhängigkeit vom Druck in den Vakuumröhren nach Evakuierung und nach dem täglichen Druckanstieg kann das erforderliche Saugvermögen der Vakuumtechnik nach Formel 5.12 ermittelt werden (vgl. Formeln 2.19 und 2.22).

Das erforderliche Saugvermögen kann je nach Konstellation der Druckparameter sowohl aus den Anforderungen an die Evakuierung als auch aus den Anforderungen an die tägliche Druckregulierung in den Vakuumröhren resultieren. Am Beispiel der Linie E3 London – Sankt Petersburg wird dieser Effekt verdeutlicht.

- Zunächst wird vorausgesetzt, dass der erforderliche Druck in den Vakuumröhren für die Systemdimensionierung der Linie E3 den Wert von 9 mbar annimmt. Dafür sind gemäß Formel 2.20 u. a. folgende zwei Konstellationen möglich:
- Konstellation 1: Beträgt der Druck nach Evakuierung 6 mbar und wird ein täglicher Druckanstieg von 3 mbar zugelassen, dann ist ein Saugvermögen von 89 Mio. m³/h für die Evakuierung und von 60 Mio. m³/h für die tägliche Regulierung erforderlich. Die Vakuumtechnik muss bei dieser Konstellation auf 89 Mio. m³/h ausgelegt werden.
- Konstellation 2: Beträgt der Druck nach Evakuierung 3 mbar und wird ein täglicher Druckanstieg von 6 mbar zugelassen, dann wird ein Saugvermögen von 101 Mio. m³/h für die Evakuierung und von 163 Mio. m³/h für die tägliche Regulierung benötigt. Die Vakuumtechnik muss in diesem Fall auf 163 Mio. m³/h ausgelegt werden.

Die Investitionskosten für die Vakuumtechnik werden mit Formel 5.13 nach folgenden Modellprämissen und Abhängigkeiten ermittelt:

- Die Kosten verhalten sich proportional zum erforderlichen Saugvermögen bei einem mittleren Verhältnis von 30 EUR pro m³/h Saugvermögen,

$$S_{Vak} = \max (S_{Evk}; S_{Reg})$$

S_{Vak}	erforderliches Saugvermögen der Vakuumtechnik einer Linie in m³/h
S_{Evk}	Saugvermögen für Evakuierung der Vakuumröhren einer Linie in m³/h
S_{Evk}	Saugvermögen für Vakuumregulierung in den Vakuumröhren einer Linie in m³/h

Formel 5.12   Erforderliches Saugvermögen der Vakuumtechnik einer Linie

$$INV_{VT} = 30 \, i \, S_{Vak}$$

INV_{VT}	Investitionskosten für die Vakuumtechnik einer Linie in EUR
S_{Vak}	erforderliches Saugvermögen der Vakuumtechnik der Linie in m³/h
i	Koeffizient Kostensenkung durch Skaleneffekte und Innovationen mit i = 0,9 in den ersten 25 Betriebsjahren und m = 0,8 danach

Formel 5.13   Investitionskosten für die Vakuumtechnik einer Linie

$$\boxed{INST_{VT} = m\ INV_{VT}\ /\ t_{ND}}$$

$INST_{VT}$	Jährliche Kosten der Instandhaltung der Vakuumtechnik einer Linie
INV_{VT}	Investitionskosten für die Vakuumtechnik der Linie
t_{ND}	Nutzungsdauer der Vakuumtechnik mit t_{ND} = 10 Jahre
m	Koeffizient der Instandhaltungsintensität mit m = 0,2

Formel 5.14 Jährliche Kosten der Instandhaltung der Vakuumtechnik einer Linie

- Kostensenkungen durch Skaleneffekte bzw. künftige neue technische Entwicklungen werden durch einen speziellen Koeffizienten berücksichtigt.

Die Vakuumtechnik ist gegenüber anderen Systemelementen einer hohen Beanspruchung ausgesetzt. Für die Kostenberechnung wird infolgedessen ein Technikaustausch im Abstand von 10 Betriebsjahren angenommen. Diese Prämisse findet Berücksichtigung in Formel 5.14 zur Berechnung der Instandhaltungskosten.

Vergleich mit vorhandener Vakuumpumptechnik (USA, Schweden, Deutschland)
Am Markt für Vakuumtechnik werden Pumpen mit einem Saugvermögen bis über 200.000 m^3/h für den Hochvakuumbereich angeboten. Die Preisspanne für Vakuumpumpen beträgt pro m^3/h Saugvermögen meistens zwischen 10 und 40 EUR bei einer Häufung im Bereich von 30 EUR [25–27]. In geltenden Abschreibungstabellen wird für Vakuumpumpen eine Nutzungsdauer von 6 bis 8 Jahren [14] angegeben.

Vergleich mit Teilchenbeschleuniger LHC am CERN (Frankreich, Schweiz)
Der Large Hadron Collider (LHC) der Europäischen Organisation für Kernforschung (CERN) ist der leistungsstärkste Teilchenbeschleuniger der Welt [73]. Er besteht aus einem annähernd 27 km langen unterirdischen Ringtunnel, der zwei benachbarte Stahlröhren enthält, in denen ein Ultrahochvakuum von 10^{-11} bis 10^{-10} mbar herrscht. Dieser Druckbereich unterscheidet sich gravierend von dem in Abschn. 2.6 hergeleiteten erforderlichen Druck in den Röhren einer Hyperschallbahn oberhalb von 1 mbar.

Nach heutigem Stand der Technik sind unter anderem Vakuumpumpen mit einem Saugvermögen von 30.000 m^3/h verfügbar [74]. Werden derartige Pumpen für die Vakuumerzeugung und -regulierung auf der Beispiellinie E3 eingesetzt, müssten sie bei der Druckkonstellation 1 rechnerisch im Abstand von 1,7 km je Röhre bei einer Länge beider Röhren von zusammen 5.122 km (vgl. Abschn. 3.3) installiert werden, um das erforderliche Saugvermögen von 89 Mio. m^3/h zu erreichen.

Im gesamten Europanetz können die Kosten für die Vakuumtechnik erheblich variieren, wie folgendes Beispiel zeigt:

- Bei einem Druck von 6 mbar nach Evakuierung und einem täglichen Druckanstieg von 3 mbar ist im vollausgebauten Europanetz ein Saugvermögen von ca. 3,1 Mrd. m³/h erforderlich. Daraus entstehen für die Vakuumtechnik bis zum Jahr 2160 summarische Investitionskosten von 667 Mrd. EUR bzw. 4,4 Mio. EUR pro km Röhrenlänge und summarische Instandhaltungskosten von 132 Mrd. EUR.
- Muss ein Druck nach Evakuierung von 3 mbar erreicht werden und tritt ein täglicher Druckanstieg von 6 mbar ein, ist im vollausgebauten Europanetz ein Saugvermögen von ca. 4,7 Mrd. m³/h nötig. Daraus resultieren für die Vakuumtechnik bis zum Jahr 2160 summarische Investitionskosten von 1.036 Mrd. EUR bzw. 6,9 Mio. EUR pro km Röhrenlänge und summarische Instandhaltungskosten von 206 Mrd. EUR.

5.3.3   Kosten der Magnetschwebetechnik

Die Ermittlung der Kosten für die Herstellung und den Einbau der Magnetschwebe-technik erfolgt mit Formel 5.15 nach folgenden Modellprämissen und Abhängigkeiten:

- Die Investitionskosten verhalten sich proportional zur Länge und zum Verkehrsauf-kommen, das heißt proportional zur Verkehrsleistung der Hyperschallbahn-Linien,
- Kostensenkungen durch Skaleneffekte bzw. künftige neue Bautechnologien werden durch einen speziellen Koeffizienten berücksichtigt.

Für die Magnetschwebetechnik wird eine Nutzungsdauer von 50 Jahren angenommen [31]. Während der Nutzungsdauer muss die Technik kontinuierlich an die steigende Verkehrsleistung angepasst werden. Formel 5.16 berücksichtigt diese Anpassung durch einen Koeffizienten der Instandhaltungs- und Nachrüstungsintensität.

$$INV_{Mag} = 0{,}85 \; i \; VL$$

INV_{Mag}	Investitionskosten für die Magnetschwebetechnik in Mrd. EUR
VL	Prognostizierte Verkehrsleistung zum Zeitpunkt der Inbetriebnahme in Mrd. Pkm
i	Koeffizient Kostensenkung durch Skaleneffekte und Innovationen
	mit $i = 0{,}9$ in den ersten 25 Betriebsjahren und $m = 0{,}8$ danach

Formel 5.15   Investitionskosten für die Magnetschwebetechnik

$$INST_{Mag} = m \; INV_{Mag} \; / \; t_{ND}$$

$INST_{Mag}$	Jährliche Kosten der Instandhaltung der Magnetschwebetechnik
t_{ND}	Nutzungsdauer der Magnetschwebetechnik mit $t_{ND} = 50$ Jahre
m	Koeffizient der Instandhaltungs- und Nachrüstungsintensität mit $m = 0{,}2$

Formel 5.16   Kosten der Instandhaltung und Nachrüstung der Magnetschwebetechnik

Vergleich mit Chūō-Shinkansen Tokio – Nagoya – Osaka (Japan)

Die im Bau befindliche, weitestgehend unterirdische Magnetbahn Tokio – Nagoya – Osaka (Chūō-Shinkansen) soll um das Jahr 2040 vollständig fertiggestellt sein. Das Projekt verursacht umgerechnet auf das Referenzjahr 2017 Investitionskosten von ca. 44 Mrd. EUR (ohne Hoch- und Tiefbau). Daran hat der Magnetschwebeantrieb einen Anteil von näherungsweise 80 % bzw. 35 Mrd. EUR. Die Verkehrsleistung wird mit 42 Mrd. Passagier-km im Jahr der vollständigen Inbetriebnahme prognostiziert [75, 76]. Nach Formel 5.15 würde der Magnetschwebeantrieb etwa 36 Mrd. EUR kosten.

Vergleich mit Transrapid Berlin – Hamburg (Deutschland)

Die ursprünglich geplante oberirdische Magnetbahn Berlin – Hamburg auf Basis der Transrapid-Technologie sollte umgerechnet auf das Referenzjahr 2017 ca. 4,9 Mrd. EUR kosten. Daran hatte der Magnetschwebeantrieb einen Anteil von annähernd 90 % bzw. 4,4 Mrd. EUR [12, 77]. Die Verkehrsleistung wurde auf 4,3 Mrd. Passagier-km pro Jahr prognostiziert. Nach Formel 5.15 würde der Magnetschwebeantrieb ca. 3,7 Mrd. EUR kosten. Für den Magnetschwebeantrieb waren umgerechnet auf das Referenzjahr 2017 Instandhaltungskosten von ca. 6 Mio. EUR pro Jahr vorgesehen. Nach Formel 5.16 würden Instandhaltung und Nachrüstung annähernd 15 Mio. EUR pro Jahr kosten.

Vergleich mit Swissmetro (Schweiz)

Beim ursprünglich geplanten unterirdischen Magnetbahn-Netz Swissmetro wurden im Durchschnitt zweier Varianten umgerechnet auf das Referenzjahr 2017 Investitionskosten von 5,3 Mrd. EUR für die Magnetbahntechnik kalkuliert. Die jährliche Verkehrsnachfrage sollte im Variantendurchschnitt 6,9 Mrd. Passagier-km erreichen [79]. Nach Formel 5.15 würde der Magnetschwebeantrieb im Durchschnitt der Varianten 5,9 Mrd. EUR kosten.

Übereinstimmend mit der Gesamtlänge der Vakuumröhren muss die Magnetschwebetechnik auf einer Länge von rund 150.350 km im vollausgebauten Europanetz installiert werden. In Abhängigkeit von den Inbetriebnahme-Etappen und der technischen Nutzungsdauer sind für die Magnetschwebetechnik Investitionen in vier Tranchen erforderlich.

- Eine erste Tranche wird für die Erstellung von 78.740 km Magnetschwebetechnik in Vorbereitung auf die Inbetriebnahme des Teilnetzes im Jahr 2060 erforderlich.
- Die zweite Tranche ergänzt 71.610 km Magnetschwebetechnik für den Vollausbau des Netzes mit Inbetriebnahme im Jahr 2085.

- Eine dritte Tranche wird zum Jahr 2110 wirksam und dient der Erneuerung der im Jahr 2060 in Betrieb genommenen Magnetschwebetechnik.
- Die vierte Tranche folgt zum Jahr 2135 und wird für die Erneuerung der im Jahr 2085 in Betrieb gegangenen Magnetschwebetechnik eingesetzt.

Die Investitionstranchen bemessen sich an den prognostizierten investitionsrelevanten Verkehrsleistungen zum Zeitpunkt der Inbetriebnahmen und summieren sich im Zeitraum bis zum Jahr 2160 auf 8.508 Mrd. EUR. Zugleich entstehen im Betriebszeitraum 2060–2160 kumulierte Instandhaltungs- und Nachrüstungskosten von 1.450 Mrd. EUR.

5.3.4 Gesamtkosten im Verbund

Kosten des Energieverbrauchs

Im Verbund der Vakuum-Magnetschwebetechnik umfassen die Energieverbrauchskosten die Vakuumerzeugung und -regulierung sowie den Magnetschwebeantrieb.

Formel 5.17 stützt sich auf die Berechnung des Energieverbrauchs entsprechend Abschn. 2.6 und einen mittleren Strompreis für große Industriekunden, der im Referenzjahr 2017 laut Eurostat 0,094 EUR pro kWh im EU-Durchschnitt erreichte [80]. In Anlehnung an diesen Wert werden für das europäische Hyperschallbahn-Netz 0,10 EUR pro kWh angenommen.

Abschn. 2.6 verdeutlicht die starke Veränderlichkeit des Energieverbrauchs der Vakuum-Magnetschwebetechnik in Abhängigkeit von den Druckkonstellationen in den Vakuumröhren. Der gleichen Abhängigkeit unterliegen auch die Kosten des Energieverbrauchs, wie folgende Beispiele mit kumulierten Kostenwerten bis zum 2160 zeigen:

- Bei einer Evakuierung der Vakuumröhren auf 1 mbar und einem täglichen Druckanstieg um 3 mbar entstehen Energieverbrauchskosten von 1.678 Mrd. EUR.
- Mit 980 Mrd. EUR sind die Kosten weit geringer, wenn ein Druck von 6 mbar nach Evakuierung ausreichend ist und der tägliche Druckanstieg auf 1 mbar begrenzt ist.
- Die Energieverbrauchskosten sinken auf 622 Mrd. EUR bei einem Druck von 2 mbar nach Evakuierung und einem täglichen Druckanstieg um 0,5 mbar.

$$K_{EN} = e \left(E_{Vak} + E_{Mag} \right)$$

K_{EN}	Jährliche Energieverbrauchskosten des Vakuumsystems und des Magnetschwebeantriebs einer Linie in EUR
e	Strompreis für Industriekunden = 0,10 EUR/kWh (Durchschnitt der Industriestaaten)
E_{Vak}	Jährlicher Energieverbrauch für Evakuierung und Vakuumregulierung in den Röhren einer Linie in kWh
E_{Mag}	Jährlicher Energieverbrauch für den Magnetschwebeantrieb einer Linie in kWh

Formel 5.17 Kosten des Energieverbrauchs der Vakuum-Magnetschwebetechnik

Summe der Modellkosten der Vakuum-Magnetschwebetechnik

Entsprechend Abschn. 2.6 sollen das Vakuumsystem und der Magnetschwebeantrieb in ihrer Verbundwirkung so dimensioniert werden, dass beide Systemelemente zusammen minimale Kosten über den gesamten Betrachtungszeitraum bis zum Jahr 2160 verursachen. Wie Tab. 5.1 zeigt, tritt dieser Effekt bei einem Evakuierungsdruck von 6 mbar in Verbindung mit einem täglichen Druckanstieg von 3 mbar ein. Bei dieser Druckkonstellation belaufen sich die modellbasierten Gesamtkosten der Vakuum-Magnetschwebetechnik entsprechend den Formeln 5.9 bis 5.17 auf 13.914 Mrd. EUR in Summe bis zum Jahr 2160.

Zusätzliche Kosten aus technischen Risiken

Vor allem im Bereich der Vakuumtechnik und der Vakuumröhren existieren bisher noch ungelöste technische Fragen, die zusätzliche Kosten in unbestimmter Höhe verursachen werden. Dies betrifft besonders

- die notwendige Temperaturregelung und den Einsatz von Kühlsystemen bei der Erzeugung und Regulierung des Vakuums,
- die Erhöhung der Drucksicherheit in den Vakuumröhren durch Schaffung von Sektoren mit Einbau von Trennventilen,
- den Ausgleich von Druckwellen in den Vakuumröhren in Abhängigkeit von der Fahrtgeschwindigkeit und vom Verhältnis der Querschnitte der Fahrzeuge und der Röhren,
- die Rettung der Passagiere aus den Fahrzeugen und Vakuumröhren in Havariefällen.

Tab. 5.1 Druckabhängigkeit der Gesamtmodellkosten der Vakuum-Magnetschwebetechnik

Gesamtkosten in Mrd EUR bis 2160		p_{Evk} (mbar)							
		2	4	6	8	10	12	14	16
p_{Delta} (mbar)	1	14.283	14.223	14.275	14.358	14.451	14.548	14.648	14.747
	2	14.129	13.975	13.982	14.037	14.112	14.196	14.285	14.377
	3	14.264	13.941	13.914	13.947	14.006	14.079	14.159	14.243
	4	14.507	13.995	13.918	13.933	13.979	14.042	14.114	14.192
	5	14.775	14.125	13.961	13.955	13.990	14.044	14.109	14.180
	6	15.026	14.283	14.058	13.998	14.021	14.066	14.125	14.191
	7	15.260	14.465	14.173	14.078	14.065	14.102	14.155	14.216
	8	15.479	14.646	14.305	14.176	14.136	14.147	14.193	14.250

Um die zusätzlichen Kosten in der Gesamtbetrachtung zu berücksichtigen, wird angenommen, dass sie ein Drittel der modellhaft ermittelten Kosten der Vakuumtechnik und Vakuumröhren betragen und die Investitionen, die Instandhaltung und den Energieverbrauch im jeweils gleichen Verhältnis betreffen. Unter dieser Annahme belaufen sich die zusätzlichen Kosten aus technischen Risiken auf 993 Mrd. EUR in Summe bis zum Jahr 2160.

Gesamtkosten der Vakuum-Magnetschwebetechnik
Die gesamten minimalen modellbasierten Kosten und die Zusatzkosten aus technischen Risiken erreichen in Summe 14.907 Mrd. EUR bis zum Jahr 2160. Abb. 5.9 veranschaulicht die resultierende Kostenstruktur der Vakuum-Magnetschwebetechnik.

5.3.5 Exkurs – Energiekostenvergleich mit vorhandenen Magnetbahnen

Beim Vergleich der Hyperschallbahn mit bereits vorhandenen Magnetbahnsystemen spielt die Frage nach den Energiekosten eine wesentliche Rolle. Für vorhandene Systeme werden Energieverbrauchswerte des Magnetschwebeantriebs in Wattstunden pro Platz und gefahrenen Kilometer genannt. Ein zutreffender Vergleich mit dem Hyperschallbahn-System ist auf dieser Basis nicht möglich und verlangt die Berücksichtigung folgender Prämissen:

- Bei der Hyperschallbahn erfährt der Magnetschwebeantrieb die energetische Unterstützung durch das Vakuumsystem. Ein Energiekostenvergleich mit vorhandenen Magnetbahnen muss daher auch die Kosten des Vakuumsystems einbeziehen.

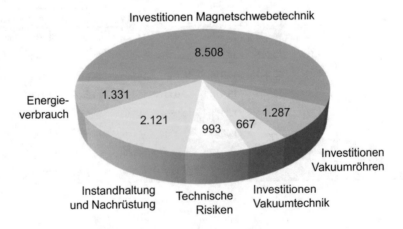

Abb. 5.9 Kostenstruktur der Vakuum-Magnetschwebetechnik in Summe bis zum Jahr 2160 (Mrd. EUR)

- Dank der Vakuumunterstützung kann die Hyperschallbahn im Vergleich zu vorhandenen Magnetbahnen ein Vielfaches der Fahrstrecke pro Zeiteinheit bewältigen. Ein Vergleich über gefahrene Kilometer ist unter diesen Umständen nicht korrekt. Erforderlich ist stattdessen ein Systemvergleich auf Fahrzeitbasis.

Der Vergleich der Energiekosten beider Systeme wird nachfolgend auf der Grundlage dieser Prämissen und bei kostenminimierender Druckkonstellation der Hyperschallbahn gemäß Tab. 5.1 durchgeführt.

Energiekosten vorhandener Magnetbahnsysteme	
• Transrapid	52 Wh/Platz-km · 400 km/h · 0,10 EUR/kWh = 2,08 EUR/Platz-Fahrstunde
• Chūō-Shinkansen	81 Wh/Platz-km · 500 km/h · 0,10 EUR/kWh = 4,05 EUR/Platz-Fahrstunde
Vergleichbare Kosten der Hyperschallbahn	
• Investitionen Vakuumröhren für Betrieb bis zum Jahr 2160	1.287 Mrd. EUR
• Instandhaltung Vakuumröhren für Betrieb bis zum Jahr 2160	539 Mrd. EUR
• Investitionen Vakuumtechnik für Betrieb bis zum Jahr 2160	667 Mrd. EUR
• Instandhaltung Vakuumtechnik für Betrieb bis zum Jahr 2160	132 Mrd. EUR
• Energieverbrauch Vakuumsystem für Betrieb bis zum Jahr 2160	355 Mrd. EUR
• Energieverbrauch Magnetschwebetechnik für Betrieb bis zum Jahr 2160	976 Mrd. EUR
• Technische Risiken der Vakuum-Magnetschwebetechnik bis zum Jahr 2160	993 Mrd. EUR
• Summe vergleichbarer Kosten	4.949 Mrd. EUR
• Summe Fahrleistungen bis zum Jahr 2160	439 Mrd. Platz-Fahrstunden
• Resultierende vergleichbare Kosten	11,27 EUR / Platz-Fahrstunde

Für vorhandene Magnetbahnsysteme wird in Abhängigkeit von der Betriebsgeschwindigkeit ein Energieverbrauch zwischen 52 und 81 Wh/Platz-km angezeigt [3, 12, 28]. Die vergleichende Berechnung ergibt für vorhandene Magnetbahnsysteme Energiekosten zwischen 2,08 und 4,05 EUR pro Platz-Fahrstunde. Bei der europäischen Hyperschallbahn entstehen hingegen vergleichbare Energiekosten von 11,27 EUR pro Platz-Fahrstunde, d. h. in drei- bis fünffacher Größenordnung gegenüber vorhandenen Magnetbahnsystemen. Die energierelevanten Kosten der Hyperschallbahn können sich noch erheblich erhöhen, wenn die Druckkonstellation nicht kostenminimierend entsprechend Tab. 5.1 ausgelegt wird.

5.4 Kosten für Züge und Betrieb

Die Nutzungsdauer der Fahrzeuge beträgt 25 Jahre entsprechend Abschn. 2.5. Innerhalb des 100-jährigen Lebenszyklus der Streckeninfrastruktur und der Vakuumröhren kommen damit vier Fahrzeug-Generationen zum Einsatz. Die Kostenermittlung umfasst Investitionskosten für Fahrzeuge, Kosten der Fahrzeuginstandhaltung und Kosten für den Zugbetrieb. Die Kosten für den Antrieb der Fahrzeuge werden nicht im Abschn. 5.4, sondern im Rahmen der Kosten der Vakuum-Magnetschwebetechnik in Abschn. 5.3 berücksichtigt.

5.4.1 Erforderliche Platzkapazität

Voraussetzung für die Ermittlung der Kosten von Zügen und Betrieb ist die Bestimmung des erforderlichen Sitzplatzangebots aller Züge im Betrachtungszeitraum. Das Platzangebot wird nach den Grundsätzen der Dimensionierung der Züge in Abschn. 2.5 sowie auf der Basis der Netzplanung und Betriebsparameter in den Abschn. 3.2 und 3.3 ermittelt.

Es ist abhängig vom Zugbestand auf der Berechnungsbasis in Abschn. 2.4 und von der Platzkapazität der einzelnen Züge. Aus Gründen der Wirtschaftlichkeit muss das Platzangebot innerhalb des Betrachtungszeitraums an die veränderte Verkehrsnachfrage angepasst werden. Die Anpassung kann durch Abstufung der Platzkapazität in den jeweiligen Zuggenerationen erfolgen.

Erforderlicher Zugbestand

Der erforderliche Zugbestand entsprechend Tab. 5.2 resultiert aus der Zugumlaufzeit und wird je Linie nach Formel 2.5 berechnet. Der Zugbestand ist maßgeblich abhängig von der Linienlänge und dem Netzausbau. Partiell hat auch die Platzkapazität je Zug wegen ihrer Wirkung auf die technischen Wendezeiten Einfluss auf den Zugbestand (vgl. Formel 2.7).

In Summe umfasst der Zugbestand im Europanetz

- 593 Fahrzeuge der Generation 1 im Zeitraum 2060–2085,
- 768 Fahrzeuge der Generation 2 im Zeitraum 2085–2110,
- 775 Fahrzeuge der Generation 3 im Zeitraum 2110–2135,
- 786 Fahrzeuge der Generation 4 im Zeitraum 2135–2160.

Der aus Formel 2.5 ermittelte Zugbestand gilt für die gesamte Linienlänge und kann deshalb auf interkontinentalen Linien nicht vollständig dem Europanetz zugerechnet werden. Vereinfachend wird für jede interkontinentale Linie angenommen, dass der dem Europanetz anrechenbare Anteil des Zugbestands prozentual dem Anteil des Europanetzes an der gesamten Linienlänge entspricht. Nach diesem Ansatz wurde der Zugbestand der interkontinentalen Linien in Tab. 5.2 berechnet.

Platzkapazität pro Zug

Entsprechend Abschn. 2.5 werden die Sitzbereiche und die sonstigen Bereiche in den Zügen im Wechsel angeordnet. Abb. 5.10 zeigt die mögliche Verteilung der Sitzbereiche in Abhängigkeit vom Zugprofil.

Tab. 5.2 Entwicklung des Zugbestands auf den Linien

Zuggeneration			Erste	Zweite	Dritte	Vierte
Nutzungszeitraum			2060 - 2085	2085 - 2110	2110 - 2135	2135 - 2160
Netzausbau			Teilnetz	Vollausgebautes Netz		
W1		Großpofil	32	64	64	66
W2		Großpofil	27	24	25	25
W3		Großpofil		33	34	34
W4		Großpofil		62	64	64
W5		Großpofil	29	15	15	15
W6		Großpofil		29	29	30
E1		Kleinprofil	30	32	32	32
E2		Kleinprofil	35	36	36	36
E3		Mittelprofil	40	43	43	44
E4		Kleinprofil	35	37	37	37
E5		Kleinprofil	37	38	38	38
E6		Kleinprofil	36	38	39	39
E7		Mittelprofil	40	42	43	43
E8		Mittelprofil	45	46	46	47
E9		Kleinprofil	32	34	34	35
E10		Mittelprofil	39	51	51	53
E11		Mittelprofil	51	54	54	55
E12		Kleinprofil	37	38	38	38
E13		Mittelprofil	48	52	52	54

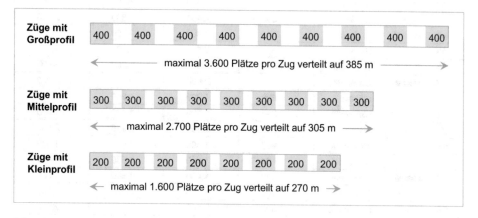

Abb. 5.10 Schema der Sitzplatzverteilung in den Zügen

Die Anpassung der Platzkapazität in den aufeinanderfolgenden Zuggenerationen kann entsprechend der prognostizierten Verkehrsnachfrage durch unterschiedliche Ausschöpfung der maximalen Anzahl der Sitzbereiche erfolgen (vgl. Abb. 2.13).

Zum Beispiel werden auf der Mittelprofil-Linie E8 Hamburg – Athen im Betriebszeitraum 2110–2135 Züge mit je 1.800 Plätzen benötigt. Die Züge der dritten Generation werden demzufolge abweichend von der Maximal-Konfiguration in Abb. 5.10 nicht mit 9, sondern nur mit 6 Sitzbereichen bei 300 Plätzen pro Sitzbereich ausgestattet, die sich auf einer Länge von 200 m verteilen. Die Züge der vierten Generation im Nutzungszeitraum 2135–2160 benötigen jeweils 2.100 Sitzplätze und müssen auf 7 statt auf die möglichen 9 Sitzbereiche mit Verteilung auf eine Länge von 235 m ausgelegt werden.

Tab. 5.3 zeigt für jede Linie und Zuggeneration die erforderliche Sitzplatzkapazität pro Zug in Abhängigkeit von der prognostizierten Entwicklung der Verkehrsnachfrage (vgl. Abschn. 3.2 und 3.3).

Aus den Werten der Tab. 5.2 und 5.3 resultiert folgende Entwicklung der mittleren Platzkapazität pro Zug im Europanetz:

- 1.414 Sitzplätze pro Zug der Generation 1 im Zeitraum 2060–2085,
- 2.080 Sitzplätze pro Zug der Generation 2 im Zeitraum 2085–2110,
- 2.181 Sitzplätze pro Zug der Generation 3 im Zeitraum 2110–2135,
- 2.346 Sitzplätze pro Zug der Generation 4 im Zeitraum 2135–2160.

Tab. 5.3 Platzkapazität pro Zug auf den Linien

Zuggeneration			Erste	Zweite	Dritte	Vierte
Nutzungszeitraum			2060 - 2085	2085 - 2110	2110 - 2135	2135 - 2160
Netzausbau			Teilnetz	Vollausgebautes Netz		
W1		Großpofil	2.400	3.200	3.200	3.600
W2		Großpofil	1.200	2.400	2.800	2.800
W3		Großpofil		2.800	3.200	3.200
W4		Großpofil		2.400	2.800	2.800
W5		Großpofil	1.600	3.200	3.200	3.600
W6		Großpofil		2.800	2.800	3.200
E1		Kleinprofil	800	1.200	1.200	1.200
E2		Kleinprofil	1.200	1.400	1.400	1.400
E3		Mittelprofil	1.500	2.100	2.100	2.400
E4		Kleinprofil	1.000	1.400	1.600	1.600
E5		Kleinprofil	1.400	1.600	1.600	1.600
E6		Kleinprofil	1.000	1.400	1.600	1.600
E7		Mittelprofil	2.100	2.400	2.700	2.700
E8		Mittelprofil	1.500	1.800	1.800	2.100
E9		Kleinprofil	800	1.200	1.200	1.400
E10		Mittelprofil	1.800	2.100	2.100	2.400
E11		Mittelprofil	1.800	2.400	2.400	2.700
E12		Kleinprofil	1.000	1.200	1.200	1.200
E13		Mittelprofil	1.200	2.100	2.100	2.400

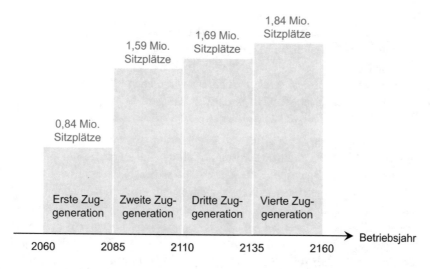

Abb. 5.11   Entwicklung des erforderlichen Sitzplatzangebots im Europanetz

Sitzplatzangebot im Europanetz

Aus den linienbezogenen und generationsabhängigen Daten zum Zugbestand und zur Platzkapazität pro Zug wird das erforderliche Platzangebot in Summe aller Linien und Züge des Europanetzes ermittelt. Abb. 5.11 zeigt für die erste Zuggeneration 0,84 Mio. Sitzplätze an. Das Angebot verdoppelt sich mit Vollausbau des Netzes annähernd auf 1,59 Mio. Sitzplätze in der zweiten Zuggeneration. Im Folgezeitraum bis zur vierten Generation steigt das Platzangebot auf 1,84 Mio. Sitzplätze, d. h. umgerechnet nur noch um durchschnittlich 0,3 % pro Jahr an.

5.4.2   Investitionskosten für Fahrzeuge

Die Investitionskosten für eine Fahrzeuggeneration werden in Abhängigkeit vom Sitzplatzangebot näherungsweise mit Formel 5.18 ermittelt.

$$INV = 0,06 \, i \, n$$

INV	Investitionskosten in Mio. EUR für die Fahrzeuge
n	Anzahl der angebotenen Sitzplätze im Europanetz
i	Koeffizient Kostensenkung durch Skaleneffekte und Innovationen mit $i = 0,9$

Formel 5.18   Investitionskosten für eine Fahrzeuggeneration

Vergleich mit Transrapid Berlin – Hamburg (Deutschland)
Für die ursprünglich geplante Magnetbahnstrecke Berlin – Hamburg waren Fahrzeuge mit insgesamt ca. 9.000 Sitzplätzen bei Investitionskosten von 521 Mio. EUR umgerechnet auf das Referenzjahr 2017 vorgesehen [77]. Nach Formel 5.18 müssten die Investitionskosten 540 Mio. EUR betragen.

Vergleich mit Eisenbahn-Triebzug Eurostar (Großbritannien – Frankreich)
Ein Triebzug der Baureihe Eurostar 320 für den Eisenbahnschnellverkehr durch den Kanaltunnel hat ca. 900 Sitzplätze und wurde umgerechnet auf das Referenzjahr 2017 für ca. 78 Mio. EUR beschafft [81]. Nach Formel 5.18 müssten die reinen Investitionskosten 54 Mio. EUR betragen. Ein Kostenvergleich mit den Fahrzeugen der Hyperschallbahn ist jedoch nur eingeschränkt möglich, da der Kaufpreis für die Eurostar-Züge nicht nur die Investitionskosten, sondern auch Wartungskosten und Kosten für sonstige Leistungen beinhaltete. Zudem verfügen die Fahrzeuge der Hyperschallbahn nicht über eine mit den Eurostar-Zügen vergleichbare Laufwerks- und Antriebstechnik.

Über den gesamten Betrachtungszeitraum bis zum Jahr 2160 erreichen die Investitionskosten für Fahrzeuge entsprechend Formel 5.18 einen Wert von 322 Mrd. EUR, davon

- 45 Mrd. EUR für Generation 1 im Zeitraum 2060–2085,
- 86 Mrd. EUR für Generation 2 im Zeitraum 2085–2110,
- 91 Mrd. EUR für Generation 3 im Zeitraum 2110–2135,
- 100 Mrd. EUR für Generation 4 im Zeitraum 2135–2160.

5.4.3   Kosten der Fahrzeuginstandhaltung

Die Kosten der Fahrzeuginstandhaltung werden proportional zu den Investitionskosten und damit auch zur Anzahl der angebotenen Sitzplätze angenommen. Mit Blick auf die Anforderungen an die Stabilität und Dichtheit des Fahrzeugrumpfes wird eine weit überdurchschnittliche Instandhaltungsintensität in Formel 5.19 eingerechnet.

$$INST = m\, INV\, /\, t_{ND}$$

INST	Jährliche Kosten der Instandhaltung der Fahrzeuge
INV	Investitionskosten für eine Fahrzeuggeneration
t_{ND}	Nutzungsdauer der Fahrzeuge mit $t_{ND} = 25$ Jahre
m	Koeffizient der Instandhaltungsintensität mit m = 0,6

Formel 5.19   Kosten der Fahrzeuginstandhaltung

Vergleich mit Transrapid Berlin – Hamburg (Deutschland)
Für den ursprünglich geplanten Transrapid Berlin – Hamburg waren wie bereits genannt Fahrzeuge mit Investitionskosten von 521 Mio. EUR in Umrechnung auf das Referenzjahr 2017 vorgesehen. Die Fahrzeuginstandhaltung auf dieser Relation sollte umgerechnet ca. 13 Mio. EUR pro Jahr kosten [77]. Nach Formel 5.19 müssten die Instandhaltungskosten 12,5 Mio. EUR pro Jahr betragen.

Über den gesamten Betrachtungszeitraum bis zum Jahr 2160 erreichen die Instandhaltungskosten entsprechend Formel 5.19 einen Wert von 195 Mrd. EUR, davon jährlich ca.

- 1,1 Mrd. EUR für Generation 1 im Zeitraum 2060–2085,
- 2,1 Mrd. EUR für Generation 2 im Zeitraum 2085–2110,
- 2,2 Mrd. EUR für Generation 3 im Zeitraum 2110–2135,
- 2,4 Mrd. EUR für Generation 4 im Zeitraum 2135–2160.

5.4.4   Kosten für den Zugbetrieb

Unter dem Kostenblock Zugbetrieb werden die Betriebssteuerung, der Zugservice, laufende Ersatzstoffe und bezogene Dienstleistungen zusammengefasst. Vereinfachend können die genannten Kosten in Beziehung zur Sitzplatzkapazität aller in Betrieb befindlichen Fahrzeuge entsprechend Formel 5.20 gesetzt werden.

Vergleich mit Transrapid Berlin – Hamburg (Deutschland)
Für die ursprünglich geplante Magnetbahn-Verbindung Berlin – Hamburg waren wie bereits genannt Fahrzeuge mit insgesamt 9.000 Sitzplätzen geplant. Die jährlichen Kosten des Zugbetriebs wurden umgerechnet auf das Referenzjahr 2017 mit 18 Mio. EUR pro Jahr kalkuliert [77]. Aus Formel 5.20 resultiert mit 27 Mio. EUR pro Jahr ein deutlich höherer Wert. Damit wird der Zusatzaufwand für die Lenkung der Passagierströme in den Zügen der Hyperschallbahn berücksichtigt.

$$K_{ZB} = 0{,}003\,n$$

K_{ZB}	Jährliche Kosten für den Zugbetrieb in Mio. EUR
n	Anzahl der angebotenen Sitzplätze im Europanetz

Formel 5.20   Kosten für den Zugbetrieb

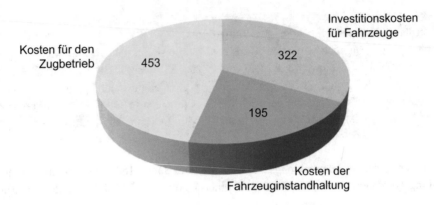

Abb. 5.12 Bestandteile der Kosten für Züge und Betrieb in Summe bis zum Jahr 2160 (Mrd. EUR)

In Summe bis zum Jahr 2160 erreichen die Kosten für den Zugbetrieb entsprechend Formel 5.20 einen Wert von 453 Mrd. EUR, davon jährlich ca.

- 2,5 Mrd. EUR für Generation 1 im Zeitraum 2060–2085,
- 4,8 Mrd. EUR für Generation 2 im Zeitraum 2085–2110,
- 5,1 Mrd. EUR für Generation 3 im Zeitraum 2110–2135,
- 5,5 Mrd. EUR für Generation 4 im Zeitraum 2135–2160.

5.4.5 Gesamtkosten für Züge und Betrieb

Gerechnet über den gesamten Betrachtungszeitraum bis zum Jahr 2160 summieren sich die Kosten für Züge und Betrieb auf 970 Mrd. EUR. Abb. 5.12 veranschaulicht, dass mit annähernd 47 % der größte Anteil auf die Kosten für den Zugbetrieb entfällt.

Mit jeder neuen Zuggeneration erhöht sich die Platzkapazität stufenweise. Abhängig davon wachsen auch die Anteile an den Gesamtkosten von 970 Mrd. EUR für Züge und Betrieb stufenweise in den Generationen-Zeiträumen bis zum Jahr 2160:

- 135 Mrd. EUR für Generation 1 im Zeitraum 2060–2085,
- 257 Mrd. EUR für Generation 2 im Zeitraum 2085–2110,
- 273 Mrd. EUR für Generation 3 im Zeitraum 2110–2135,
- 305 Mrd. EUR für Generation 4 im Zeitraum 2135–2160.

5.5 Kosten der örtlichen Anlagen

Unter Bezugnahme auf Abschn. 2.1 beinhalten die örtlichen Anlagen im Hyperschall-bahn-Netz die Verkehrsstationen, Fahrzeugdepots und Zubringersysteme. Die Kosten ört-licher Anlagen erfassen

- Investitionen und Modernisierung in den Verkehrsstationen,
- die Betriebsführung in den Verkehrsstationen,
- Investitionen und Instandhaltung in den Fahrzeugdepots,
- Investitionen in die Infrastruktur des Zubringerverkehrs,
- die Durchführung des Zubringerverkehrs.

Die Streckeninfrastruktur, das Vakuumsystem und die Magnetschwebetechnik verlaufen durch die Verkehrsstationen und verbinden die Fahrzeugdepots mit dem Liniennetz. Die Kosten dieser Systemelemente sind jedoch nicht anteilig in den Kosten örtlicher Anlagen enthalten, da sie vollständig in den Abschn. 5.1 und 5.3 abgebildet werden.

5.5.1   Neubaukosten von Bahnhöfen der Gegenwart

Als Vergleichsbasis und zur Herleitung der Kosten der Stationen der Hyperschallbahn werden zunächst die Investitionskosten für den Neubau von Bahnhöfen der Gegenwart in Abhängigkeit vom Verkehrsaufkommen dieser Bahnhöfe betrachtet [82].

Abb. 5.13 zeigt eine deutliche Korrelation zwischen den Investitionskosten und dem Verkehrsaufkommen am Beispiel realisierter und im Bau befindlicher Bahnhofsprojekte. Diese Abhängigkeit kann näherungsweise mit Formel 5.21 beschrieben werden und ist in Abb. 5.13 als Linie gekennzeichnet.

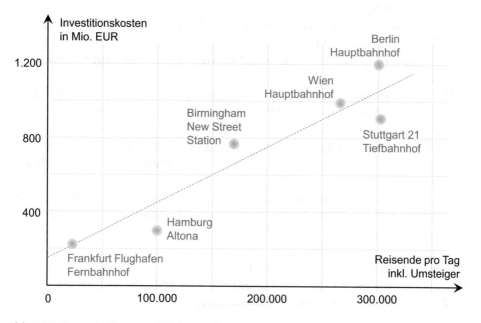

Abb. 5.13 Investitionskosten und Verkehrsaufkommen großer Bahnhöfe

$$INV_{BF} = 150 + 0,003\,P$$

INV$_{BF}$ Investitionskosten in neue Personenbahnhöfe in Mio. EUR
P   Geplante Anzahl Reisende pro Tag inkl. Umsteiger

Formel 5.21   Investitionskosten und Verkehrsaufkommen großer Bahnhöfe

5.5.2 Stationskosten der Hyperschallbahn

Kostenprämissen für Hyperschallbahn-Stationen
Wie für die Streckeninfrastruktur wird auch für die Verkehrsstationen der Hyperschallbahn eine Nutzungsdauer von 100 Jahren unterstellt. Demzufolge müssen die Stationen
bereits mit ihrer Inbetriebnahme so ausreichend dimensioniert sein, dass während der
Betriebsphase keine Vergrößerungen bzw. Aufweitungen der Anlagen erforderlich
werden. Ergänzend werden für die Investitions- und Instandhaltungskosten von Stationen
der Hyperschallbahn folgende Modellprämissen und Abhängigkeiten angenommen:

- Im Unterschied zu Bahnhöfen der Gegenwart müssen Hyperschallbahn-Stationen in
  ihrer zentralen Lage in Metropolen grundsätzlich immer unterirdisch und weitgehend
  in geschlossener Bauweise errichtet und mit dem Vakuumsystem verknüpft werden.
- Aufgrund dieser Anforderungen werden zusätzliche Fixkosten eingerechnet. Damit
  umfassen die Fixkosten im Durchschnitt ca. 20 % der gesamten Investitionskosten der
  Hyperschallbahn-Stationen.
- Je mehr Linien bzw. Vakuumröhren von einer Station bedient werden, desto höher
  sind die Baukosten einer Station. Im Durchschnitt werden ca. 30 % der Investitionskosten durch die bauliche Anbindung und Verknüpfung von Linienzugängen ver-
  ursacht.
- Die Dimensionierung der Stationen ist abhängig von der Anzahl der Passagiere
  zum Ende der Nutzungsdauer der Stationen. Im Durchschnitt werden 50 % der
  Investitionskosten diesem Einfluss zugerechnet.
- Unter den Passagieren haben Umsteiger gegenüber Einsteigern die doppelte Wirkung
  auf die Dimensionierung der Stationen, da sie Zugbereiche sowohl verlassen als auch
  betreten.
- Resultierend werden für Hyperschallbahn-Stationen um 50 bis 100 % höhere
  Investitionskosten als für aufkommensmäßig vergleichbare Personenbahnhöfe der
  Gegenwart angenommen.

Investitionskosten der Verkehrsstationen
Die Modellprämissen für die Investitionskosten von Stationen der Hyperschallbahn
werden näherungsweise in Formel 5.22 berücksichtigt.

$$INV = 0,50 + 0,15\,N + 0,005\,P_{Ein} + 0,010\,P_{Um}$$

INV	Investitionskosten einer Hyperschallbahn-Verkehrsstation in Mrd. EUR
N	Anzahl der Vakuumröhren mit Bedienung durch die Station im vollausgebauten Netz
P_{Ein}	Anzahl der Einsteiger in Tausend Personen pro Tag im Jahr 2160
P_{Um}	Anzahl der Umsteiger in Tausend Personen pro Tag und Richtung im Jahr 2160

Formel 5.22 Investitionskosten von Hyperschallbahn-Verkehrsstationen

Formelvergleich: Hauptbahnhof Wien (Österreich)
Der Bau des im Jahr 2015 vollständig in Betrieb genommenen Hauptbahnhofs Wien hat umgerechnet auf das Referenzjahr 2017 rund 990 Mio. EUR gekostet. Dieser Bahnhof verfügt über zwei Ebenen (oberirdischer Bahnhofsteil und Tiefbahnhof) und wird täglich von 268.000 Reisenden frequentiert [82, 83]. Nach Formel 5.22 für eine Hyperschall-Station würden die Investitionskosten des Hauptbahnhofs 1.940 Mio. EUR betragen, wenn der Anteil der Umsteiger unter den Reisenden 25 % beträgt und wenn die Station bautechnisch für die Aufnahme von 4 Vakuumröhren dimensioniert wird.

Formelvergleich: Hyperschallbahn-Station Warschau (Polen)
Für die Hyperschall-Station Warschau wurden auf der Basis der Netzplanung und der Verkehrsprognose ca. 327.000 Passagiere pro Tag im Jahr 2160 ermittelt (bei einem Anteil der Umsteiger von 28 % und bei 4 Vakuumröhren durch die Station). Nach Formel 5.22 für Hyperschall-Stationen betragen die Investitionskosten 2.150 Mio. EUR für die Station Warschau. Nach Formel 5.21 für Bahnhöfe würde der Bau dieser Station 1.130 Mio. EUR kosten.

Aus der Netzplanung und der Verkehrsprognose (vgl. Kap. 3 und Abschn. 4.2) resultieren 58 Verkehrsstationen im Europanetz mit insgesamt

- 9.145.000 Einsteigern pro Tag im Jahr 2160,
- 3.187.000 Umsteigern pro Tag und Richtung im Jahr 2160,
- 284 Vakuumröhren durch die Stationen.

Entsprechend Formel 5.22 resultieren daraus in Summe aller Stationen Investitionskosten von 149 Mrd. EUR, d. h. im Durchschnitt 2,6 Mrd. EUR pro Station.

Kosten der Modernisierung der Verkehrsstationen

Die Hyperschallbahn-Stationen unterliegen hohen Modernisierungsanforderungen während ihrer Nutzungsdauer. Aus diesem Grund wird für sie ein überdurchschnittlich hoher Koeffizient der Modernisierungs- und Instandhaltungsintensität von 0,5 angenommen. Diese Prämisse findet Eingang in Formel 5.23 zur Berechnung der Instandhaltungskosten.

Vergleich mit Bahnhöfen der Deutschen Bahn (Deutschland)
In die Personenbahnhöfe der Deutschen Bahn wurden im Durchschnitt der vergangenen Jahre rund 590 Mio. EUR jährlich investiert. Die jährliche Instandhaltung betrug durchschnittlich 155 Mio. EUR [67]. Daraus resultiert eine Instandhaltungsintensität von 0,26.

Entsprechend Formel 5.23 entstehen im Zeitraum bis zum Jahr 2160 in Summe aller Stationen Kosten der Instandhaltung und Modernisierung von 75 Mrd. EUR, d. h. im Durchschnitt 1,3 Mrd. EUR pro Station.

Betriebskosten in den Verkehrsstationen

Die stationären Betriebskosten umfassen die Abfertigung der Passagiere, die Lenkung der Passagierströme in den Stationen, Serviceleistungen und ergänzende Leistungen in den Stationen. Sie können näherungsweise nach Formel 5.24 berechnet werden.

Für eine vergleichende Plausibilisierung der Formel 5.24 erscheinen in baulicher Hinsicht Flughäfen aufgrund ihres großen Anteils von Außenanlagen nicht geeignet. Zutreffender ist der Vergleich mit geplanten Transrapid-Stationen und Personenbahnhöfen des Schienenverkehrs der Gegenwart. In den Betriebskosten der Verkehrsstationen beider Vergleichssysteme zeigen sich erhebliche Unterschiede. Während die Stationskosten des Transrapid den Modellwert deutlich übersteigen, liegen sie bei den

$$INST = m \, INV / t_{ND}$$

INST   Jährliche Kosten der Instandhaltung in den Verkehrsstationen
t_{ND} Nutzungsdauer der Verkehrsstationen mit t_{ND} = 100 Jahre
m   Koeffizient der Instandhaltungs- und Modernisierungsintensität mit m = 0,5

Formel 5.23   Kosten der Instandhaltung und Modernisierung der Verkehrsstationen

$$K_{BS} = 1,5 \, P$$

K_{BS} Betriebskosten in den Verkehrsstationen in Mrd. EUR pro Jahr
P   Personenverkehrsaufkommen in Mrd. Passagieren pro Jahr

Formel 5.24   Betriebskosten in den Verkehrsstationen

Bahnhöfen des Schienenpersonenverkehrs weit darunter. Formel 5.24 bildet einen Ausgleich zwischen zwei Kostenextremen.

Vergleich mit Transrapid Berlin – Hamburg (Deutschland)
Für die ursprünglich geplante Magnetbahnstrecke Berlin – Hamburg wurden stationäre Betriebskosten von 43 Mio. EUR kalkuliert – umgerechnet auf das Referenzjahr 2017 und bei einem prognostizierten Verkehrsaufkommen von 14,5 Mio. Passagieren [77]. Nach Formel 5.24 müssten die Betriebskosten eine Größenordnung von 22 Mio. EUR aufweisen.

Vergleich mit Personenbahnhöfen der Deutschen Bahn (Deutschland)
Die Betriebskosten in den Personenbahnhöfen betrugen 876 Mio. EUR im Jahr 2018. Das Verkehrsaufkommen im Schienenpersonenverkehr der Deutschen Bahn erreichte im gleichen Jahr 2.088 Mio. Reisende [49]. Nach Formel 5.24 müssten die Betriebskosten ca. 3,1 Mrd. EUR betragen.

Nach der Prognose des Verkehrspotenzials im Abschn. 4.4 nimmt das Passagieraufkommen im Europanetz der Hyperschallbahn den in Abb. 5.14 dargestellten Verlauf.

Die dargestellte Entwicklung des Passagieraufkommens führt in Verbindung mit Formel 5.14 bis zum Jahr 2160 zu Betriebskosten von 494 Mrd. EUR in Summe aller Verkehrsstationen. Das sind im Durchschnitt 8,5 Mrd. EUR pro Station.

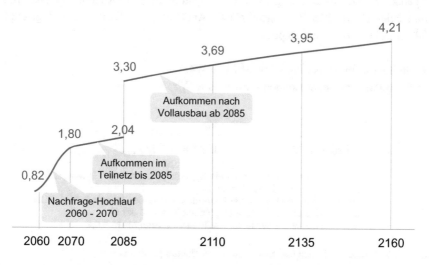

Abb. 5.14 Verkehrsaufkommen im Europanetz der Hyperschallbahn (Mrd. Passagiere)

5.5.3   Kosten der Fahrzeugdepots

Für die erforderlichen unterirdischen Depots der Hyperschallbahn gibt es in ihrer Funktion und Größe keine adäquaten Anlagen der Gegenwart, die einen Kostenvergleich zulassen. Aus diesem Grund werden die Kosten der Depots in Anlehnung an das beschriebene Kostenmodell für Hyperschallbahn-Verkehrsstationen (vgl. Formel 5.22) und unter den nachfolgenden Prämissen eingeschätzt:

- Die Baukosten der Verkehrsstationen sind unter anderem abhängig von der Anzahl der Stellplätze für Züge. Je Stellplatz ist eine bediente Vakuumröhre erforderlich, deren bauliche Integration in die Verkehrsstation mit 0,15 Mrd. EUR bewertet wird.
- Übertragen auf die Fahrzeugdepots wird angenommen, dass auch ein Zugstellplatz für die Abstellung, Instandhaltung bzw. Bereitstellung von Zügen in den Depots Investitionskosten von 0,15 Mrd. EUR verursacht.
- Zusätzlich wird für Depots ein investiver Fixkostenanteil angenommen, der allerdings deutlich geringer als der Fixkostenanteil für Verkehrsstationen ist, da für Depots keine Baukosten zur Bewältigung der Passagierströme anfallen.
- Die Instandhaltung der baulichen Anlagen von Depots ist deutlich weniger intensiv als in Verkehrsstationen. Sie berücksichtigt nicht die Fahrzeuginstandhaltung, welche bereits Gegenstand des Abschn. 5.4 ist.

Resultierend wird Formel 5.25 für den Bau und die Instandhaltung von Hyperschallbahn-Depots angenommen.

Auf der Basis der Netzplanung (vgl. Abschn. 3.2 und 3.3) werden im vollausgebauten Europanetz 31 Depots mit insgesamt 842 Zugstellplätzen existieren. Im Durchschnitt verfügt jedes Depot über 27 Zugstellplätze. Annähernd ein Drittel aller Zugstellplätze entfällt auf die vier größten Depots:

- 97 Stellplätze im Depot Paris für die Linie W4,
- 85 Stellplätze im Depot London für die Linie W6,

$$INV = 0{,}20 + 0{,}15\,z_{max} \qquad\qquad INST = m\,INV\,/\,t_{ND}$$

INV	Investitionskosten für ein Hyperschallbahn-Depot in Mrd. EUR
z_{max}	Maximale Zuganzahl im Depot
INST	Jährliche Kosten der Instandhaltung in den Depots in Mrd. EUR
t_{ND}	Nutzungsdauer der Depots mit t_{ND} = 100 Jahre
m	Koeffizient der Instandhaltungsintensität mit m = 0,2

Formel 5.25 Investitionskosten und Kosten der Instandhaltung in den Depots

- 50 Stellplätze im Depot Paris für die Linie W5 und
- 44 Stellplätze im Depot Rom für die Linie W2.

Die erforderlichen Depotkapazitäten verursachen Investitionskosten von 136 Mrd. EUR. Die Instandhaltungskosten erreichen in Summe bis zum Jahr 2160 rund 26 Mrd. EUR bei einem Jahresdurchschnitt von 0,26 Mrd. EUR. Diese Werte basieren auf Formel 5.25 und beinhalten zusätzlich in geringen Umfang Mehrkosten aufgrund folgender baulicher Zwischenstufen:

- Für die Linien W1 und W2 werden im Teilausbau Depots in London benötigt. Mit Vollausbau beider Linien nach Nordamerika gehen beide Depots integriert in die Nutzung durch die Linie W6 über, die ab dem Jahr 2085 in Betrieb geht.
- Die Linie W1 benötigt im Teilausbau ein Depot in Istanbul. Mit Vollausbau der Linie bis in die Golfstaaten wird das Depot Istanbul in eine neue Linie außerhalb des Europanetzes integriert.
- Für die Linie W5 ist im Teilausbau ein Depot in Moskau erforderlich. Mit Vollausbau der Linie nach Ostasien geht das Depot in die Nutzung durch die Linie E10 über, deren Verlängerung von Frankfurt nach Moskau im Jahr 2085 in Betrieb geht.
- Die Linie E10 benötigt im Teilausbau ein Depot in Frankfurt. Mit der genannten Verlängerung dieser Linie im Jahr 2085 wird das Depot in die Linie W 3 integriert, die im gleichen Jahr in Betrieb genommen wird.

5.5.4 Kosten des Zubringerverkehrs

Investitionen in die Infrastruktur des Zubringerverkehrs
Als Zubringer-Infrastruktur werden vereinfachend Eisenbahnstrecken und Kurzstrecken-Magnetschwebebahnen zur Anbindung der Hyperschallbahn-Stationen betrachtet. Die Investitionskosten in die Infrastruktur des Zubringerverkehrs können angenähert nach Formel 5.26 ermittelt werden.

$$INV = k\, L$$

INV   Investitionen in Zubringerstrecken in Mio. EUR
L   Länge der Zubringerstrecke in km
k   spezifische Baukosten pro km Streckenlänge mit
       $k = 7$ beim Ausbau vorhandener Eisenbahnstrecken,
       $k = 35$ beim Neubau von Eisenbahnstrecken und
       $k = 70$ beim Bau von Zubringer-Magnetschwebebahnen

Formel 5.26 Investitionskosten in Zubringerstrecken

Vergleich mit Ausbaumaßnahmen im Bundesverkehrswegeplan (Deutschland)
Der deutsche Bundesverkehrswegeplan 2030 sieht 7,0 Mrd. EUR für den Ausbau von ca. 1.100 km Eisenbahnstrecken vor [42]. Daraus resultieren mittlere spezifische Baukosten von 6,4 Mio. EUR pro km Ausbaustrecke.

Vergleich mit neuen Eisenbahnstrecken (Deutschland)
Die für eine Geschwindigkeit von 300 km/h ausgelegten Eisenbahnstrecken Köln – Rhein/Main und Erfurt – Leipzig/Halle kosteten zusammen 10,6 Mrd. EUR umgerechnet auf das Referenzjahr 2017 und weisen eine Länge von zusammen 304 km auf [42]. Daraus resultieren mittlere spezifische Baukosten von 34,9 Mio. EUR pro km Neubaustrecke.

Vergleich mit Transrapid-Projekten (Deutschland)
Für die beiden ursprünglich geplanten Kurzstrecken-Magnetschwebebahnen München und Metrorapid (Nordrein-Westfalen) mit einer Gesamtlänge von 115 km waren Investitionskosten von insgesamt rund 8,0 Mrd. EUR umgerechnet auf das Referenzjahr 2017 vorgesehen [78]. Die daraus resultierenden spezifischen Baukosten beliefen sich auf 69,6 Mio. EUR pro km Streckenlänge.

Sind Investitionen zur Herstellung einer anforderungsgerechten Zubringer-Infrastruktur nötig, gehen sie vollständig in die stationären Kosten der Hyperschallbahn ein, wenn sie ausschließlich diesem System dienen. Wurden Investitionen in die Zubringer-Infrastruktur unabhängig von der Hyperschallbahn bereits für andere Ziele geplant, bleiben sie in den stationären Kosten des Hyperschallbahn-Systems unberücksichtigt. Nach diesen Prämissen müssen entsprechend Abschn. 3.4 folgende Maßnahmen zur Erreichung einer ausreichenden Zubringer-Fahrzeit in den Kosten der örtlichen Anlagen berücksichtigt werden:

- Ausbau der 130 km langen Eisenbahnverbindung von Eindhoven nach Amsterdam,
- Ausbau der 70 km langen Thalys-Verbindung von Rotterdam nach Amsterdam,
- Ausbau der 120 km langen Eisenbahnverbindung Liverpool – Manchester – Leeds,
- Verlängerung der Eisenbahnstrecke Tel Aviv – Jerusalem um 80 km nach Amman,
- Neubau einer 120 km langen Magnetschwebebahn Genf – Lyon,
- Neubau einer 180 km langen Magnetschwebebahn Nizza – Marseille,
- Neubau einer 200 km langen Magnetschwebebahn Catania – Palermo.

Ergänzend werden je Zubringerstrecke Investitionskosten von 50 Mio. EUR für die Herstellung von Umsteigemöglichkeiten mit der anliegenden Hyperschallbahn-Station

$$K_{ZB} = b\,V_{ZB} \qquad b = k\,(\,0{,}09 + 2\,/\,e\,)$$

K_{ZB}	Kosten der Durchführung des Zubringerverkehrs in EUR
V_{ZB}	Zubringer-Verkehrsleistung von und zu Hyperschallbahn-Stationen in Passagier-km
b	spezifische Betriebskosten im Zubringerverkehr in EUR pro Passagier-km
e	Zubringer-Entfernung in km
k	Systemkoeffizient mit $k = 1$ für Schienenverkehr und $k = 2$ für Magnetschwebebahn

Formel 5.27 Spezifische Betriebskosten im Zubringerverkehr

angenommen. Praxisbeispiele für die Plausibilisierung dieses Wertes sind nicht verfügbar. Die anzubindende Station kann sich sowohl am Anfang bzw. Ende der Zubringerstrecke als auch unterwegs befinden. Betroffen sind 23 Stationen entsprechend Abschn. 3.4.

Insgesamt entstehen nach Formel 5.26 Kosten von insgesamt 40 Mrd. EUR für den Ausbau und Neubau von Strecken im Zeitraum bis zum Jahr 2160. Diese Kosten erhöhen sich unter Einbeziehung der Anbindung der Stationen an die Zubringerstrecken auf 41 Mio. EUR.

Kosten der Durchführung des Zubringerverkehrs
Im Sinne der Nutzergerechtigkeit und mit dem Ziel der vollständigen Potenzialerschließung sollen Hyperschallbahn-Passagiere, die auf die Nutzung des Zubringerverkehrs angewiesen sind, nicht extra dafür bezahlen. Beispielsweise muss ein Passagier von Glasgow nach London nur für den Ticketpreis zwischen den Stationen Schottland und London der Linie E1 aufkommen, nicht jedoch für die Nutzung der Zulaufverbindung Glasgow – Station Schottland.

Die Kosten des Zubringerverkehrs werden auf das gesamte Hyperschallbahn-System umgelegt. Sie beinhalten die Kosten der Durchführung der Zugfahrten, der Nutzung und Instandhaltung der Zubringer-Infrastruktur sowie ergänzender Serviceleistungen. Die Kostenberechnung erfolgt näherungsweise nach Formel 5.27.

Vergleich mit Schienenpersonenverkehr der Deutschen Bahn (Deutschland)
Gemäß Geschäftsbericht 2018 verursacht der Schienenpersonenfernverkehr der Deutschen Bahn spezifische Betriebskosten von ca. 0,10 EUR pro Passagier-km bei einer mittleren Reiseweite von 290 km. Der Schienenpersonennahverkehr weist spezifische Kosten von rund 0,18 EUR pro Passagier-km bei einer mittleren Reiseweite von 23 km auf [49]. Ähnliche Kostenwerte resultieren aus Formel 5.27.

Vergleich mit Transrapid-Projekten (China und Deutschland)
Auf der 30 km langen Transrapid-Strecke Shanghai beträgt der Ticketpreis umgerechnet ca. 0,20 EUR pro Passagier-km [84]. Der Betrieb ist aufgrund geringer Auslastung stark defizitär. Nach Formel 5.27 entstehen für den Verkehr

spezifische Kosten von 0,31 EUR pro Passagier-km. Für die ursprünglich geplante 290 km lange Transrapid-Verbindung Hamburg – Berlin war ein kostendeckender Ticketpreis von ca. 0,20 EUR pro Passagier-km vorgesehen [31, 77]. Nach Formel 5.27 würde dieser Verkehr spezifische Kosten von 0,19 EUR pro Passagier-km verursachen.

Entsprechend Abschn. 3.4 müssen 23 Stationen im Europanetz der Hyperschallbahn durch 23 Eisenbahnstrecken und 3 Magnetschwebebahnen mit nahegelegenen Potenzialstandorten verknüpft werden. Tab. 5.4 zeigt die Entwicklung der Verkehrsleistung auf diesen Strecken zur Bedienung der Hyperschallbahn-Stationen.

Die in Tab. 5.4 verzeichnete Zubringer-Verkehrsleistung beträgt rund 0,6 % der Verkehrsleistung auf den Hyperschallbahn-Linien entsprechend Abschn. 4.4. Sie ist eine Hilfsleistung für den Linienverkehr der Hyperschallbahn und wird daher nicht in der Verkehrsleistung der europäischen Hyperschallbahn berücksichtigt.

Der Zubringerverkehr ist fast nur für kontinentale Hyperschallbahn-Verkehrsrelationen erforderlich, kaum jedoch für interkontinentale Relationen. Demnach hat der Übergang vom Teilausbau zum Vollausbau des europäischen Hyperschallbahn-Netzes nur geringe Auswirkungen auf die Zubringer-Verkehrsleistung. Allerdings ist der Zubringerverkehr direkt vom Hochlauf der Nachfrage im Zeitraum 2060–2070 betroffen (vgl. Abschn. 4.4).

Die mittleren spezifischen Betriebskosten des Zubringerverkehrs pro Passagier-km betragen 0,11 bis 0,12 EUR auf Eisenbahnstrecken, 0,23 bis 0,24 EUR bei den Magnetschwebebahnen und 0,15 EUR im Gesamtdurchschnitt. In Verbindung mit diesem Kostenniveau bewirkt die Entwicklung der Zubringer-Verkehrsleistung gemäß Tab. 5.4 Betriebskosten von 609 Mrd. EUR in Summe bis zum Jahr 2160.

5.5.5 Gesamtkosten örtlicher Anlagen

Gerechnet über den gesamten Betrachtungszeitraum bis zum Jahr 2160 summieren sich die Kosten der örtlichen Anlagen auf 1.530 Mrd. EUR. Annähernd 40 % dieser Kosten

Tab. 5.4 Zubringer-Verkehrsleistung zur Bedienung der Hyperschallbahn-Stationen

Mrd. Passagier-km	2060	2085	2110	2135	2160
Eisenbahnstrecken	9,3	26,3	29,8	31,9	34,0
Magnetschwebebahnen	4,7	11,8	12,9	13,8	14,7
Summe	14,0	38,1	42,7	45,7	48,7

Abb. 5.15 Bestandteile der Kosten örtlicher Anlagen in Summe bis zum Jahr 2160 (Mrd. EUR)

entfallen gemäß Abb. 5.15 auf die Durchführung des Zubringerverkehrs. Weitere 32 % der Kosten werden durch den Betriebsablauf in den Verkehrsstationen verursacht. Vergleichsweise geringe Kosten entstehen durch Investitionen auf den Zubringerstrecken, da diese Investitionen nur auf einem Teil der Zubringerstrecken notwendig werden und auch nur partiell dem Hyperschallbahn-System zugerechnet werden müssen.

5.6 Sonstige und Gesamtkosten

Die Kosten der Hyperschallbahn entstehen im Wesentlichen in den zuvor beschriebenen relevanten Systemelementen. Ergänzend muss berücksichtigt werden, dass die Hyperschallbahn ähnlich den Verkehrsunternehmen der Gegenwart ergänzende Geschäftsaktivitäten beinhaltet, die Kosten verursachen, sich aber nicht den relevanten Systemelementen zuordnen lassen.

Die Kosten dieser Aktivitäten werden als sonstige Kosten betrachtet und ergeben zusammen mit den Kosten der relevanten Systemelemente die Gesamtkosten. Wie auch in die Entwicklung der Erträge (vgl. Kap. 4) werden in die perspektivische Kostenentwicklung keine inflationären Teuerungseffekte eingerechnet.

5.6.1 Sonstige Kosten

Die sonstigen Kosten der Hyperschallbahn resultieren in Analogie zum Luftverkehr und Schienenverkehr der Gegenwart aus

- außergewöhnlichen Einwirkungen,
- dem Projektmanagement,
- bezogenen Dienstleistungen,
- der begleitenden Systemforschung,
- Leasing, Mieten und Pachten,
- Rechts-, Beratungs- und Prüfaktivitäten,
- Versicherungsleistungen und
- weiteren Aufwendungen.

Im Rahmen der Kosten führender europäischer Verkehrsunternehmen standen die sonstigen betrieblichen Aufwendungen im Geschäftsjahr 2018 im folgenden Verhältnis zu den systemrelevanten Teilkosten (Personalkosten, Materialkosten, Abschreibungen):

- 19 % bei der Lufthansa Group [18],
- 16 % bei der International Airlines Group (IAG) [19],
- 12 % bei der Air France KLM [20],
- 14 % bei der Deutschen Bahn AG [49].

In Anlehnung an diese Kostenverhältnisse werden für die Hyperschallbahn sonstige Kosten angenommen, die 15 % der systemrelevanten Kosten betragen. Die Unterscheidung nach systemrelevanten und sonstigen Kosten im genannten Verhältnis trifft sowohl für die laufende Betriebsdurchführung als auch für Investitionen zu.

5.6.2   Gesamtkosten des Europanetzes der Hyperschallbahn

Unter Einbeziehung der sonstigen Kosten belaufen sich die Kosten für den Bau und den Betrieb des europäischen Hyperschallbahn-Netzes bis zum Betrachtungshorizont 2160 auf insgesamt 25.278 Mrd. EUR. Davon entfallen 11.313 Mrd. EUR bzw. annähernd 45 % auf die Investitionen für den Neubau und die Erstausrüstung (Erstinvestitionen), die für die Inbetriebnahme des teilausgebauten Europanetzes im Jahr 2060 und dessen Vollausbau bis zum Jahr 2085 erforderlich sind (vgl. Abb. 5.16).

Anschließende Investitionen für den Ersatz und die Erneuerung von Systemelementen während des Netzbetriebs (Folgeinvestitionen) haben einen Anteil von annähernd 27 % an den Gesamtkosten bis zum Jahr 2160. Mit 43 % weist die Magnetschwebetechnik den mit Abstand größten Kostenanteil unter den Systemelementen auf (vgl. Abb. 5.17).

Die Erstinvestitionen im Umfang von 11.313 Mrd. EUR sind erforderlich für die Schaffung des europäischen Hyperschallbahn-Netzes mit einer Linienlänge von 59.807 km (vgl. Abschn. 3.5) bei einer Fahrweg-Segmentlänge von 35.125 km einschließlich der anteiligen Länge der Atlantiktunnel (vgl. Abschn. 5.1 und 5.2). Damit kostet der Neubau von einem km Linienlänge im Durchschnitt ca. 189 Mio. EUR, während ein km Fahrweg-Segmentlänge Neubaukosten von ca. 322 Mio. EUR verursacht.

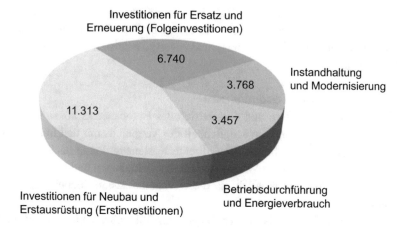

Abb. 5.16   Gesamtkosten im Europanetz bis zum Jahr 2160 nach Kostenarten (Mrd. EUR)

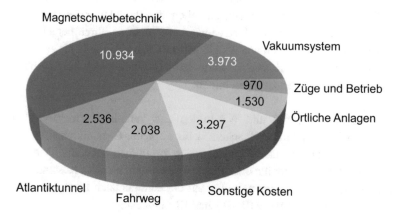

Abb. 5.17   Gesamtkosten im Europanetz bis zum Jahr 2160 nach Systemelementen (Mrd. EUR)

Zum Vergleich sind nachstehend die Investitionskosten realisierter, im Bau befindlicher bzw. ursprünglich geplanter Magnetbahnprojekte aufgeführt:

- Für die im Bau befindliche 286 km lange Magnetbahnstrecke Tokio – Nagoya, dem ersten Bauabschnitt des nahezu vollständig unterirdisch geplanten Chūō-Shinkansen, sind Investitionskosten von rund 29,6 Mrd. EUR vorgesehen [5, 75, 76]. Pro km Strecke entstehen Investitionskosten von 103 Mio. EUR.
- Die 30 km lange, weitgehend oberirdische Transrapid-Strecke in Shanghai verursachte umgerechnet auf das Referenzjahr 2017 Investitionskosten von ca. 1,9 Mrd. EUR bzw. 63 Mio. EUR pro km Strecke [85]. Für den weiteren Ausbau im Ballungsraum Shanghai werden Investitionskosten von 46 Mio. EUR pro km Strecke geplant [86].

- Für die ursprünglich geplante oberirdische und 290 km lange Magnetbahn Berlin – Hamburg waren umgerechnet auf das Referenzjahr 2017 Investitionskosten von 4,9 Mrd. EUR geplant [31, 77]. Das entspricht Investitionskosten von 17 Mio. EUR pro km Streckenlänge.

Anteile der Linien an den Gesamtkosten

Die Gesamtkosten für den Bau und den Betrieb des Europanetzes können auch linien-bezogen bestimmt werden, um die Möglichkeit des Vergleichs mit den linienbezogenen Erträgen gemäß Kap. 4 zu erhalten. Eine direkte Kostenzuordnung nach Linien ist bei der Magnetschwebetechnik, dem Vakuumsystem, bei Fahrzeugen und Betrieb sowie teil-weise bei örtlichen Anlagen möglich, da diese Systemelemente linienbezogen geplant werden müssen.

Der Fahrweg und die Atlantiktunnel nehmen zum Teil mehrere Linien im Bündel auf. In diesen Fällen erfolgt die Kostenzuordnung nach den Linienanteilen an der Summe der Durchmesser der gebündelten Vakuumröhren auf den Fahrwegelementen und in den Atlantiktunneln. Die linienbezogene Kostenzuordnung der Verkehrsstationen wird grundsätzlich nach den Verkehrsmengenanteilen der durchlaufenden Linien ermittelt. Abb. 5.18 zeigt die nach dem beschriebenen Aufteilungsverfahren berechneten Anteile der Linien an den Gesamtkosten von 25.278 Mrd. EUR im Zeitraum bis zum Jahr 2160.

Nach der Verteilung der Kosten bis zum Jahr 2160 lassen sich die in Abb. 5.18 dar-gestellten drei großen Linien-Gruppen bilden:

- Die drei Linien W1, W2 und W3 bilden den Verkehrskorridor Nordamerika – Europa – Golfstaaten und verursachen 31 bis 32 % der Gesamtkosten.
- Die anderen interkontinentalen Linien tragen zusammen ebenfalls 31 bis 32 % der gesamten Kosten. Darunter hat die Linie W4 den dominierenden Kostenteil.
- Rund 37 % der Gesamtkosten entfallen auf die kontinentalen Linien, unter denen die Kostenanteile der Linien E7, E10, E11 und E13 herausragen.

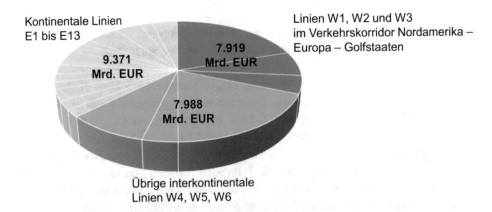

Abb. 5.18 Gesamtkosten im Europanetz der Hyperschallbahn bis zum Jahr 2160 nach Linien

5.6.3   Kostenrelevante Fertigstellungstermine

Um den zeitlichen Verlauf des Finanzierungsumfangs und des wirtschaftlichen Ergebnisses aus dem Bau und dem Betrieb des europäischen Hyperschallbahn-Netzes darstellen zu können, muss die Kostenentwicklung in Analogie zur Ertragsentwicklung (vgl.
Abschn. 4.4) in einer Zeitlinie bis zum Ende des Betrachtungszeitraums im Jahr 2160
dargestellt werden. Dafür werden folgende bautechnologische und baukapazitive Prämissen unterstellt:

- Jeweils ein Jahr vor den regulären Betriebsaufnahmen beginnt der Probebetrieb ohne
  Passagiere. Dies trifft sowohl im teilausgebauten Netz als auch im ergänzenden Netz
  zu. Die Vakuumtechnik muss spätestens ein Jahr vor Aufnahme des Probebetriebs
  fertiggestellt sein.
- Ein Jahr vor Fertigstellung der Vakuumtechnik muss die Magnetschwebetechnik vollständig installiert sein. Die Errichtung der Magnetschwebetechnik ist durch einen
  äußerst hohen Investitionseinsatz geprägt und muss infolgedessen auf den maximal
  möglichen Zeitraum von annähernd 20 Jahren gestreckt werden.
- Der Bauzeitraum für die Vakuumröhren ist dem Termin für die Magnetschwebetechnik zwei Jahre vorgelagert. Die Fertigstellung der die Vakuumröhren
  umhüllenden Streckeninfrastruktur erfolgt wiederum im Vorlauf von zwei Jahren zum
  Bau der Vakuumröhren.
- Die Atlantiktunnel gehen erst mit dem Vollausbau des Europanetzes in Betrieb. Der Bauzeitraum für diese Tunnel endet zeitgleich mit der Fertigstellung der Streckeninfrastruktur
  für den Vollausbau und umfasst aufgrund der Unwägbarkeiten insgesamt 40 Jahre.

Abb. 5.19 verdeutlicht den Zeitablauf für den Bau des teilausgebauten Netzes bis zum
Beginn des Probebetriebs im Jahr 2059 für die anschließende Inbetriebnahme im Jahr 2060.
    Die zeitliche Realisierung der Atlantiktunnel und der ergänzenden Bauleistungen
für den Vollausbau des Europanetzes orientiert sich entsprechend Abb. 5.20 am vorgesehenen Betriebsbeginn im Jahr 2085 mit Aufnahme des Probebetriebs im Jahr 2084.

Planungs- und Baukosten
Um die zeitliche Entstehung der Kosten in ihrem Umfang präziser abbilden zu können,
werden die Investitionskosten nach Planungs- und Baukosten differenziert. Die
Planungsphase der Investitionen hat in der Regel die gleiche Dauer wie die Bauphase,
beginnt jedoch je nach Systemelement zwei bis fünf Jahre vor der Bauphase. Die ersten
Planungsleistungen zur Realisierung des europäischen Hyperschallbahn-Netzes starten
im Jahr 2030 für die Streckeninfrastruktur. Der Anteil der Planungsleistungen an den
Investitionskosten wird in Formel 5.28 modellhaft mit 12 % veranschlagt.

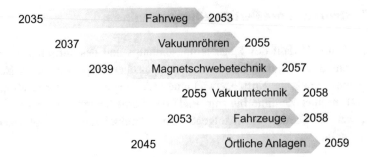

Abb. 5.19 Bauzeiträume für das teilausgebaute Europanetz

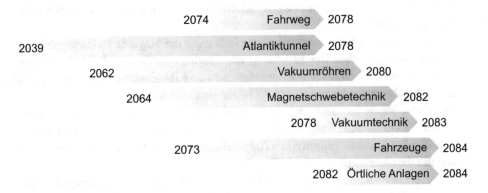

Abb. 5.20 Bauzeiträume für den Vollausbau des Europanetzes

$$INV = INV_{Plan} + INV_{Bau} \qquad INV_{Plan} = 0{,}12\ INV$$

INV   Investitionskosten in einem Systemelement
INV_Plan   Anteil der Planungskosten an den Investitionen
INV_Bau   Anteil der Bau- und Herstellungskosten an den Investitionen

Formel 5.28 Anteil der Planungskosten an den Investitionen

Vergleich mit Anteil der Entwicklungskosten für den Airbus A380 (FR, DE, UK, ES)
Die Entwicklungskosten für den Airbus A 380 umfassten ca. 12 Mrd. EUR. Die Verkaufserlöse für alle ausgelieferten Flugzeuge erreichten ca. 100 Mrd. EUR [87]. Damit betrugen die Entwicklungskosten ca. 12 % der Verkaufserlöse.

Vergleich mit Anteil der Planungskosten bei der Deutschen Bahn AG (Deutschland)
Die Planungskosten für Neu- und Ausbauprojekte der Deutschen Bahn AG werden im Durchschnitt mit ca. 15 % der Investitionskosten kalkuliert [88].

Vergleich mit Anteil der Planungskosten für Transrapid-Projekte (Deutschland)
Die ursprünglich geplanten Transrapid-Projekte in den deutschen Bundesländern
Nordrhein-Westfalen und Bayern wiesen einen Planungskostenanteil von 11 % an
den Investitionen auf [78].

5.6.4 Zeitliche Entwicklung der Kosten

Aus den ermittelten Kostenbestandteilen sowie den vorausgesetzten Bauzeiträumen
und Investitionsphasen resultiert die in Abb. 5.21 dargestellte zeitliche Verteilung der
Gesamtkosten der europäischen Hyperschallbahn vom Beginn der Planungen im Jahr
2030 bis zum Ende des Betrachtungszeitraums im Jahr 2160.

Abb. 5.21 beinhaltet die jährlichen Jahresraten in Summe aus den Investitionskosten,
den Kosten für Instandhaltung und Modernisierung sowie den Kosten der Betriebsführung,
des Energieverbrauchs und der Serviceleistungen. Die Investitionskosten sind unterteilt
nach Erst- und Folgeinvestitionen entsprechend Abb. 5.16. Die Kumulation der Jahresraten
über den Zeitraum 2030–2160 ergibt die in Abschn. 5.6.2 genannte Gesamtsumme der
Kosten von 25.278 Mrd. EUR.

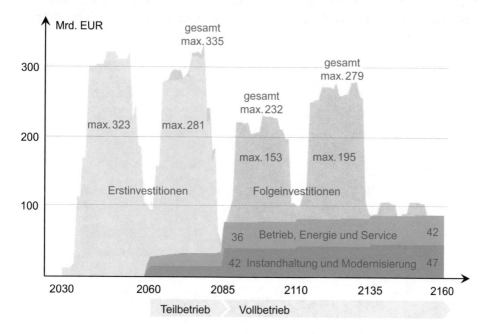

Abb. 5.21 Entwicklung der Gesamtkosten der europäischen Hyperschallbahn

Der zeitliche Kostenverlauf wird durch vier Maximalphasen geprägt:

- Die erste Maximalphase reicht vom Baubeginn im Jahr 2035 bis zur Inbetriebnahme des Teilnetzes im Jahr 2060 mit Jahresraten bis 323 Mrd. EUR. Die Kosten in dieser Phase entstehen vorrangig aus dem Bau des Fahrwegs und der Atlantiktunnel sowie aus der Erstausrüstung mit Magnetschwebetechnik.
- Eine zweite Maximalphase schließt nach Inbetriebnahme des Teilnetzes im Jahr 2060 an und dauert bis zur Inbetriebnahme des vollausgebauten Netzes im Jahr 2085. In dieser Phase werden Jahresraten von maximal 335 Mrd. EUR erreicht. Besondere Kostenwirkung hat die Erstausrüstung mit Magnetschwebetechnik.
- Die dritte Maximalphase beginnt nach Vollausbau des Netzes im Jahr 2085 und erstreckt sich bis zum Jahr 2107 mit Jahresraten bis 232 Mrd. EUR. Die Kosten werden von der Folgeausrüstung der Teilnetzabschnitte mit Magnetschwebetechnik und den laufenden Kosten während des Systembetriebs dominiert.
- Eine vierte Maximalphase im Zeitraum 2114–2132 beinhaltet Jahresraten bis 279 Mrd. EUR. Die Kosten werden besonders von der Folgeausrüstung der ergänzenden Abschnitte mit Magnetschwebetechnik und den laufenden Kosten während des Systembetriebs geprägt.

Der anschließende Betriebszeitraum bis zum Jahr 2160 wird durch die laufenden Kosten während des Systembetriebs bestimmt. Da der Systembetrieb nur bis zum Jahr 2160 betrachtet wird, entfällt die Erfassung von Investitionen mit Wirksamkeit im Zeitraum nach dem Jahr 2160.

Ergebniswirkung

6

Erträge und Kosten werden zu einer vereinfachten Ergebnisrechnung zusammengeführt, die den wirtschaftlichen Erfolg der Hyperschallbahn widerspiegelt. Für den Bau der Hyperschallbahn ist zunächst eine massive Vorfinanzierung durch die beteiligten Staaten erforderlich. Der wirtschaftliche Erfolg der Hyperschallbahn wird an ihrer Fähigkeit der vollständigen Rückzahlung der Vorfinanzierung aus dem laufendem Systembetrieb gemessen. Diese Fähigkeit wird mit der Ergebnisrechnung in verschiedenen Nachfrage-Szenarien für den Prognosefall und für abweichende Entwicklungen der Nachfrage geprüft. Eine entsprechende Prüfung erfolgt ebenso für mehrere Angebot-Szenarien, die mögliche Restriktionen beim Netzausbau beinhalten. Ergänzend zum wirtschaftlichen Ergebnis zeigt das Kapitel die Wirkung der Hyperschallbahn am Verkehrsmarkt. Das neue Verkehrssystem bewirkt im Prognosefall einen gravierenden Anteilsverlust des Luftverkehrs.

6.1 Wirtschaftlichkeit in Nachfrage-Szenarien

Aus der Entwicklung der Erträge und der Kosten folgt die Einschätzung der Wirtschaftlichkeit der europäischen Hyperschallbahn. Größe, Komplexität und Langlebigkeit des Systems erfordern die vollständige Erfassung der Wirtschaftlichkeit über den gesamten Infrastruktur-Lebenszyklus bis zum Jahr 2160. Damit in Verbindung steht ein aus heutiger Sicht unvergleichbar langer Zeitraum der Vorfinanzierung vom Planungsbeginn im Jahr 2030 bis zur vollständigen Inbetriebnahme des Europanetzes im Jahr 2085 zusammen mit äußerst hohen Investitionskosten vor der Betriebsaufnahme.

Ergänzend muss berücksichtigt werden, dass die Ertragsprognose in Abschn. 4.4 aufgrund des sehr langen Prognosezeitraums bis zum Jahr 2160 mit großen Unsicherheiten behaftet ist. Abweichungen der perspektivischen Nachfrageentwicklung von

A. Scholz, *Hyperschallbahn*, https://doi.org/10.1007/978-3-662-66584-8_6

der Prognose können erhebliche Auswirkungen auf das wirtschaftliche Ergebnis verursachen. Die Auswirkungen werden in mehreren Nachfrage-Szenarien aufgezeigt.

6.1.1 Grundsätze und Prämissen

Grundsätze zur Wirtschaftlichkeit und Finanzierung
Das Betriebsergebnis des Systems wird durch eine Gewinn- und Verlustrechnung ab
Betriebsaufnahme im Jahr 2060 bis zum Jahr 2160 ermittelt. Diese Rechnung beinhaltet
vereinfachend die

- Verkehrserlöse und sonstigen Erträge,
- Kosten der Betriebsführung, des Energieverbrauchs und der Serviceleistungen,
- Kosten der Instandhaltung und laufenden Modernisierung von Systemelementen,
- Abschreibungen auf Erst- und Folgeinvestitionen.

Die Abschreibungen werden linear nach Formel 6.1 berechnet. Sie zeigen bei system-
externer Finanzierung der Investitionen den jährlichen Rückzahlungsbedarf auf.

Die Gewinn- und Verlustrechnung verzichtet auf die Einrechnung von Zinsen, Steuern
und weiteren Finanzgrößen. Inflationseffekte gegenüber dem Referenzjahr 2017 werden
ebenfalls nicht berücksichtigt. Das Betriebsergebnis wird unter diesen Prämissen als
positiv eingestuft, wenn die Erträge der Hyperschallbahn die laufenden Systemkosten
und Abschreibungen übersteigen und damit der Rückzahlungsbedarf uneingeschränkt
gedeckt werden kann.

Ab Beginn der Planungen im Jahr 2030 bis zur Inbetriebnahme des vollaus-
gebauten Netzes im Jahr 2085 entsteht ein phasenweise sehr hoher Finanzbedarf für
Erstinvestitionen. Nach Vollinbetriebnahme schließen sich Phasen mit intensiven
Folgeinvestitionen an (vgl. Abb. 5.21). Eine Finanzierung dieser Investitionen über
Kapitalmärkte ist aufgrund des hohen Wertumfangs unwahrscheinlich.

Aus diesem Grund wird eine Finanzierung durch die beteiligten Staaten mit zins-
losen Darlehen bei Rückzahlung aus dem Systembetrieb unterstellt. Staaten gelten als
beteiligt, wenn sie mindestens eine Verkehrsstation im vollausgebauten Netz erhalten.
Betroffen sind 34 Staaten mit einem summarischen Bruttoinlandsprodukt von ca. 18.850
Mrd. EUR im Referenzjahr 2017 [89]. Der Finanzbedarf für Erstinvestitionen in das

Formel 6.1 Lineare
Abschreibungen auf
Investitionen

$$A = INV / t_{ND}$$

A	Jährliche lineare Abschreibung
INV	Investitionskosten
t_{ND}	Nutzungsdauer in Jahren

System beträgt in den nachfolgenden Szenarien im Jahresdurchschnitt 0,6 % bis 1,2 % des Bruttoinlandsprodukts der beteiligten Staaten.

Rund 74 % des genannten Bruttoinlandsprodukts entfielen im Referenzjahr 2017 auf die neun Staaten Deutschland, Großbritannien, Frankreich, Italien, Spanien, Russland, Türkei, Niederlande und Schweiz. Diese Staaten sind mit ca. 71 % ähnlich dominierend beim Verkehrsaufkommen im vollausgebauten Europanetz.

Prämissen für Nachfrage-Szenarien

Zunächst wird ein Basisszenario betrachtet, das vollständig auf der System-dimensionierung und Kostentwicklung in Kap. 5 beruht und dem eine Nachfrageent-wicklung entsprechend Kap. 4 zugrunde liegt. Weitere Szenarien sollen eine große Streuung der Nachfrage gegenüber dem Basisszenario aufweisen, um das Nachfrage-risiko für die Wirtschaftlichkeit deutlich aufzeigen zu können. In diesem Sinne werden Szenarien für 40 % bis 120 % der Nachfrage des Basisszenarios ab dem Jahr 2060 definiert. Auf weitere Szenarien außerhalb des definierten Streubereichs der Nachfrage wird aus folgenden Gründen verzichtet:

- Oberhalb einer Nachfrage von 120 % gegenüber dem Basisszenario müsste aus Kapazitätsgründen ein erheblich verändertes Netz konzipiert werden.
- Eine Nachfrage von weniger als 40 % gegenüber dem Basisszenario wäre mit einer eher unwahrscheinlichen Stagnation oder Reduzierung des weltweiten Luftverkehrs in den kommenden Dekaden verbunden.

Ein Indiz für die perspektivische Ertragsentwicklung ist die Wachstumsprognose in den ersten 20 Jahren nach dem Referenzjahr 2017. Für das Basisszenario wurde ein mittleres jährliches Wachstum (CAGR) des Verlagerungspotenzials von 4,1 % entsprechend Abschn. 4.2 zugrunde gelegt. Abb. 6.1 zeigt, bei welchen Wachstumsraten mit den jeweiligen Nachfrage-Szenarien im definierten Streubereich zu rechnen ist.

Für die einzelnen Nachfrage-Szenarien gelten folgende Annahmen und Prämissen:

- Die prozentualen Ertragsabweichungen zwischen den Szenarien treten in jedem Jahr des Betriebszeitraums 2060–2160 ein.
- Das in den Szenarien definierte Potenzialwachstum verteilt sich homogen auf alle Linien des europäischen Hyperschallbahn-Netzes.
- Die Szenarien unterscheiden sich nicht im Preisniveau entsprechend Abschn. 4.2. Mengenabweichungen in den Szenarien wirken daher proportional auf die Erträge.
- Eine von der Prognose abweichende Entwicklung der Nachfrage ist nicht durch eine veränderte Preis-Nachfrage-Elastizität ausgelöst worden.
- Preisänderungen in den Szenarien zum Ausgleich von Abweichungen der Nachfrage gegenüber der Prognose werden ausgeschlossen.
- Als Gegensteuerung bei Ertragsabweichungen kommen nur Kostenanpassungen auf der Grundlage einer differenzierten Systemdimensionierung in Betracht.

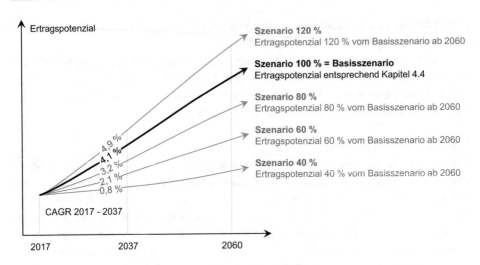

Abb. 6.1 Nachfrage-Szenarien in Abhängigkeit vom CAGR 2017–2037

Bei Kostenanpassungen ist zu berücksichtigen, dass in allen Szenarien grundsätzlich das in Kap. 3 definierte Netz mit seinem einheitlichen Angebot zur Anwendung kommen muss. Punktuelle Systemanpassungen an die unterschiedliche Nachfrage in den Szenarien werden jedoch toleriert. In den einzelnen Szenarien kommen dafür linienspezifisch folgende kostenrelevante Anpassungen gegenüber dem definierten Netz in Betracht:

- Änderung der Platzkapazität der Züge, wobei jedoch der Fahrzeuglänge in Abhängigkeit vom Rumpfdurchmesser Grenzen gesetzt sind (vgl. Abschn. 2.5),
- Änderung der Durchmesser des Fahrzeugrumpfes im Verbund mit Vakuumröhren bzw. der Anzahl der Vakuumröhren pro Linie und Richtung,
- Kürzung von Linien bzw. Verzicht auf einzelne Linien, wenn im Bündel verlaufende Nachbarlinien als Ersatz zur Verfügung stehen,
- Ausnahmsweiser Entfall von Verkehrsstationen bei Linienkürzungen, jedoch nur bei daraus resultierenden geringen Ertragsausfällen.

Entsprechend Abschn. 5.6 starten die ersten Planungsleistungen zur Projektrealisierung im Jahr 2030. Möglichst schon bis zu diesem Zeitpunkt muss erkannt werden, gegen welches Szenario das mittlere jährliche Wachstum des Verlagerungspotenzials tendiert, um die richtigen Entscheidungen bezüglich der Systemdimensionierung treffen zu können.

6.1.2   Nachfrage-Szenario 100 % (Basisszenario)

Abb. 6.2 stellt für das Basisszenario den Verlauf der Erträge aus Abschn. 4.4 den Kosten nach Abschn. 5.6 und den Abschreibungen entsprechend Formel 6.1 ab Betriebsaufnahme im Jahr 2060 bis zum Jahr 2160 gegenüber.

Im Basisszenario tritt folgende Entwicklung der Erträge und Kosten ein:

- Während des Hochlaufs der Erträge bis zum Jahr 2070 entstehen Verluste, die nur durch Anpassung der Abschreibungs- bzw. Rückzahlungsregeln vermeidbar sind.
- Ab dem Jahr 2070 übersteigen die Erträge aus dem Teilnetzbetrieb die Systemkosten und Abschreibungen.
- Ein starker Zuwachs der Systemkosten und Abschreibungen ist im Jahr 2085 mit Inbetriebnahme des vollausgebauten Netzes zu verzeichnen.
- Weitere Kostenanstiege in den Jahren 2110 und 2135 resultieren vorrangig aus der Nachrüstung der Magnetschwebetechnik im Rahmen von Folgeinvestitionen.
- Im vollausgebauten Netz steigen auch die Erträge sprunghaft an und überschreiten die Systemkosten und Abschreibungen durchschnittlich um über 14 %.

Kumuliert über den Zeitraum 2060–2160 werden Erträge von 24.772 Mrd. EUR generiert. Im gleichen Zeitraum und zusätzlich im Probebetriebsjahr 2059 entstehen Systemkosten und Abschreibungen von insgesamt 22.988 Mrd. EUR. Der resultierende

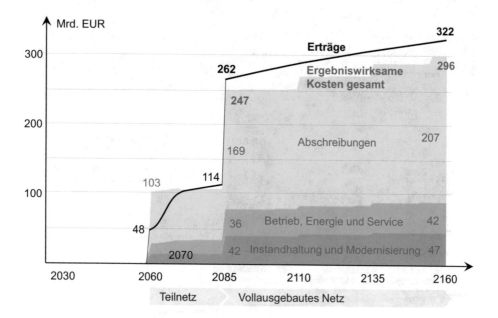

Abb. 6.2 Entwicklung der Kosten und Erträge der europäischen Hyperschallbahn im Basisszenario

Überschuss von 1.784 Mrd. EUR kann zur Abfederung von Geschäftsrisiken und für die Entwicklung der Hyperschallbahn nach dem Jahr 2160 verwendet werden. Tab. 6.1 zeigt zugleich, dass im Basisszenario extern finanzierte Investitionen zeitgerecht aus dem Systembetrieb zurückgezahlt werden können.

Im Basisszenario ist eine annähernd ausgewogene Verteilung der Erträge und Kosten auf die Linien zu verzeichnen, wie Abb. 6.3 verdeutlicht. Alle drei Liniengruppen, die bereits in den Abschn. 4.4 und 5.6 hinsichtlich der Verkehrserlöse und Kosten betrachtet wurden, weisen im Basisszenario einen kumulierten Überschuss über den Zeitraum bis zum Jahr 2160 auf.

Eine kontinentale Linie ist zwar im Durchschnitt deutlich weniger ertragsstark, dafür aufgrund angepasster Systemdimensionierung aber auch erheblich kostengünstiger als eine interkontinentale Linie.

Ab Beginn der Planungen im Jahr 2030 bis zur Inbetriebnahme des vollausgebauten Netzes im Jahr 2085 entsteht im Basisszenario ein kumulierter Finanzbedarf von 11.313 Mrd. EUR für Erstinvestitionen bei durchschnittlich 206 Mrd. EUR pro Jahr und einer maximalen Jahresrate von 323 Mrd. EUR (vgl. Abb. 5.21). Dieser Finanzbedarf beträgt im Durchschnitt ca. 1,1 % des Bruttoinlandsprodukts der beteiligten Staaten. In einzelnen Jahren werden maximal 1,7 % erreicht.

Tab. 6.1 Erträge und Kosten im Basisszenario kumuliert und im Jahresmittel

Erträge und Kosten in Mrd. EUR	Summe 2060–2160	Mittlerer Jahreswert
Verkehrserlöse und sonstige Erträge	24.772	245
Kosten der Instandhaltung und Modernisierung	3.768	37
Kosten für Betrieb, Energieverbrauch und Service	3456	34
Abschreibungen auf Erst- und Folgeinvestitionen	15.764	156
Summe der ergebniswirksamen Kosten	22.988	228
Betriebsergebnis	1.784	18

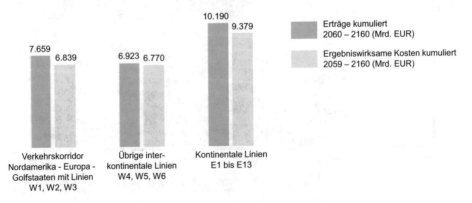

Abb. 6.3 Wirtschaftlichkeit der Linien im Basisszenario

6.1.3   Nachfrage-Szenario 120 %

Das Nachfrage-Szenario 120 % unterstellt in jedem Betriebsjahr 20 % mehr Erträge als im Basisszenario. Die kapazitive Anpassung an die erhöhte Verkehrsnachfrage erfolgt ohne Verlängerung des Liniennetzes. Jedoch werden einige Linien baulich an die erforderliche erhöhte Zugkapazität angepasst, wie nachfolgende Übersicht aufzeigt.

Systemanpassungen gegenüber dem Basisszenario
- Eine zusätzliche Vakuumröhre je Richtung auf Linie W5
- Reduzierung des Fahrzeugdurchmessers von 7,4 m auf 6,2 m auf Linie W5
- Vergrößerung des Fahrzeugdurchmessers von 5,4 m auf 6,2 m auf den Linien E2, E4, E5 und E6
- Vergrößerung des Fahrzeugdurchmessers von 6,2 m auf 7,4 m auf den Linien E7 und E11

Die Linie W1 wird zur Vermeidung von Sprungkosten ohne eine Vergrößerung der Systemparameter gegenüber dem Basisszenario gebaut. Stattdessen muss auf dieser Linie ab dem Jahr 2135 eine Auslastungsregulierung eingeführt werden. Grundsätzlich gilt jedoch auch im Szenario 120 % weiterhin die in Abschn. 2.5 definierte uneingeschränkte Nutzbarkeit des Systems.

Auswirkungen auf die Wirtschaftlichkeit
Die Hyperschallbahn im Basisszenario weist partielle Kapazitätsreserven auf, die im Szenario 120 % genutzt werden können. Demzufolge steigen die Kosten im Szenario 120 % nicht im gleichen Maße wie die Erträge – mit positiven Auswirkungen auf den Überschuss, wie ein Vergleich der Tab. 6.2 mit Tab. 6.1 zeigt.

Der kumulierte Finanzbedarf für Erstinvestitionen erhöht sich im Szenario 120 % auf 12.417 Mrd. EUR bei durchschnittlich 226 Mrd. EUR pro Jahr und einer

Tab. 6.2 Erträge und Kosten im Szenario 120 % kumuliert und im Jahresmittel

Erträge und Kosten in Mrd. EUR	Summe 2060–2160	Mittlerer Jahreswert
Verkehrserlöse und sonstige Erträge	29.727	294
Kosten der Instandhaltung und Modernisierung	4.270	42
Kosten für Betrieb, Energieverbrauch und Service	4.214	42
Abschreibungen auf Erst- und Folgeinvestitionen	18.000	178
Summe der ergebniswirksamen Kosten	26.484	262
Betriebsergebnis	3.243	32

maximalen Jahresrate von 349 Mrd. EUR. Damit beträgt der Finanzbedarf für die Erstinvestitionen im Szenario 120 % durchschnittlich 1,2 % des Bruttoinlandsprodukts der beteiligten Staaten. In einzelnen Jahren werden bis zu 1,9 % erreicht.

6.1.4 Nachfrage-Szenario 80 %

Das Nachfrage-Szenario 80 % unterstellt in jedem Betriebsjahr 20 % geringere Erträge als im Basisszenario. In kapazitiver Anpassung an die reduzierte Verkehrsnachfrage wird auf den Bau einer Linie verzichtet. Drei weitere Linien werden verkürzt, darunter zwei interkontinentale Linien. Zusätzlich werden einige Linien baulich an die benötigte geringere Zugkapazität angepasst.

Systemanpassungen gegenüber dem Basisszenario
- Verkürzung der Linie W2 von New York City – Rom auf London – Rom
- Verkürzung der Linie W3 von Frankfurt – Riad auf Istanbul – Riad
- Reduzierung des Fahrzeugdurchmessers von 7,4 m auf 6,2 m auf den Linien W2, W3, W4 und W6
- Entfall der Linie E9
- Verkürzung der Linie E10 von Lissabon – Moskau auf Lissabon – Berlin
- Entfall der Station Minsk
- Weiterbetrieb des Depots London für Linie W2 ab dem Jahr 2085
- Inbetriebnahme des Depots Berlin für Linie E10 ab dem Jahr 2085

Im Resultat der Anpassungen reduziert sich im Szenario 80 % die gesamte Linienlänge von 59.807 km im Basisszenario um annähernd 13 % auf 52.103 km. In jedem Fall stehen weiterhin alternative Linien zur Verfügung. Allerdings kann im Resultat der Linienkürzung eine vorgesehene Verkehrsstation nicht mehr an das Netz angebunden werden. Der eingeschränkte Netzzugang führt zu einem Ertragsausfall von 0,3 % zusätzlich zu dem mit dem Szenario definierten Ausfall von 20 % gegenüber dem Basisszenario.

Auswirkungen auf die Wirtschaftlichkeit
Das Nachfrage-Szenario 80 % bietet die Möglichkeit, mit den genannten Anpassungen die Kosten annähernd proportional zu den Erträgen zu reduzieren. Damit können entsprechend Tab. 6.3 auch in diesem Szenario extern finanzierte Investitionen zeitgerecht aus dem Systembetrieb zurückgezahlt werden. Zugleich

Tab. 6.3   Erträge und Kosten im Szenario 80 % kumuliert und im Jahresmittel

Erträge und Kosten in Mrd. EUR	Summe 2060–2160	Mittlerer Jahreswert
Verkehrserlöse und sonstige Erträge	19.759	196
Kosten der Instandhaltung und Modernisierung	3.146	31
Kosten für Betrieb, Energieverbrauch und Service	2.758	27
Abschreibungen auf Erst- und Folgeinvestitionen	13.217	131
Summe der ergebniswirksamen Kosten	19.121	189
Betriebsergebnis	638	6

verbleibt ein Überschuss, der etwa ein Drittel vom Überschuss im Basisszenario erreicht.

Durch die reduzierten Systemdimensionen im Szenario 80 % sinkt der kumulierte Finanzbedarf für Erstinvestitionen auf 9.495 Mrd. EUR bei durchschnittlich 173 Mrd. EUR pro Jahr und einer maximalen Jahresrate von 280 Mrd. EUR. Dieser Finanzbedarf beträgt im Durchschnitt der Jahre 2030 bis 2085 rund 0,9 % des Bruttoinlandsprodukts der beteiligten Staaten. In einzelnen Jahren werden maximal 1,5 % erreicht.

6.1.5   Nachfrage-Szenario 60 %

In diesem Nachfrage-Szenario werden in jedem Betriebsjahr 60 % der Erträge des Basisszenarios generiert. Wie bereits im Szenario 80 % reduziert sich die gesamte Linienlänge durch Kürzung bzw. Entfall von Linien auf 52.103 km. In deutlich stärkerem Maße als im Szenario 80 % werden Linien baulich an die benötigte geringere Zugkapazität angepasst.

Systemanpassungen gegenüber dem Basisszenario

- Reduzierung des Fahrzeugdurchmessers von 7,4 m auf 6,2 m auf der Linie W1
- Verkürzung der Linie W2 von New York City – Rom auf London – Rom
- Verkürzung der Linie W3 von Frankfurt – Riad auf Istanbul – Riad
- Reduzierung des Fahrzeugdurchmessers von 7,4 m auf 5,4 m auf den Linien W2 und W3
- Reduzierung von zwei auf eine Vakuumröhre pro Richtung auf den Linien W4 und W6
- Reduzierung des Fahrzeugdurchmessers von 7,4 m auf 6,2 m auf der Linie W5
- Reduzierung des Fahrzeugdurchmessers von 6,2 m auf 5,4 m auf Linien E3, E7, E8, E10, E11, E13

- Entfall der Linie E9
- Verkürzung der Linie E10 von Lissabon – Moskau auf Lissabon – Berlin
- Entfall der Station Minsk
- Weiterbetrieb des Depots London für Linie W2 ab dem Jahr 2085
- Inbetriebnahme des Depots Berlin für Linie E10 ab dem Jahr 2085

Auswirkungen auf die Wirtschaftlichkeit

Auch im Szenario 60 % sind in jedem Fall weiterhin alternative Linien nutzbar, allerdings wie im Szenario 80 % mit Entfall der Netzanbindung einer Verkehrsstation. Ertragsausfälle können noch weitgehend durch Kostensenkungen kompensiert werden. Die Kostenanpassungen reichen jedoch nicht mehr aus, um ein leicht negatives Betriebsergebnis gemäß Tab. 6.4 abzuwenden. Das Szenario 60 % verfehlt das Ziel einer zeitgerechten Rückzahlung extern finanzierter Investitionen aus dem Systembetrieb um rund 1 %, gemessen am Verhältnis aus Betriebsergebnis und Abschreibungen auf Erst- und Folgeinvestitionen.

Die im Szenario 60 % weiter reduzierten Systemdimensionen führen zu einem kumulierten Finanzbedarf für Erstinvestitionen von 7.666 Mrd. EUR bei durchschnittlich 139 Mrd. EUR pro Jahr und einer maximalen Jahresrate von 233 Mrd. EUR. Der genannte Finanzbedarf entspricht im Durchschnitt 0,7 % des Bruttoinlandsprodukts der beteiligten Staaten. In einzelnen Jahren werden maximal 1,2 % erreicht.

6.1.6   Nachfrage-Szenario 40 %

Im Nachfrage-Szenario 40 % werden in jedem Betriebsjahr nur noch 40 % der Erträge des Basisszenarios erzielt. Gegenüber den vorangegangenen Szenarien reduziert sich die gesamte Linienlänge durch Kürzung bzw. Entfall von Linien weiter auf 51.115 km.

Tab. 6.4 Erträge und Kosten im Szenario 60 % kumuliert und im Jahresmittel

Erträge und Kosten in Mrd. EUR	Summe 2060–2160	Mittlerer Jahreswert
Verkehrserlöse und sonstige Erträge	14.819	147
Kosten der Instandhaltung und Modernisierung	2.484	25
Kosten für Betrieb, Energieverbrauch und Service	2.015	20
Abschreibungen auf Erst- und Folgeinvestitionen	10.450	103
Summe der ergebniswirksamen Kosten	14.949	148
Betriebsergebnis	−130	−1

Zusätzlich trägt die verstärkte Reduzierung der Systemdimensionen zur Anpassung der Systemkosten an die geringeren Erträge bei.

Systemanpassungen gegenüber dem Basisszenario
* Reduzierung von zwei auf eine Vakuumröhre pro Richtung auf den Linien W1, W4 und W6
* Verkürzung der Linie W2 von New York City – Rom auf London – Rom
* Verkürzung der Linie W3 von Frankfurt – Riad auf Istanbul – Riad
* Reduzierung des Fahrzeugdurchmessers von 7,4 m auf 5,4 m auf den Linien W2 und W3
* Reduzierung des Fahrzeugdurchmessers von 7,4 m auf 6,2 m auf den Linien W4, W5 und W6
* Reduzierung des Fahrzeugdurchmessers von 6,2 m auf 5,4 m auf Linien E3, E7, E8, E10, E11, E13
* Entfall der Linie E9
* Verkürzung der Linie E10 von Lissabon – Moskau auf Lissabon – Mailand
* Entfall der Station Minsk
* Weiterbetrieb des Depots London für Linie W2 ab dem Jahr 2085
* Inbetriebnahme des Depots Mailand für Linie E10 ab dem Jahr 2060

Auswirkungen auf die Wirtschaftlichkeit
Trotz der Systemanpassungen besteht auch im Szenario 40 % die Möglichkeit der Nutzung alternativer Linien, jedoch bei Entfall der Netzanbindung einer Verkehrsstation. Im Unterschied zu den vorangegangenen Szenarien ist das Kostensenkungspotenzial im Szenario 40 % weitgehend ausgeschöpft. Eine Kompensation der Ertragsausfälle durch Kostensenkungen im System ist nur noch begrenzt möglich. In der Folge entsteht entsprechend Tab. 6.5 ein deutlich

Tab. 6.5 Erträge und Kosten im Szenario 40 % kumuliert und im Jahresmittel

Erträge und Kosten in Mrd. EUR	Summe 2060–2160	Mittlerer Jahreswert
Verkehrserlöse und sonstige Erträge	9.880	98
Kosten der Instandhaltung und Modernisierung	1.954	19
Kosten für Betrieb, Energieverbrauch und Service	1.460	14
Abschreibungen auf Erst- und Folgeinvestitionen	8.134	81
Summe der ergebniswirksamen Kosten	11.548	114
Betriebsergebnis	−1.668	−17

negatives Betriebsergebnis, das keine zeitgerechte Rückzahlung extern finanzierter Investitionen aus dem Systembetrieb zulässt.

Die im Szenario 40 % weiter reduzierten Systemdimensionen bewirken eine Absenkung des kumulierten Finanzbedarfs für Erstinvestitionen im Zeitraum 2030–2085 auf 6.190 Mrd. EUR bei durchschnittlich 113 Mrd. EUR pro Jahr und einer maximalen Jahresrate von 206 Mrd. EUR. Dieser Finanzbedarf beträgt durchschnittlich 0,6 % des Bruttoinlandsprodukts der beteiligten Staaten. In einzelnen Jahren werden maximal 1,1 % erreicht.

6.1.7   Vergleichende Bewertung der Nachfrage-Szenarien

Abb. 6.4 vergleicht die mittleren jährlichen Betriebsergebnisse der Nachfrage-Szenarien im Betriebszeitraum 2060 bis 2160 und verdeutlicht, dass mit zunehmendem Ertragspotenzial das Betriebsergebnis der Hyperschallbahn ansteigt. Übertrifft das Ertragspotenzial 60 % des Potenzialwerts im Basisszenario, kann mit einem positiven Betriebsergebnis gerechnet werden. Abb. 6.4 setzt in allen betrachteten Nachfrage-Szenarien Liniennetze voraus, die ein mit dem Basisszenario vergleichbares Verkehrsangebot ermöglichen.

Abb. 6.5 vergleicht den mittleren jährlichen Finanzbedarf für Erstinvestitionen in den Nachfrage-Szenarien im Zeitraum ab Planungsbeginn im Jahr 2030 bis Vollinbetrieb-

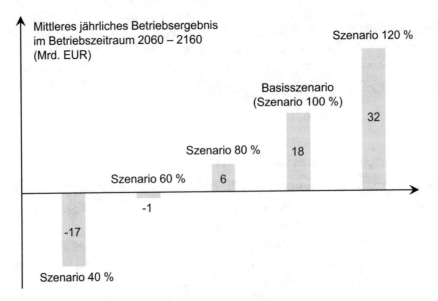

Abb. 6.4 Mittleres jährliches Betriebsergebnis in den Nachfrage-Szenarien

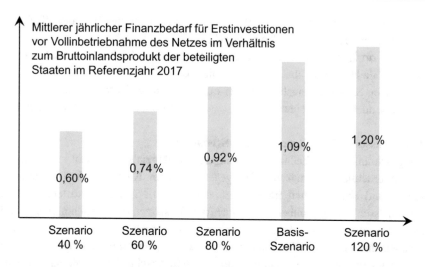

Abb. 6.5 Mittlerer jährlicher Finanzbedarf für Erstinvestitionen in den Nachfrage-Szenarien

nahme des Netzes im Jahr 2085. Der Finanzbedarf ist prozentual zum Bruttoinlandsprodukt aller beteiligten Staaten im Referenzjahr 2017 dargestellt. Aus Abb. 6.5 zeichnet sich eine annähernd lineare Zunahme des Finanzbedarfs für die Erstinvestitionen mit steigendem Ertragspotenzial im Hyperschallbahn-Netz ab. Eine ähnliche Abhängigkeit gilt für Folgeinvestitionen.

6.2 Wirtschaftlichkeit in Angebot-Szenarien

6.2.1 Grundsätze und Prämissen

Die in Abschn. 6.1 beschriebenen Nachfrage-Szenarien basieren auf einem Liniennetz, mit dem das in Kap. 4 ermittelte Verlagerungspotenzial weitestgehend erschlossen werden kann. Jedoch muss auch die Möglichkeit politischer, wirtschaftlicher, technischer und weiterer Restriktionen berücksichtigt werden, die die Abkehr von einem vollständigen, nachfragegerechten Liniennetz und die Orientierung auf Teillösungen erzwingen können.

Abschn. 6.2 stellt in diesem Kontext exemplarisch mögliche Teilnetze in Angebot-Szenarien vor und bewertet sie in ihrer Wirtschaftlichkeit. Im Unterschied zum Abschn. 6.1 werden keine variierenden Ertragsprognosen betrachtet, sondern es wird für die jeweiligen Teilnetze ein perspektivischer Anstieg der Nachfrage entsprechend dem Prognosefall in Kap. 4 vorausgesetzt. Die für die Nachfrage-Szenarien definierten Grundsätze hinsichtlich der Wirtschaftlichkeit und Finanzierung gelten auch für die Angebot-Szenarien. Folgende Angebot-Szenarien werden beschrieben und in ihrer Wirtschaftlichkeit bewertet:

- Das Szenario Kontinental unterstellt ein autarkes europäisches Hyperschallbahn-Netz. Interkontinentale Linien werden nicht gebaut.
- Im Szenario Interkontinental werden interkontinentale Linien betrachtet, ohne dass kontinentale Hyperschallbahn-Netze existieren.
- In weiteren Szenarien entstehen weder ein europäisches Netz noch interkontinentale Linien, sondern nur vereinzelte Linien bzw. Punkt-Punkt-Verbindungen in Europa.

Systemanpassung für weitere Angebot-Szenarien

Die eingeschränkte Erschließung des Verlagerungspotenzials verursacht in den Angebot-Szenarien erhebliche Ertragseinbußen gegenüber dem Nachfrage-Basisszenario. Aus diesem Grund müssen auch im Rahmen der Angebot-Szenarien kostenreduzierende Systemanpassungen gegenüber dem Nachfrage-Basisszenario vorgenommen werden, ohne die Zugfolgezeit von 10 min aufzugeben. Um die Kosten unter diesen Bedingungen anzupassen und eine weiterhin angemessene Fahrzeugauslastung zu erreichen, können in einzelnen Angebot-Szenarien ergänzend zu den in Abschn. 2.5 definierten abgestuften Fahrzeugdimensionen verkleinerte Fahrzeugprofile für Züge mit maximal 600 bzw. 200 Sitzplätzen entsprechend Abb. 6.6 zur Anwendung kommen.

Auch für diese Fahrzeugprofile gilt die in Abschn. 2.5 definierte Abhängigkeit zwischen Rumpflänge und Rumpfdurchmesser bei Fahrzeugen ebenso wie die Abhängigkeit zwischen den Durchmessern der Fahrzeuge, Vakuumröhren und Tunnel.

- bis 600 Sitzplätze je Zug
- Rumpfdurchmesser 4,0 m
- Passagierbereich bis ca. 200 m lang

- bis 200 Sitzplätze je Zug
- Rumpfdurchmesser 2,6 m
- Passagierbereich bis ca. 130 m lang

bis 600 Sitzplätze je Zug
Rumpfdurchmesser 4,0 m
Rumpflänge bis 200 m
6 Sitzgruppen mit je 100 Plätzen
und 25 m Länge
5 Zwischenbereiche mit je 10 m Länge

bis 200 Sitzplätze je Zug
Rumpfdurchmesser 2,6 m
4 Sitzgruppen mit je 50 Plätzen
und 25 m Länge
3 Zwischenbereich mit je 10 m Länge
Rumpflänge = 4 x 25 + 3 x 10 = 130 m

Abb. 6.6   Ergänzende Zugdimensionen für Angebot-Szenarien

Die Kostenformeln für die Systemelemente gemäß Kap. 5 werden im Zusammenhang mit der Anwendung der ergänzenden Zugdimensionen übernommen.

6.2.2   Angebot-Szenario Kontinental

In diesem Szenario wird ein isoliertes europäisches Hyperschallbahn-Netz ohne Anbindung an interkontinentale Verbindungen realisiert, das im Jahr 2060 in Betrieb geht. Das entstehende Liniennetz umfasst 16 Linien mit einer Gesamtlänge von 39.370 km und entspricht damit dem teilausgebauten Basisnetz gemäß Abb. 3.30. Es erhält jedoch partiell reduzierte Systemdimensionen, da das Angebot-Szenario Kontinental keinen nachträglichen Netzausbau mit Anbindung an interkontinentale Linien vorsieht. Die Bedienung der Linien erfolgt weiterhin in einer Zugfolge von 10 min.

Anpassungen gegenüber Teilausbau im Basisszenario
- Reduzierung des Fahrzeugdurchmessers von 7,4 m auf 6,2 m auf den Linien W1 und W3
- Reduzierung des Fahrzeugdurchmessers von 7,4 m auf 5,4 m auf der Linie W2
- Reduzierung des Fahrzeugdurchmessers von 6,2 m auf 5,4 m auf den Linien E8 und E13

Auswirkungen auf die Wirtschaftlichkeit
Die Wirtschaftlichkeit des Angebot-Szenarios Kontinental wird im Vergleich zum Nachfrage-Basisszenario in Abschn. 6.1 im Zeitraum 2060–2160 durch folgende Einflüsse geprägt:

- Die Verkehrsleistung sinkt durch den Entfall interkontinentaler Relationen um 57 %.
- Mit der Verkehrsleistung und nach Systemanpassung sinken die Kosten um 48 %.
- Das mittlere Preisniveau je Einheit Verkehrsleistung steigt um 21 %.

Die divergierende Entwicklung der Verkehrsleistung und der Kosten würde ohne den Preiseffekt zu einem negativen Betriebsergebnis im Szenario Kontinental führen. Das steigende Preisniveau kompensiert jedoch diese Entwicklung. Es resultiert aus der Beschränkung des Angebot-Szenarios auf die vorrangige Bedienung des innereuropäischen Verkehrsmarktes. Der Luftverkehr in diesem Marktsegment weist im Vergleich zum weltweiten Luftverkehr ein überdurchschnittliches Preisniveau auf (vgl. Abb. 4.6 und Abschn. 4.3).

Im Ergebnis können im Angebot-Szenario Kontinental extern finanzierte Investitionen zeitgerecht aus dem Systembetrieb zurückgezahlt werden und es ver-

Tab. 6.6 Erträge und Kosten im Angebot-Szenario Kontinental kumuliert und im Jahresmittel

Erträge und Kosten in Mrd. EUR	Summe 2060–2160	Mittlerer Jahreswert
Verkehrserlöse und sonstige Erträge	12.924	128
Kosten der Instandhaltung und Modernisierung	1.870	19
Kosten für Betrieb, Energieverbrauch und Service	2.120	21
Abschreibungen auf Erst- und Folgeinvestitionen	8.074	80
Summe der ergebniswirksamen Kosten	12.064	119
Betriebsergebnis	860	9

bleibt entsprechend Tab. 6.6 ein Überschuss, der in ähnlichem Verhältnis zu den Erträgen steht wie im Basisszenario.

Der kumulierte Finanzbedarf für Erstinvestitionen verringert sich im Angebot-Szenario Kontinental auf 4.622 Mrd. EUR bzw. 41 % des Vergleichswertes im Nachfrage-Basisszenario. Durchschnittlich entsteht vor dem Jahr 2060 ein Finanzbedarf von 154 Mrd. EUR pro Jahr für Erstinvestitionen bei einer maximalen Jahresrate von 242 Mrd. EUR. Damit beträgt dieser Finanzbedarf durchschnittlich 0,8 % des Bruttoinlandsprodukts der beteiligten Staaten. In einzelnen Jahren werden bis zu 1,3 % erreicht.

6.2.3 Angebot-Szenario Interkontinental

Das Szenario Interkontinental beinhaltet den Bau interkontinentaler Linien ohne Ergänzung durch kontinentale Netze. Es betrachtet die Wirtschaftlichkeit der Linien W1 bis W6 gemäß Abb. 3.31 und Abschn. 3.2 auf einer Länge von insgesamt 25.139 km in den definierten Grenzen des Europanetzes der Hyperschallbahn. Die Linien gehen im Jahr 2085 in Betrieb und werden in einer Zugfolge von 10 min bedient. Die fehlende Verknüpfung mit kontinentalen Netzen verursacht eine gegenüber dem Basisszenario erheblich geringere Verkehrsnachfrage auf den sechs Linien. Jede dieser Linien erhält deshalb reduzierte Systemdimensionen.

Anpassungen gegenüber Vollausbau im Basisszenario
- Entfall der Linien E1 bis E13
- Reduzierung von zwei auf eine Vakuumröhre pro Richtung auf den Linien W1, W4 und W6
- Reduzierung des Fahrzeugdurchmessers von 7,4 m auf 6,2 m auf den Linien W1, W4 und W6
- Reduzierung des Fahrzeugdurchmessers von 7,4 m auf 5,4 m auf den Linien W2, W3 und W5

Auswirkungen auf die Wirtschaftlichkeit
Im Nachfrage-Basisszenario können die interkontinentalen Linien W1 bis W6 kosten-
deckend betrieben werden (vgl. Abschn. 6.1). Im Vergleich dazu verzeichnet das
Angebot-Szenario Interkontinental aufgrund des eingeschränkten Verkehrsangebots
folgende finanzielle Entwicklung in Summe bis zum Jahr 2160 (vgl. Tab. 6.7):

- Erträge von 5.133 Mrd. EUR statt 14.582 Mrd. EUR,
- Ergebniswirksame Kosten von 5.827 Mrd. EUR statt 13.610 Mrd. EUR,
- Anteilige Kosten der Atlantiktunnel 1.252 Mrd. EUR statt 2031 Mrd. EUR.

Die Zahlen verdeutlichen, dass im Angebot-Szenario Interkontinental ein negatives
Betriebsergebnis entsteht. Extern finanzierte Investitionen können nicht zeitgerecht aus dem Systembetrieb zurückgezahlt werden. Das Defizit wird zu einem
erheblichen Anteil durch die Entwicklung der Atlantiktunnel-Kosten verursacht.
Während die Atlantiktunnel im Nachfrage-Basisszenario einen Anteil von 14,9
% an den gesamten ergebniswirksamen Kosten der Linien W1 bis W6 aufweisen,
steigt dieser Anteil im Angebot-Szenario Interkontinental auf 21,5 %.

Im Szenario Interkontinental beträgt der Finanzbedarf für Erstinvestitionen
4.194 Mrd. EUR über einen Zeitraum von 41 Jahren vor Inbetriebnahme bei
durchschnittlich 102 Mrd. EUR pro Jahr und einer maximalen Jahresrate von 222
Mrd. EUR. Der Finanzbedarf umfasst im Durchschnitt 0,7 % des Bruttoinlandsprodukts der beteiligten Staaten bei Maximalraten von 1,6 % in einzelnen Jahren.
Dabei ist zu berücksichtigen, dass im Angebot-Szenario Interkontinental nur 12
Staaten Stationszugang zu den Linien innerhalb der Grenzen des Europanetzes
haben. Diese Staaten erwirtschafteten im Referenzjahr 2017 ein summarisches
Bruttoinlandsprodukt von ca. 14.110 Mrd. EUR.

Tab. 6.7 Erträge und Kosten im Angebot-Szenario Interkontinental kumuliert und im Jahresmittel

Erträge und Kosten in Mrd. EUR	Summe 2060–2160	Mittlerer Jahreswert
Verkehrserlöse und sonstige Erträge	5.133	68
Kosten der Instandhaltung und Modernisierung	998	13
Kosten für Betrieb, Energieverbrauch und Service	507	7
Abschreibungen auf Erst- und Folgeinvestitionen	4.322	57
Summe der ergebniswirksamen Kosten	5.827	77
Betriebsergebnis	−694	−9

6.2.4   Angebot-Szenario Einzellinien

Dieses Angebot-Szenario betrachtet den Fall, dass kein Liniennetz realisiert wird,
sondern nur eine oder mehrere Einzellinien in Europa ohne Verknüpfung untereinander.
Beispielhaft werden drei autarke Linien hinsichtlich ihrer Wirtschaftlichkeit betrachtet.
Die Einzellinien gehen im Jahr 2060 in Betrieb und werden jeweils in einer Zugfolge
von 10 min bedient.

Die in Abb. 6.7 dargestellte 2.596 km lange Linie London – Frankfurt – Istanbul entspricht in ihrer Ausdehnung der Linie W1 des Nachfrage-Basisszenarios im Teilausbau.
Die fehlende Netzverknüpfung bewirkt jedoch eine mittlere Verkehrsstärke von nur rund
10 % im Vergleich zur Linie W1 nach Vollausbau im Basisszenario. Dennoch ist die
Linie London – Frankfurt – Istanbul perspektivisch eine der mengenstärksten unter den
möglichen Einzellinien in Europa.

Das resultierende Ertragspotenzial der Einzellinie ermöglicht in Verbindung mit einer
Kostenreduzierung bei Einsatz von Fahrzeugen mit einem Rumpfdurchmesser von 4,0
m ein nahezu ausgeglichenes Betriebsergebnis bei annähernd zeitgerechter Rückzahlung
extern finanzierter Investitionen aus dem Systembetrieb. Insgesamt fünf Staaten sind
an der Linie beteiligt und benötigen für die Finanzierung der Erstinvestitionen von 183
Mrd. EUR über 15 Jahre lang durchschnittlich 0,16 % ihres Bruttoinlandsprodukts des
Referenzjahres 2017.

Die 2.136 km lange Linie Madrid – Paris – Berlin entsprechend Abb. 6.8 setzt sich
aus Teilabschnitten der Linien E7 und W5 des Nachfrage-Basisszenarios zusammen. Aus
der fehlenden Netzverknüpfung resultiert eine mittlere Verkehrsstärke von weniger als
16 % im Vergleich zu den betroffenen Abschnitten der Linien E7 und W5 nach Vollausbau im Basisszenario. Die Linie Madrid – Paris – Berlin ist gleichwohl recht mengenstark unter den möglichen Einzellinien in Europa.

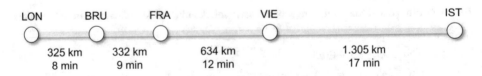

Abb. 6.7   Schema der Einzellinie London – Frankfurt – Istanbul

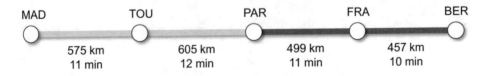

Abb. 6.8   Schema der Einzellinie Madrid – Paris – Berlin

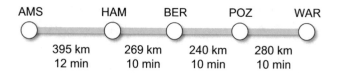

Abb. 6.9 Schema der Einzellinie Amsterdam – Berlin – Warschau

Die Kostenreduzierung durch Systemauslegung für Fahrzeugdurchmesser von 4,0 m kann ein negatives Betriebsergebnis nicht verhindern. Damit ist eine zeitgerechte Rückzahlung extern finanzierter Investitionen aus dem Systembetrieb nicht möglich. Insgesamt drei Staaten profitieren von der Linie und müssten für die Erstfinanzierung von 158 Mrd. EUR über 15 Jahre lang durchschnittlich 0,15 % ihres Bruttoinlandsprodukts des Referenzjahres 2017 einkalkulieren.

Die 1.184 km lange Linie Amsterdam – Berlin – Warschau gemäß Abb. 6.9 entspricht einem Teilabschnitt der Linie E4 des Nachfrage-Basisszenarios. Die fehlende Netzverknüpfung bewirkt jedoch eine mittlere Verkehrsstärke von weniger als 10 % im Vergleich zur Linie E4 im Basisszenario. Im Unterschied zu den beiden vorgenannten Linienbeispielen weist die Linie Amsterdam – Berlin – Warschau nur eine mittlere Verkehrsstärke unter den möglichen Einzellinien auf. Die daraus resultierende Ertragsschwäche kann durch die mögliche Reduzierung der Kosten nicht kompensiert werden.

Selbst bei dem Kosten senkenden Einsatz von Fahrzeugen mit einem Rumpfdurchmesser von nur 2,6 m wird das Betriebsergebnis der Einzellinie Amsterdam – Berlin – Warschau stark negativ und verhindert eine zeitgerechte Rückzahlung extern finanzierter Investitionen aus dem Systembetrieb. Im Vergleich dazu weist die Linie E4 im Nachfrage-Basisszenario ein positives Betriebsergebnis auf.

Insgesamt drei Staaten haben Zugang zur Linie und müssten für die Finanzierung der Erstinvestitionen von 55 Mrd. EUR über 15 Jahre lang durchschnittlich 0,08 % ihres Bruttoinlandsprodukts des Referenzjahres 2017 aufwenden.

Tab. 6.8 vergleicht die finanziellen Kennzahlen der betrachteten Einzellinien. Die drei Linienbeispiele lassen folgende Einschätzung zur Wirtschaftlichkeit von Einzellinien zu:

- Einzellinien weisen eine geringe Verkehrsstrombündelung auf. Sie sind deshalb tendenziell ertragsschwach und trotz Kostenreduzierung nach Systemanpassungen überwiegend unwirtschaftlich im Betrieb.
- Nur die am stärksten frequentierten Einzellinien in dicht besiedelten Regionen Europas und in Kombination mit der Verbindung von Mega-Cities können ein annähernd ausgeglichenes wirtschaftliches Ergebnis erzielen.
- Die Erstfinanzierung einer Einzellinie verursacht für die an der Liniennutzung beteiligten Staaten einen erheblich geringeren finanziellen Aufwand – gemessen am Anteil vom Bruttoinlandsprodukt – als beim Bau von Liniennetzen.

Tab. 6.8 Systemparameter und finanzielle Kennzahlen der ausgewählten Einzellinien

Systemparameter und Kennzahlen	Linie LON – IST	Linie MAD – BER	Linie AMS – WAR
Linienlänge (km)	2.596	2.136	1.184
Mittleres jährliches Passagieraufkommen (Mio. P)	24,3	19,7	6,7
Zugfolgezeit (Minuten)	10	10	10
Anzahl Vakuumröhren pro Richtung	1	1	1
maximale Platzanzahl pro Zug	600	500	200
Fahrzeugrumpfdurchmesser (m)	4,0	4,0	2,6
Mittlere jährliche Erträge (Mio. EUR)	3.499	2.770	547
Mittlere jährliche Kosten (Mio. EUR)	3.503	2.871	880
Mittleres jährliches Betriebsergebnis (Mio. EUR)	−4	−102	−333

6.2.5 Angebot-Szenario Punkt-Punkt-Verbindungen

Das Angebot-Szenario Punkt-Punkt-Verbindungen betrachtet Nonstop-Relationen zwischen zwei benachbarten Potenzialstandorten ohne Verknüpfung mit anderen Hyperschallbahn-Verbindungen. Beispielhaft werden drei Verbindungen in Europa in ihrer Wirtschaftlichkeit betrachtet. Die Verbindungen gehen im Jahr 2060 in Betrieb und werden jeweils in einer Zugfolge von 10 min bedient.

Entsprechend dem Nachfrage-Basisszenario entsteht im Jahr 2085 zwischen London und Paris eine Verkehrsstärke von 414 Mio. Passagieren in Summe von vier gebündelten Hyperschallbahn-Linien des vollausgebauten Europanetzes. An dieser Verkehrsstärke hat das direkte Verkehrsaufkommen zwischen beiden Mega-Cities einen Anteil von 21 %. Für eine Punkt-Punkt-Verbindung London – Paris entsprechend Abb. 6.10 resultiert daraus ein außergewöhnlich hohes Verkehrspotenzial, das den Einsatz von Fahrzeugen mit einem Rumpfdurchmesser von 5,4 m erfordert (vgl. Abschn. 2.5).

Die Ertragsstärke ermöglicht ein deutlich positives Betriebsergebnis von durchschnittlich 836 Mio. EUR pro Jahr bei zeitgerechter Rückzahlung extern finanzierter Investitionen aus dem Systembetrieb. Zum Vergleich beträgt der Anteil der Unterquerung des Ärmelkanals an den ergebniswirksamen Kosten 135 Mio. EUR pro Jahr. Für die Finanzierung der Erstinvestitionen von 65 Mrd. EUR benötigen die Anrainerstaaten Großbritannien und Frankreich 15 Jahre lang durchschnittlich 0,09 % ihres Bruttoinlandsprodukts des Referenzjahres 2017.

Abb. 6.10 Schema der
Verbindung London – Paris

Abb. 6.11 Schema der
Verbindung London –
Amsterdam

Die Verbindung London – Amsterdam gemäß Abb. 6.11 entspricht einem Teilabschnitt der Linie E4 des Nachfrage-Basisszenarios. Obwohl die Verbindung zur Spitzengruppe der europäischen Relationen mit den größten Personenverkehrsmengen gehört, verursacht die fehlende Netzverknüpfung eine Reduzierung der mittleren Verkehrsstärke zwischen London und Amsterdam auf 28 % im Vergleich zum Nachfrage-Basisszenario. In Anpassung an die damit verbundene Reduzierung der Erträge werden auf der Punkt-Punkt-Verbindung Fahrzeuge mit einem Rumpfdurchmesser von 4,0 m eingesetzt.

Diese Kostenmaßnahme reicht jedoch nicht aus, um die Ertragsschwäche zu kompensieren. Der Betrieb der Punkt-Punkt-Verbindung London – Amsterdam ist defizitär und gestattet keine zeitgerechte Rückzahlung extern finanzierter Investitionen. Die Finanzierung der Erstinvestitionen von 47 Mrd. EUR kostet die beteiligten Staaten Großbritannien und Niederlande 15 Jahre lang durchschnittlich 0,10 % ihres Bruttoinlandsprodukts des Referenzjahres 2017.

Die Verbindung Paris – Zürich in Abb. 6.12 entspricht einem Teilabschnitt der Linie W2 des Nachfrage-Basisszenarios. Im Rahmen dieses Szenarios wird für den Abschnitt Paris – Zürich der Linie W2 eine gebündelte Verkehrsstärke von 107 Mio. Passagieren im Jahr 2085 prognostiziert. Die Einzelrelation Paris – Zürich befindet sich zwar im vorderen Bereich der europäischen Relationen mit den größten Personenverkehrsmengen, trägt jedoch weniger als 8 % zur genannten Verkehrsstrombündelung auf der Linie W2 bei.

Eine autarke Punkt-Punkt-Verbindung Paris – Zürich ist vor diesem Hintergrund von erheblicher Ertragsschwäche gekennzeichnet. Selbst die Kostenreduzierung durch Systemauslegung auf Fahrzeuge mit einem Rumpfdurchmesser von 2,6 m kann nicht verhindern, dass die Verbindung ein negatives Betriebsergebnis aufweist und eine zeitgerechte Rückzahlung extern finanzierter Investitionen aus dem Systembetrieb nicht möglich ist. Die Finanzierung der Erstinvestitionen von rund 31 Mrd. EUR belastet die beteiligten Staaten Frankreich und Schweiz 15 Jahre lang durchschnittlich mit 0,07 % des Bruttoinlandsprodukts aus dem Referenzjahr 2017.

Abb. 6.12 Schema der
Verbindung Paris – Zürich

Tab. 6.9 Systemparameter und finanzielle Kennzahlen von Punkt-Punkt-Verbindungen

Systemparameter und Kennzahlen	Verbindung LON – PAR	Verbindung LON – AMS	Verbindung PAR – ZUR
Streckenlänge (km)	378	465	519
Mittleres jährliches Passagieraufkommen (Mio. P)	87,0	19,3	8,7
Zugfolgezeit (Minuten)	10	10	10
Anzahl Vakuumröhren pro Richtung	1	1	1
maximale Platzanzahl pro Zug	1.600	400	200
Fahrzeugrumpfdurchmesser (m)	5,4	4,0	2,6
Mittlere jährliche Erträge (Mio. EUR)	2.425	552	323
Mittlere jährliche Kosten (Mio. EUR)	1.589	771	487
Mittleres jährliches Betriebsergebnis (Mio. EUR)	836	−219	−164

Tab. 6.9 vergleicht die finanziellen Kennzahlen der betrachteten Verbindungen. Die drei Beispiele führen zu folgender Einschätzung der Wirtschaftlichkeit von autarken Punkt-Punkt-Verbindungen:

- Punkt-Punkt-Verbindungen weisen keine Verkehrsstrombündelung verschiedener Relationen auf. Sie sind infolgedessen tendenziell ertragsschwach und auch nach Kosten reduzierenden Systemanpassungen grundsätzlich unwirtschaftlich im Betrieb.
- Eine Ausnahme bildet die Direktverbindung zwischen den benachbarten Mega-Cities London und Paris. Diese Verkehrsrelation weist ein außergewöhnlich hohes Nachfragepotenzial als Voraussetzung für einen wirtschaftlichen Betrieb auf.
- Die Erstfinanzierung von Punkt-Punkt-Verbindungen verursacht für die an der Liniennutzung beteiligten Staaten einen erheblich geringeren finanziellen Aufwand – gemessen am Anteil vom Bruttoinlandsprodukt – als beim Bau von Liniennetzen.

6.2.6 Vergleichende Bewertung der Angebot-Szenarien

Abb. 6.13 vergleicht die betrachteten Angebot-Szenarien mit dem Nachfrage-Basisszenario hinsichtlich der Marktabschöpfung und der mittleren Gewinnraten in den definierten Grenzen des europäischen Hyperschallbahn-Netzes. Die Marktabschöpfung wird in Abb. 6.13 als Summe der Erträge im Betriebszeitraum bis zum Jahr 2160 gemessen. Die mittleren Gewinnraten werden als Quotient aus Betriebsergebnissen und Erträgen über den Betriebszeitraum erfasst. Nachfolgend erfolgt ein Ranking der Szenarien nach den beiden Bewertungskriterien:

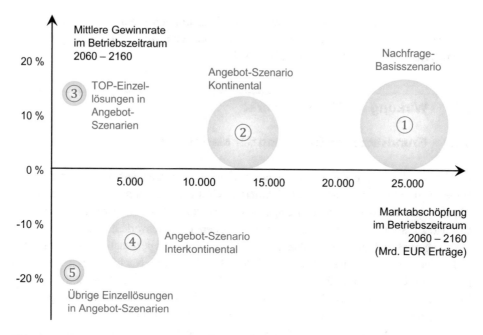

Abb. 6.13 Vergleich der Marktabschöpfung und Gewinnraten von Szenarien

1. Auf Position 1 steht das 59.807 km lange und aus 19 Linien bestehende Nachfrage-Basisszenario, das mit 24.772 Mrd. EUR die mit Abstand höchste Marktabschöpfung aufweist. Die mittlere Gewinnrate übersteigt 7 %.

2. Es folgt das Angebot-Szenario Kontinental. Auf einem 39.370 km langen Netz mit 16 Linien wird eine reichlich halb so große Marktabschöpfung von 12.924 Mrd. EUR erzielt. Das überdurchschnittliche Preisniveau im innereuropäischen Verkehr bewirkt eine Gewinnrate von annähernd 7 %.

3. Wenige herausragende Einzelverbindungen nehmen Position 3 ein. Abb. 6.13 erfasst beispielhaft die TOP-Verbindungen London – Paris und London – Frankfurt – Istanbul, die in Summe zwar nur eine Marktabschöpfung von 598 Mrd. EUR erzielen, jedoch zusammen eine Gewinnrate von 14 % aufweisen.

4. Das Angebot-Szenario Interkontinental erfasst sechs Linien auf einer Länge von 25.139 km. Die im Verhältnis zur Linienlänge geringe Marktabschöpfung von 5.133 Mrd. EUR und die hohen anteiligen Kosten der Atlantikquerung führen zu einem Defizit von über 13 %.

5. Die ungünstigste Bewertung erfährt der große Rest möglicher Einzellinien und Punkt-Punkt-Verbindungen. Abb. 6.13 veranschaulicht die geringe Marktabschöpfung und das hohe Defizit dieser Anwendungsfälle am Beispiel der Verbindungen Madrid –

Paris – Berlin, Amsterdam – Berlin – Warschau, London – Amsterdam und Paris – Zürich. Diese Verbindungen erreichen in Summe eine Marktabschöpfung von 423 Mrd. EUR bei einem Defizit von über 19 %.

6.3   Wirkung auf Verkehrsmarkt

6.3.1   Grundsätze der Ermittlung der Marktwirkung

In Abschn. 4.3 wurde das Potenzial der Verkehrsverlagerung auf das Europanetz der Hyperschallbahn innerhalb seiner definierten Grenzen bis zum Jahr 2160 ermittelt. Abschn. 6.3 setzt darauf auf und zeigt, welche Wirkung das Verlagerungspotenzial auf den Modal Split im weltweiten und kontinentalen Personenverkehr und auf die Entwicklung der Flughäfen im Wirkbereich des europäischen Hyperschallbahn-Netzes hat.

Die Verkehrsmarktwirkung wird auf der Grundlage des Nachfrage-Basisszenarios gemäß Abschn. 6.1 ermittelt. Dabei erfolgt ein Vergleich zwischen dem Modal Split im Referenzjahr 2017 und dem Modal Split im Jahr 2085 nach Vollausbau des Europanetzes mit Inbetriebnahme der interkontinentalen Hyperschallbahn-Linien.

Grundsätzlich wird die Wirkung des europäischen Hyperschallbahn-Netzes nur für den relevanten Verkehrsmarkt eingeschätzt, das heißt für den Marktbereich, in dem das neue Verkehrssystem zum Einsatz kommen soll. Dieser relevante Verkehrsmarkt muss zunächst nach beteiligten Verkehrsträgern und regional abgegrenzt werden, bevor die Marktwirkung eingeschätzt werden kann.

Die Einschätzung erfolgt dann getrennt nach relevanten interkontinentalen und kontinentalen Verkehrsmärkten sowie nach Marktsegmenten aufgrund der differenzierten Charakteristik der Teilmärkte und stützt sich auf folgende Datengrundlage und Berechnungsmethodik:

- Das Marktvolumen im Referenzjahr 2017 entspricht der Markteinschätzung der Luftfahrtindustrie.
- Dem mittleren jährlichen Marktwachstum liegt eine Prognose der Luftfahrtindustrie bis zum Jahr 2037 (vgl. Abschn. 4.2) und eine anschließende Fortschreibung in Orientierung an die Prognose in Abb. 4.8 zugrunde.
- Aus dem Marktvolumen im Referenzjahr und dem Marktwachstum errechnet sich das Marktvolumen im Jahr 2085.
- Die Verlagerungsmenge auf die Hyperschallbahn resultiert aus der Potenzialermittlung entsprechend Abschn. 4.1. Der Anteil der Verkehrsleistung in den Grenzen des Europanetzes wird aus Abschn. 4.3 übernommen.

6.3.2 Wirkung auf interkontinentalen Verkehrsmarkt

Abgrenzung des relevanten interkontinentalen Verkehrsmarktes
Der weltweite Luftverkehrsmarkt umfasste nach Einschätzung der Luftfahrtindustrie [50, 51, 52] im Referenzjahr 2017 eine Verkehrsleistung von 7.635 Mrd. Passagier-km, die in Bezug auf die europäische Hyperschallbahn folgendermaßen gruppiert werden kann:

- 2.281 Mrd. Passagier-km entfielen auf interkontinentale Relationen mit oder über Europa. Zur Bedienung dieser Relationen stehen ab dem Jahr 2085 auch die Hyperschallbahn-Linien W1 bis W6 zur Verfügung.
- 4.244 Mrd. Passagier-km wurden abseits des Einzugsbereiches des konzipierten europäischen Hyperschallbahn-Netzes erbracht und sind demzufolge nicht relevant für die Einschätzung der Marktwirkung des neuen Verkehrssystems.
- 1.110 Mrd. Passagier-km entfielen auf Relationen in den Grenzen des konzipierten Europanetzes der Hyperschallbahn. Dieser Verkehrsanteil wird bei der Einschätzung der Wirkung auf den kontinentalen Verkehrsmarkt berücksichtigt.

Damit verbleibt eine im Referenzjahr 2017 realisierte Luftverkehrsleistung von 2.281 Mrd. Passagier-km als Mengenbasis für den relevanten interkontinentalen Verkehrsmarkt. Auf diesem Teilmarkt existiert gegenwärtig neben dem Flugzeug kein weiterer Verkehrsträger mit nennenswerten Marktanteilen im Personenverkehr.

Für den Zeitraum bis zum Jahr 2037 prognostiziert die Luftfahrtindustrie ein abgeschwächtes mittleres Mengenwachstum des weltweiten Luftverkehrs von 4,6 % pro Jahr. Danach wird sich das jährliche Wachstum noch weiter reduzieren. Ausgehend von der Prognose in Abb. 4.8 tritt im Zeitraum 2017–2085 ein mittleres jährliches Wachstum des weltweiten Luftverkehrs von annähernd 2,7 % ein. Der relevante interkontinentale Verkehrsmarkt wird bei gleichen Wachstumsraten im Jahr 2085 eine Verkehrsleistung von 13.664 Mrd. Passagier-km erreichen.

Modal Split im relevanten interkontinentalen Verkehrsmarkt
Im nächsten Schritt wird ermittelt, welche Anteile das neue Hyperschallbahn-System und der verbleibende Luftverkehr im Jahr 2085 in Folge der Verkehrsverlagerung an der genannten Verkehrsleistung halten werden (Modal Split). Da sich der weltweite Luftverkehr regional differenziert entwickelt, werden die Verkehrsentwicklung und der Modal Split zunächst separat für jedes Segment des interkontinentalen Verkehrsmarktes angezeigt und anschließend zu einem Gesamtwert für den relevanten interkontinentalen Verkehr aggregiert. Grundlage sind die in Abschn. 4.3. beschriebenen acht Marktsegmente des interkontinentalen Verkehrs.

Europanetz - Nordamerika	• Marktvolumen im Referenzjahr 2017	538	Mrd. Pkm Luftverkehr
	• Mittleres jährliches Marktwachstum	2,0%	Zeitraum 2017-2085
Luft	• Marktvolumen im Betriebsjahr 2085	2.062	Mrd. Pkm
	• davon 7 % verbleibender Luftverkehr	147	Mrd. Pkm
Hyperschallbahn	• davon 93 % Hyperschallbahn	1.915	Mrd. Pkm
	• davon anteilig im Europanetz	762	Mrd. Pkm

Europanetz - Naher Osten	• Marktvolumen im Referenzjahr 2017	304	Mrd. Pkm Luftverkehr
	• Mittleres jährliches Marktwachstum	2,6%	Zeitraum 2017-2085
Luft	• Marktvolumen im Betriebsjahr 2085	1.770	Mrd. Pkm
Hyper-schallbahn	• davon 29 % verbleibender Luftverkehr	517	Mrd. Pkm
	• davon 71 % Hyperschallbahn	1.253	Mrd. Pkm
	• davon anteilig im Europanetz	705	Mrd. Pkm

Nordamerika - Naher Osten	• Marktvolumen im Referenzjahr 2017	101	Mrd. Pkm Luftverkehr
	• Mittleres jährliches Marktwachstum	3,0%	Zeitraum 2017-2085
Luft	• Marktvolumen im Betriebsjahr 2085	757	Mrd. Pkm
Hyperschall-bahn	• davon 1 % verbleibender Luftverkehr	9	Mrd. Pkm
	• davon 99 % Hyperschallbahn	748	Mrd. Pkm
	• davon anteilig im Europanetz	362	Mrd. Pkm

Europanetz - Lateinamerika	• Marktvolumen im Referenzjahr 2017	224	Mrd. Pkm Luftverkehr
	• Mittleres jährliches Marktwachstum	3,2%	Zeitraum 2017-2085
Luft	• Marktvolumen im Betriebsjahr 2085	1.955	Mrd. Pkm
Hyper-schallbahn	• davon 45 % verbleibender Luftverkehr	870	Mrd. Pkm
	• davon 55 % Hyperschallbahn	1.085	Mrd. Pkm
	• davon anteilig im Europanetz	633	Mrd. Pkm

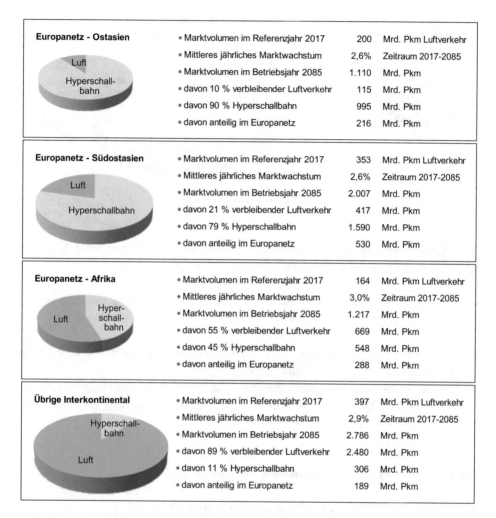

Europanetz - Ostasien		
• Marktvolumen im Referenzjahr 2017	200	Mrd. Pkm Luftverkehr
• Mittleres jährliches Marktwachstum	2,6%	Zeitraum 2017-2085
• Marktvolumen im Betriebsjahr 2085	1.110	Mrd. Pkm
• davon 10 % verbleibender Luftverkehr	115	Mrd. Pkm
• davon 90 % Hyperschallbahn	995	Mrd. Pkm
• davon anteilig im Europanetz	216	Mrd. Pkm

Europanetz - Südostasien		
• Marktvolumen im Referenzjahr 2017	353	Mrd. Pkm Luftverkehr
• Mittleres jährliches Marktwachstum	2,6%	Zeitraum 2017-2085
• Marktvolumen im Betriebsjahr 2085	2.007	Mrd. Pkm
• davon 21 % verbleibender Luftverkehr	417	Mrd. Pkm
• davon 79 % Hyperschallbahn	1.590	Mrd. Pkm
• davon anteilig im Europanetz	530	Mrd. Pkm

Europanetz - Afrika		
• Marktvolumen im Referenzjahr 2017	164	Mrd. Pkm Luftverkehr
• Mittleres jährliches Marktwachstum	3,0%	Zeitraum 2017-2085
• Marktvolumen im Betriebsjahr 2085	1.217	Mrd. Pkm
• davon 55 % verbleibender Luftverkehr	669	Mrd. Pkm
• davon 45 % Hyperschallbahn	548	Mrd. Pkm
• davon anteilig im Europanetz	288	Mrd. Pkm

Übrige Interkontinental		
• Marktvolumen im Referenzjahr 2017	397	Mrd. Pkm Luftverkehr
• Mittleres jährliches Marktwachstum	2,9%	Zeitraum 2017-2085
• Marktvolumen im Betriebsjahr 2085	2.786	Mrd. Pkm
• davon 89 % verbleibender Luftverkehr	2.480	Mrd. Pkm
• davon 11 % Hyperschallbahn	306	Mrd. Pkm
• davon anteilig im Europanetz	189	Mrd. Pkm

Auffällig ist im Vergleich zwischen den Marktsegmenten

- die fast vollständige Verlagerung des dynamisch wachsenden Luftverkehrs Nord-amerika – Naher Osten auf die europäische Hyperschallbahn aufgrund des Linien-angebots und der hohen Bündelungsfähigkeit der Transitflüge über Europa,
- der sehr geringe Verlagerungsanteil im Marktsegment „Übrige Interkontinental", das sich überwiegend aus Relationen zwischen Europa, Asien und Nordafrika abseits der weltweiten Hauptverkehrsströme zusammensetzt,
- das mengenstarke Verlagerungspotenzial im Verkehr zwischen Nordamerika und Europa, obwohl das Wachstum dieses Verkehrskorridors unter allen Marktsegmenten am geringsten ist.

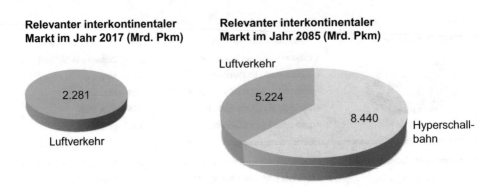

Relevanter interkontinentaler Markt im Jahr 2017 (Mrd. Pkm)

Relevanter interkontinentaler Markt im Jahr 2085 (Mrd. Pkm)

2.281

Luftverkehr

Luftverkehr

5.224

8.440

Hyperschall-bahn

Abb. 6.14 Modal Split im relevanten interkontinentalen Verkehrsmarkt

In Summe der acht Marktsegmente entsteht im Jahr 2085 entsprechend Abb. 6.14 folgender Modal Split im relevanten interkontinentalen Verkehrsmarkt:

- 8.440 Mrd. Passagier-km bzw. 62 % der Gesamtverkehrsleistung entfallen auf die europäische Hyperschallbahn unter Nutzung des Europanetzes entsprechend Abb. 3.31.
- 5.224 Mrd. Passagier-km bzw. 38 % der Gesamtverkehrsleistung verbleiben beim relevanten interkontinentalen Luftverkehr.
- Trotz der erheblichen Marktanteilsverluste wird der relevante interkontinentale Luftverkehr im Jahr 2085 immerhin noch die 2,3-fache Verkehrsleistung gegenüber dem Referenzjahr 2017 aufweisen.

6.3.3   Wirkung auf kontinentalen Verkehrsmarkt

Abgrenzung des relevanten kontinentalen Verkehrsmarktes

Der kontinentale Personenverkehrsmarkt wird einheitlich für den Kontinent Europa in seiner geographischen Ausdehnung und für angrenzende Regionen entsprechend der Begrenzung des europäischen Hyperschallbahn-Netzes erfasst. Dieser Markt beinhaltete gemäß den Verkehrsstatistiken und nach Einschätzung der Luftfahrtindustrie im Referenzjahr 2017 eine Verkehrsleistung von rund 8.470 Mrd. Passagier-km in folgender Differenzierung:

- 7.210 Mrd. Passagier-km entfielen auf den Straßenverkehr, die Eisenbahn (ohne High Speed Rail System), den öffentlichen Nahverkehr und weitere Verkehrsarten zu Land und zu Wasser [90]. Diese Verkehrsträger sind durch kurze Reiseweiten und geringe Geschwindigkeiten geprägt und zählen demnach nicht zum relevanten kontinentalen Verkehrsmarkt.

- 1.110 Mrd. Passagier-km sind Teil des weltweiten Luftverkehrs (siehe Abgrenzung des interkontinentalen Verkehrsmarktes) und wurden innerhalb des Einzugsbereichs des konzipierten europäischen Hyperschallbahn-Netzes realisiert. Dieser Leistungsanteil ist wesentlich für den relevanten kontinentalen Verkehrsmarkt.
- 150 Mrd. Passagier-km wurden im europäischen High Speed Rail System erbracht und weisen besonders im Verkehr zwischen Metropolen eine Affinität zu Hyperschallbahn-Relationen auf [91].

Für den Zeitraum bis zum Jahr 2037 prognostiziert die Luftfahrtindustrie ein abgeschwächtes mittleres Mengenwachstum des innereuropäischen Luftverkehrs von 3,7 % pro Jahr [50, 51, 52]. Danach wird sich das jährliche Wachstum noch weiter reduzieren. Ausgehend von der Prognose in Abb. 4.8 tritt im Zeitraum 2017–2085 ein mittleres jährliches Wachstum des innereuropäischen Luftverkehrs von weniger als 2,2 % ein. Bei diesem Wachstum erreicht der Luftverkehr im Jahr 2085 innerhalb des Einzugsbereichs des konzipierten europäischen Hyperschallbahn-Netzes eine Verkehrsleistung von 4.750 Mrd. Passagier-km.

Das ebenfalls marktrelevante High Speed Rail System weist ein mittleres Ausbautempo von fünf Mrd. Passagier-km pro Jahr auf – gemessen an der bisherigen Entwicklung bis zum Referenzjahr 2017 [91]. Bei Fortsetzung dieser Entwicklung erreicht das High Speed Rail System im Jahr 2085 eine Verkehrsleistung von 490 Mrd. Passagier-km im Einzugsbereich des konzipierten europäischen Hyperschallbahn-Netzes.

Als Bestandteil des relevanten kontinentalen Verkehrsmarktes muss auch der durch Preisreduzierungen induzierte Neuverkehr mit Randgebieten Europas berücksichtigt werden (vgl. Kap. 4). Dieser Verkehr hätte im Referenzjahr 2017 ein Volumen von 105 Mrd. Passagier-km. Er erreicht im Jahr 2085 eine Verkehrsleistung von 290 Mrd. Passagier-km bei einer mittleren Wachstumsrate von 1,5 % pro Jahr.

Aus Luftverkehr, High Speed Rail und Neuverkehr resultiert bis zum Jahr 2085 ein relevanter kontinentaler Markt mit einer summarischen Verkehrsleistung von 5.530 Mrd. Passagier-km. Darin ist nicht der Zubringerverkehr für das europäische Hyperschallbahn-Netz enthalten (vgl. Abschn. 3.4), der im Jahr 2085 eine Verkehrsleistung von 38 Mrd. Passagier-km erreichen wird.

Modal Split im relevanten kontinentalen Verkehrsmarkt
Nachdem das Volumen des relevanten kontinentalen Marktes im Jahr 2085 ermittelt wurde, folgt im nächsten Schritt die Bestimmung des Modal Split nach der Verkehrsverlagerung in den definierten Marktsegmenten. Die Segmente des kontinentalen Luftverkehrs mit und außerhalb der Rhombus-Gruppe werden abweichend von Abschn. 4.3 zusammengefasst, da die Marktprognosen der Luftfahrtindustrie keine adäquaten Prognose-Cluster vorsehen.

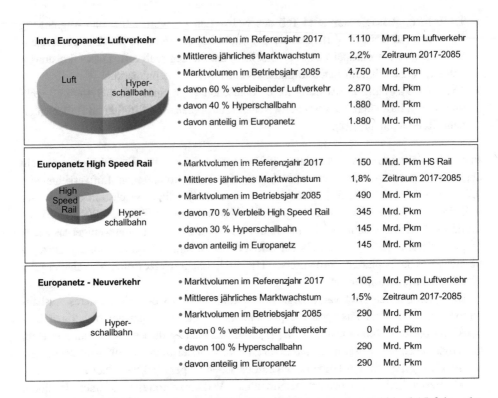

Intra Europanetz Luftverkehr		
• Marktvolumen im Referenzjahr 2017	1.110	Mrd. Pkm Luftverkehr
• Mittleres jährliches Marktwachstum	2,2%	Zeitraum 2017-2085
• Marktvolumen im Betriebsjahr 2085	4.750	Mrd. Pkm
• davon 60 % verbleibender Luftverkehr	2.870	Mrd. Pkm
• davon 40 % Hyperschallbahn	1.880	Mrd. Pkm
• davon anteilig im Europanetz	1.880	Mrd. Pkm

Europanetz High Speed Rail		
• Marktvolumen im Referenzjahr 2017	150	Mrd. Pkm HS Rail
• Mittleres jährliches Marktwachstum	1,8%	Zeitraum 2017-2085
• Marktvolumen im Betriebsjahr 2085	490	Mrd. Pkm
• davon 70 % Verbleib High Speed Rail	345	Mrd. Pkm
• davon 30 % Hyperschallbahn	145	Mrd. Pkm
• davon anteilig im Europanetz	145	Mrd. Pkm

Europanetz - Neuverkehr		
• Marktvolumen im Referenzjahr 2017	105	Mrd. Pkm Luftverkehr
• Mittleres jährliches Marktwachstum	1,5%	Zeitraum 2017-2085
• Marktvolumen im Betriebsjahr 2085	290	Mrd. Pkm
• davon 0 % verbleibender Luftverkehr	0	Mrd. Pkm
• davon 100 % Hyperschallbahn	290	Mrd. Pkm
• davon anteilig im Europanetz	290	Mrd. Pkm

In Summe der Marktsegmente entsteht im Jahr 2085 entsprechend Abb. 6.15 folgender Modal Split im relevanten kontinentalen Verkehrsmarkt:

- 2.315 Mrd. Passagier-km entfallen auf die europäische Hyperschallbahn. Dieser Wert entspricht 42 % der Gesamtverkehrsleistung.

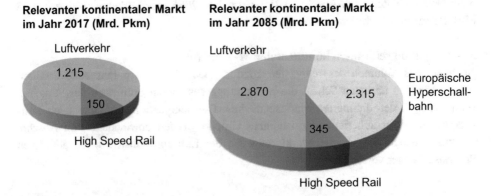

Abb. 6.15 Modal Split im relevanten kontinentalen Verkehrsmarkt

- 2.870 Mrd. Passagier-km verbleiben beim kontinentalen Luftverkehr. Das sind 52 % der Gesamtverkehrsleistung.
- 345 Mrd. Passagier-km werden im High Speed Rail System erbracht. Dieser Anteil entspricht 6 % der Gesamtverkehrsleistung.
- Trotz der erheblichen Marktanteilsverluste wird der kontinentale Luftverkehr im Jahr 2085 immerhin noch die 2,4-fache Verkehrsleistung gegenüber dem Referenzjahr 2017 aufweisen. Annähernd die gleiche Entwicklung nimmt das High Speed Rail System.

6.3.4 Auswirkungen auf die europäischen Flughäfen

In Abschn. 3.1 wurden insgesamt 262 Flughäfen in Europa und in angrenzenden Potenzialregionen erfasst, um die optimalen Standorte der Stationen des europäischen Hyperschallbahn-Netzes zu ermitteln. Jeder dieser Flughäfen fertigte im Referenzjahr 2017 mindestens 0,5 Mio. Passagiere ab. Die 262 Flughäfen verzeichneten im Jahr 2017 ein summarisches Abfertigungsaufkommen von 2.092 Mio. Passagieren [32] und können in Bezug auf die europäische Hyperschallbahn nachfolgend gruppiert werden:

- 149 Flughäfen mit einem Aufkommen von 379 Mio. Passagieren im Jahr 2017 werden nicht oder nur marginal von der Verkehrsverlagerung auf die Hyperschallbahn betroffen sein.
- Die weiteren 113 Flughäfen mit einem Aufkommen von 1.713 Mio. Passagieren im Referenzjahr werden mit Inbetriebnahme der europäischen Hyperschallbahn Anteile ihres Aufkommens verlieren. Abb. 6.16 veranschaulicht die perspektivische Verlagerungswirkung in diesen Flughäfen.

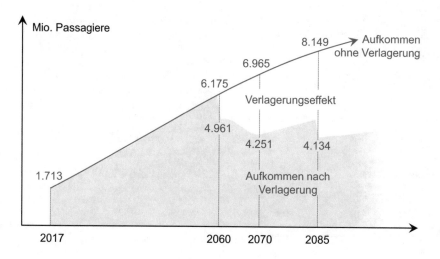

Abb. 6.16 Verlagerungswirkung in den betroffenen europäischen Flughäfen

Das Abfertigungsaufkommen der betroffenen 113 Flughäfen würde sich auf Basis der langfristigen regionalen Wachstumsraten auf 8149 Mio. Passagiere im Jahr 2085 erhöhen, wenn keine Verkehrsverlagerung stattfindet. Mit Vollinbetriebnahme des europäischen Hyperschallbahn-Netzes im Jahr 2085 verlieren diese Flughäfen jedoch 49 % ihres Aufkommens. Die verbleibenden 4134 Mio. Passagieren entsprechen dem im Jahr 2041 erreichten Aufkommen der betroffenen Flughäfen.

Zunächst werden mit Inbetriebnahme des teilausgebauten europäischen Hyperschallbahn-Netzes im Jahr 2060 rund 20 % des Abfertigungsaufkommens der betroffenen Flughäfen verlagert. Das verbleibende jährliche Aufkommen von 4.961 Mio. Passagieren reduziert sich in der Phase des Nachfragehochlauf bis zum Jahr 2070 auf 4.251 Mio. Passagiere und steigt danach wieder allmählich an, bevor die vollständige Verlagerungswirkung im Jahr 2085 eintritt.

Tab. 6.10 zeigt die Auswirkungen der Verkehrsverlagerung in den zwölf größten europäischen Ballungsräumen des Luftverkehrs entsprechend Abschn. 3.1. Darunter befinden sich auch fünf Standorte der Rhombus-Gruppe gemäß Abschn. 4.1. Die Luftverkehrsstandorte Istanbul und Moskau werden bei Integration in benachbarte Kontinentalnetze der Hyperschallbahn noch zusätzlichen Verlagerungseffekten ausgesetzt sein.

Tab. 6.10 Verlagerungswirkung in den zwölf größten europäischen Ballungsräumen des Luftverkehrs

Ballungsraum des Luftverkehrs	Mio. Pass. Luftv. im Jahr 2017	Mio. Pass Luftv. im Jahr 2085 ohne Verlagerung	Mio. Pass. Verlagerung im Jahr 2085	Prozentuale Verlagerung im Jahr 2085	Mio. Pass. Luftv. im Jahr 2085 nach Verlagerung
London	171	807	421	52 %	386
Paris	106	526	240	46 %	286
Istanbul	95	620	274	44 %	346
Moskau	89	589	184	31 %	405
Amsterdam	70	335	171	51 %	164
Frankfurt	67	327	187	57 %	140
Madrid	53	297	126	43 %	171
Barcelona	51	205	90	44 %	114
Rom	47	212	112	53 %	101
München	46	188	123	65 %	65
Mailand	44	186	119	64 %	67
Düsseldorf / Köln	41	166	97	58 %	69

6.4 Beschreibung einer Fahrt

Eine Fahrt von Berlin nach Rom entspricht in ihren verkehrlichen und technischen Parametern weitgehend dem Durchschnitt aller kontinentalen Reiseverbindungen im europäischen Hyperschallbahn-Netz und wird deshalb als Beispiel für eine Beschreibung des Fahrtverlaufs ausgewählt. Die Fahrtbeschreibung gilt für mittlere Passagierzahlen nach Vollausbau des Liniennetzes im Jahr 2085. Unter verschiedenen Fahrtmöglichkeiten wird die Nutzung der Linien E10 und W2 mit Umsteigen in Zürich entsprechend Abb. 6.17 ausgewählt.

Für die Verkehrsrelation Berlin – Rom ist eine Nonstop-Flugzeit von rund 125 min erforderlich. Die Reisezeit mit der Hyperschallbahn beträgt 53 min bei der gewählten Liniennutzung. Darin sind Zwischenhalte von je 2 min in Frankfurt und Mailand sowie ein Aufenthalt von 8 min für den Umstieg von Linie E10 auf Linie W2 in Zürich eingerechnet.

Station Berlin (BER)

Die Station Berlin hat insgesamt acht Bahnsteige und ist wie alle anderen Stationen mit Luft-Vakuum-Schleusen zwischen Bahnsteigen und Zügen ausgestattet. Die Zugfahrt beginnt am Bahnsteig der Linie E10 in Richtung Lissabon. Der einfahrende Zug aus Moskau weist einen Rumpfdurchmesser von 6,2 m auf und umfasst insgesamt 2.100 doppelstöckig angeordnete Sitzplätze. Die Fahrzeuglänge im Passagierbereich beträgt 235 m.

Im Zug befinden sich bei seiner Ankunft in Berlin 583 Passagiere an Bord. 162 Passagiere von ihnen steigen in Berlin aus – davon die meisten aus Russland kommend – zum Umsteigen auf andere Linien mit Zielen in Europa sowie partiell zum Aufenthalt in Berlin. Die übrigen 421 Passagiere – die meisten aus Russland kommend – verbleiben im Zug, um weiter nach Westeuropa und zu einem geringen Anteil nach Nordamerika zu reisen.

754 Passagiere steigen in Berlin zu, davon über 50 % mit Reisebeginn in Berlin und annähernd 50 % Umsteiger aus Nord- und Zentraleuropa. Annähernd ein Viertel der einsteigenden Passagiere haben Ziele außerhalb Europas, darunter jeweils zur Hälfte Passagiere aus Berlin und aus Nordeuropa.

Der Zug hat sechs Einstiegsbereiche, die in gleichen Abständen über die Zuglänge verteilt sind. Durchschnittlich müssen innerhalb des zweiminütigen Aufenthalts pro Einstiegsbereich 27 Passagiere den Zug verlassen und 126 Passagiere zusteigen, eventuelles Gepäck verstauen und ihre Sitzplätze einnehmen.

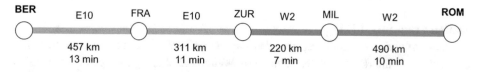

Abb. 6.17 Schema der Reiseverbindung Berlin – Rom

Abb. 6.18 Linienverlauf im Abschnitt Berlin – Frankfurt

Abschnitt Berlin – Frankfurt (BER – FRA)

Der Linienabschnitt Berlin – Frankfurt steht aufgrund der Bündelung mit der Linie W5 und der bündelungsbedingten Ausrichtung der Stationen weitgehend unter Trassierungszwang mit Bogenabschnitten. Die Fahrt nimmt entsprechend Abb. 6.18 folgenden Verlauf:

1. Nach dem Aufenthalt in Berlin setzt sich der Zug mit 1.175 Passagieren an Bord in Bewegung und befährt zunächst einen geraden Linienabschnitt mit einer permanenten Antriebsbeschleunigung von 3 m/s².
2. 2,7 min nach Fahrtbeginn fährt der Zug in einen Bogenabschnitt ein. Zusätzlich zur unverminderten Längsbeschleunigung neigt sich der Zug um 10° nach links und erhält eine unausgeglichene Seitenbeschleunigung von 1 m/s². Dieser Zustand dauert 3,8 min an, bis die Hälfte des Abschnitts Berlin – Frankfurt durchfahren ist.
3. Der Zug hat jetzt eine Maximalgeschwindigkeit von 4.215 km/h in Verbindung mit einer maximalen Kuppenbeschleunigung von 0,3 m/s² erreicht. Diese Beschleunigung resultiert überwiegend aus der Erdkrümmung und zum Teil aus der angepassten Streckengradiente zur Reduzierung der Gebirgsüberdeckung im Bereich des Harzes. Die Antriebsbeschleunigung wechselt mit Beginn der zweiten Fahrthälfte auf eine permanente Bremsbeschleunigung von 3 m/s². Die Seitenbeschleunigung von 1 m/s² und die Querneigung um 10° nach links bleiben unverändert bestehen, während die Kuppenbeschleunigung allmählich abnimmt.
4. Nach weiteren 3,8 min wechselt die Bogenrichtung. Der Zug neigt sich 10° nach rechts. Während der restlichen Fahrzeit von 2,7 min schwächen sich Querneigung und Seitenbeschleunigung ab und verschwinden, während die Bremsbeschleunigung von 3 m/s² bis zum Erreichen der Station Frankfurt unvermindert anhält.

Station Frankfurt (FRA)

In Frankfurt verlassen 658 Passagiere den Zug. Rund 30 % dieser Passagiere steigen hier auf Linien mit interkontinentalen Zielen um. Weitere 45 % der aussteigenden Passagiere wechseln die Linie zur Weiterfahrt zu europäischen Zielen. Diese Passagiere kommen mehrheitlich aus Berlin sowie aus Ost- und Nordeuropa. Rund 25 % der aussteigenden Passagiere haben den Standort Frankfurt als Ziel.

293 Passagiere steigen in Frankfurt zu. Annähernd 40 % dieser Passagiere sind Umsteiger mit Reisebeginn auf anderen Kontinenten und mit der Destination Schweiz. Etwa 35 % der zusteigenden Passagiere starten in Frankfurt und haben Fahrtziele in Süd- und Westeuropa. Rund 25 % der zusteigenden Passagiere sind Umsteiger mit Fahrtbeginn und Ziel in West- und Südeuropa. Innerhalb des zweiminütigen Aufenthalts werden im Durchschnitt in jedem der sechs Einstiegsbereiche 110 aussteigende und 49 einsteigende Passagiere registriert.

Abschnitt Frankfurt – Zürich (FRA – ZUR)

Der Abschnitt Frankfurt – Zürich ist entsprechend Abb. 6.19 aufgrund der Umfahrung der Schwarzwaldregion und der unterschiedlichen geographischen Ausrichtung der Stationen überwiegend durch Bögen gekennzeichnet und bietet folgendes Fahrerlebnis:

1. Der Zug verlässt Frankfurt mit 810 Passagieren an Bord und mit einer permanenten Antriebsbeschleunigung von 3 m/s^2. Mit Fahrtbeginn entsteht in einer Bogenfahrt allmählich eine Seitenbeschleunigung und der Zug beginnt sich nach links zu neigen. Nach ca. 3,3 min erreicht die Seitenbeschleunigung den Wert von 2 m/s^2 bei einer Querneigung von 16°.

2. Querneigung und Seitenbeschleunigung nehmen anschließend zunächst stark ab, erhöhen sich dann jedoch wieder und erreichen 4,5 min nach Fahrtbeginn 1,1 m/s2 bei einer Linksneigung des Zuges um 10°.

3. Es folgt ein Bogenwechsel und der Zug schwenkt von der Links- in die Rechtsneigung. Seitenbeschleunigung und Neigung des Zuges erhöhen sich auf 1,5 m/s^2 bzw. 15°. Nach weiteren 0,9 min erreicht der Zug die Hälfte der Fahrtdistanz.

4. Der Zug hat jetzt eine Maximalgeschwindigkeit von 3.477 km/h erreicht. In kurzer Zeit hat sich zur Hälfte der Fahrtdistanz eine Kuppenbeschleunigung von annähernd 1,0 m/s^2 entwickelt. Diese Beschleunigung resultiert überwiegend aus der angepassten Streckengradiente zur Reduzierung der Gebirgsüberdeckung des Schwarzwaldes und zum Teil aus der Erdkrümmung. Zeitgleich wechselt die Antriebsbeschleunigung mit Beginn der zweiten Fahrthälfte auf eine permanente

Abb. 6.19 Linienverlauf im Abschnitt Frankfurt – Zürich

Bremsbeschleunigung von 3 m/s². Die wirkende Seitenbeschleunigung von 1,5 m/s² und die Rechtsneigung um 15° verringern sich allmählich. Die Kuppen-beschleunigung verharrt noch ca. 0,5 min bei annähernd 1 m/s² und verringert sich danach schnell auf ein geringes Niveau.

5. In den folgenden 1,8 min kommen auch Seitenbeschleunigung und Querneigung nahezu zum Erliegen, während die Bremsbeschleunigung von 3 m/s² anhält.

6. Jetzt steht noch eine Fahrtdauer von 3,0 min bevor. Zunächst schwenkt der Zug in einem Linksbogen in den Zielkorridor nach Zürich ein. Kurzzeitig wirkt daher eine Seitenbeschleunigung von 1,5 m/s² in Verbindung mit einer Neigung von 15° nach links. Beide Größen schwächen sich anschließend ab und verschwinden zum Fahrt-ende, während die Bremsbeschleunigung von 3 m/s² bis zum Erreichen der Station Zürich unvermindert anhält.

Station Zürich (ZUR)

In Zürich erfolgt der Umstieg in einen aus New York kommenden Zug der Linie W2. Die Station Zürich weist insgesamt acht Bahnsteige auf. Die Zugfahrt beginnt am Bahn-steig der Linie W2 in Richtung Rom. Die Umsteigedauer von der Ankunft des Zuges der Linie E10 bis zur Abfahrt des Zuges der Linie W2 beträgt 8 min. Der Zug der Linie W2 weist einen Rumpfdurchmesser von 7,4 m auf und umfasst insgesamt 2.400 doppel-stöckig angeordnete Sitzplätze. Die Fahrzeuglänge im Passagierbereich beträgt 250 m.

Im Zug der Linie W2 befanden sich bei seiner Ankunft in Zürich 1.283 Passagiere an Bord. Von ihnen steigen 529 Passagiere in Zürich aus, davon knapp 50 % mit Reisebeginn außerhalb Europas und Destination Zürich, ca. 35 % mit Fahrtbeginn in Westeuropa und Fahrtziel Zürich sowie ca. 15 % Umsteiger mit Fahrtrouten innerhalb Europas.

Im Zug verbleiben 754 Passagiere, von denen sich knapp 80 % auf der Fahrt von Westeuropa nach Italien befinden. Jeweils rund 10 % der im Zug verbleibenden Passagiere kommen aus Nordamerika mit Reiseziel Italien bzw. sind Umsteiger mit Fahrtzielen innerhalb Europas. 132 Passagiere steigen in Zürich zu, davon die meisten aus Europa kommend mit Destination Italien.

Der Zug der Linie W2 hat fünf Einstiegsbereiche, die in gleichen Abständen über die Zuglänge verteilt sind. Durchschnittlich müssen innerhalb der zweiminütigen Auf-enthaltszeit pro Einstiegsbereich 106 Passagiere den Zug verlassen und 26 Passagiere zusteigen, eventuelles Gepäck verstauen und ihre Sitzplätze einnehmen.

Abschnitt Zürich – Mailand (ZUR – MIL)

Der Abschnitt Zürich – Mailand unterquert die Alpen entsprechend Abb. 6.20 auf annähernd kürzestem Weg bei Trassierung mit geringen Krümmungen und mit folgenden Auswirkungen auf den Fahrtverlauf:

1. Im Zug der Linie W2 befinden sich bei seiner Abfahrt in Zürich 886 Passagiere an Bord. Da der Zug eine Interkontinentallinie befährt, beträgt die Antriebs-beschleunigung permanent 5 m/s². Die Seitenbeschleunigung steigt nach Fahrt-

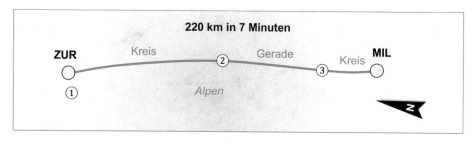

Abb. 6.20 Linienverlauf im Abschnitt Zürich – Mailand

beginn nur allmählich an und erreicht im mittleren Streckenbereich maximal 1 m/ s^2 bei einer Querneigung des Zuges um 9° nach rechts. Auch die maximale Kuppenbeschleunigung wächst ab Fahrtbeginn nur allmählich und erreicht im mittleren Streckenbereich mit 0,2 m/s^2 ihren höchsten Wert, verursacht durch die Erdkrümmung und die partielle Anpassung der Streckengradiente zur Reduzierung der Gebirgsüberdeckung im Bereich der Alpen.

2. Der Zug erreicht 3,5 min nach Fahrtbeginn eine Maximalgeschwindigkeit von 3.776 km/h. Die Antriebsbeschleunigung wechselt mit Beginn der zweiten Hälfte des Abschnitts auf eine permanente Bremsbeschleunigung von 5 m/s^2. In den folgenden 1,5 min befährt der Zug einen annähernd geraden Abschnitt. Die Seitenbeschleunigung verschwindet zusammen mit der Querneigung des Zuges und die Kuppenbeschleunigung wird vernachlässigbar gering.

3. Der Zug befährt in den letzten 2,0 min bis zur Station Mailand einen Linksbogen. Kurzzeitig entsteht eine geringe Seitenbeschleunigung in Verbindung mit einer Querneigung des Zuges, die dann aber im Zulauf auf Mailand wieder verschwindet.

Station Mailand (MIL)

In Mailand verlassen 478 Passagiere den Zug, davon rund 35 % direkt aus London und Paris kommend, ca. 20 % mit Fahrtbeginn in übrigen Standorten Europas und knapp 10 % der Passagiere aus Nordamerika. Über 35 % der aussteigenden Passagiere haben Mailand nicht als Destination, sondern sind Umsteiger auf der Fahrt innerhalb Europas.

649 Passagiere steigen in Mailand mit Fahrtziel Rom zu. Annähernd 45 % dieser Passagiere sind Umsteiger mit Reisebeginn auf anderen Kontinenten, davon überwiegend aus dem Nahen und Mittleren Osten sowie aus Südamerika. Über 40 % der Passagiere sind Umsteiger mit Fahrtbeginn in europäischen Staaten, davon überwiegend aus dem südlichen Europa. Rund 15 % der Passagiere beginnen ihre Fahrt in Mailand.

Innerhalb des zweiminütigen Aufenthalts werden im Durchschnitt in jedem der fünf Einstiegsbereiche 96 aussteigende und 130 einsteigende Passagiere registriert.

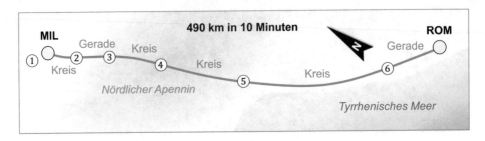

Abb. 6.21 Linienverlauf im Abschnitt Mailand – Rom

Abschnitt Mailand – Rom (MIL – ROM)

Die Trassierung des Abschnitts Mailand – Rom wird gemäß Abb. 6.21 durch die Minimierung der Unterquerung des Apennin-Gebirges und durch die Nähe zur Küste des Tyrrhenischen Meeres geprägt – mit folgenden Auswirkungen auf die Fahrt:

1. Nach dem Aufenthalt verlässt der Zug Mailand mit 1.057 Passagieren an Bord und mit einer permanenten Antriebsbeschleunigung von 5 m/s^2. Mit Fahrtbeginn entsteht in einer Bogenfahrt allmählich eine Seitenbeschleunigung und der Zug beginnt sich nach links zu neigen. Nach ca. 2,0 min erreicht die Seitenbeschleunigung den Wert von 1,5 m/s^2 bei einer Querneigung von 12°.

2. In den folgenden 0,9 min geht die Zugfahrt in einen annähernd geraden Abschnitt über und weist demzufolge nahezu keine Seitenbeschleunigung auf.

3. Im Anschluss befährt der Zug einen anhaltenden Rechtsbogen und unterquert dabei den nördlichen Apennin. Er ist einer Seitenbeschleunigung von 2 m/s^2 bei einer Querneigung von 16° ausgesetzt. Gleichzeitig entsteht eine Kuppenbeschleunigung von maximal 0,3 m/s^2, die überwiegend aus der angepassten Streckengradiente zur Reduzierung der Überdeckung durch das Apennin-Gebirge resultiert. Dieser Zustand hält ca. 0,8 min an.

4. Im Folgeabschnitt schwächt sich die Seitenbeschleunigung zunächst auf 0,6 m/s^2 bei einer Linksneigung des Zuges um 6° ab. In den anschließenden 1,5 min steigen diese Werte auf 1,4 m/s^2 und 12° an.

5. Der Zug hat die Hälfte der Distanz bei einer Maximalgeschwindigkeit von 5.635 km/h erreicht. Die Kuppenbeschleunigung erreicht jetzt ihren maximalen Wert von 0,4 m/s^2 und wird im Wesentlichen durch die Erdkrümmung verursacht. Mit Beginn der zweiten Fahrthälfte wechselt die Antriebsbeschleunigung auf eine Bremsbeschleunigung von permanent 5 m/s^2. Zugleich erreicht die Seitenbeschleunigung den Wert von 2,0 m/s^2 in Verbindung mit einer Linksneigung des Zuges um 16°. Diese Phase dauert zusammen mit einer allmählich abnehmenden Kuppenbeschleunigung 2,2 min.

6. In den restlichen 3,0 min bis zum Fahrtende befährt der Zug einen annähernd geraden Streckenabschnitt. Seiten- und Kuppenbeschleunigung tendieren gegen Null, während die Bremsbeschleunigung von 5 m/s^2 bis zum Erreichen der Station Rom unvermindert anhält.

Station Rom (ROM)

In der Station Rom mit seinen vier Bahnsteigen verlassen die genannten 1.057 Passagiere am Endbahnsteig der Linie W2 den Zug. Dieser Bahnsteig dient nur zum Aussteigen. Rund 30 % der ankommenden Passagiere haben ihre Fahrt auf anderen Kontinenten begonnen. Darunter sind mit Ausnahme von Australien Passagiere aus allen Kontinenten vertreten. Den größten Anteil von ihnen weisen Passagiere aus dem Nahen und Mittleren Osten auf. Über 65 % der ankommenden Passagiere haben über ganz Europa verteilte Startorte. Die übrigen Passagiere haben Rom nicht als Ziel, sondern steigen in Rom zur Weiterfahrt nach Süditalien um. Nach kurzem Aufenthalt wechselt der Zug von der Station in das anschließende Depot Rom.

6.5 Künftige Handlungsfelder

Die vorausgegangenen Kapitel befassten sich mit den Zielen und Anforderungen, Chancen und Herausforderungen bei Realisierung eines europäischen Hyperschallbahn-Netzes. Daraus resultiert eine Vielzahl unbeantworteter und neuer Fragen und Aktivitäten, die in folgenden Handlungsfeldern gebündelt werden können:

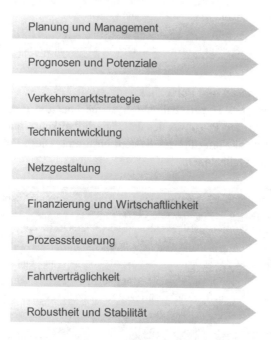

Planung und Management

Prognosen und Potenziale

Verkehrsmarktstrategie

Technikentwicklung

Netzgestaltung

Finanzierung und Wirtschaftlichkeit

Prozesssteuerung

Fahrtverträglichkeit

Robustheit und Stabilität

Die Handlungsfelder bedürfen der Vertiefung, Vervollständigung, Priorisierung und Weiterentwicklung als Beitrag für die Schaffung eines einheitlichen Orientierungsrahmens für politische Entscheidungsträger, Technologieunternehmen, Forschung und

Entwicklung sowie weitere Akteure zur Realisierung der Hyperschallbahn. Wesentliche Inhalte der Handlungsfelder werden ohne Anspruch auf Vollständigkeit nachfolgend zusammengefasst.

Handlungsfeld Planung und Management

Das europäische und die anderen kontinentalen Hyperschallbahn-Netze einschließlich der interkontinentalen Linien müssen in ihren globalen Dimensionen eine hochkomplexe, technisch einheitliche Systembasis aufweisen. In diesem Kontext sind folgende Maßnahmen im Rahmen der Planung und des Managements erforderlich:

Strukturen	Entwicklung einheitlicher globaler, kontinentaler und linienbezogener Planungs- und Managementstrukturen für den Bau und Betrieb der Hyperschallbahn
Koordinierung	Schaffung der Voraussetzungen für den koordinierten Ausbau der kontinentalen und interkontinentalen Netze und Linien der Hyperschallbahnbahn
Lastenteilung	Gewährleistung einer ausgewogenen internationalen Lastenteilung bei der Planung, der Finanzierung und dem Bau der Netze und Linien der Hyperschallbahn
Standards	Sicherstellung weltweit einheitlicher System-Standards für die kontinentalen und interkontinentalen Netze und Linien
Zeitplan	Internationale Vereinbarung eines Zeitplans für den Bau und die Inbetriebnahme der kontinentalen und interkontinentalen Netze und Linien

Handlungsfeld Prognosen und Potenziale

Die Dimensionierung des Hyperschallbahn-Systems über die gesamte Nutzungsdauer wird maßgeblich von der Prognose des Passagierluftverkehrs und dem angestrebten Grad der Potenzialerschließung für das System bestimmt. Diese Prämisse erfordert die Umsetzung folgender Maßnahmen:

Rahmendaten	Schärfung der Prognosen der weltweiten Rahmenbedingungen über den gesamten Lebenszyklus des Hyperschallbahn-Systems (Bevölkerungswachstum, regionale Wohlstandsentwicklung, weitere Kriterien)
Aktualisierung	Monitoring und regelmäßige Aktualisierung der Luftverkehrsprognosen sowie Analyse des Verlagerungspotenzials aus dem Luft- und Landverkehr
Früherkennung	Frühzeitige Erkennung der erforderlichen Systemdimensionierung in Reaktion auf die aktualisierten Nachfrageprognosen des weltweiten Luftverkehrs
Elastizitäten	Untersuchung der Preis-Nachfrage-Elastizität im Hyperschallbahn-Netz und daraus abgeleitete Preisstrategie für neues Nachfrage-Potenzial
Teilnetze	Ermittlung des Nachfragepotenzials für angestrebte Teilnetz-Lösungen bei vorläufigem Verzicht auf ein vollständiges, nachfragegerechtes Liniennetz

Handlungsfeld Verkehrsmarktstrategie

Die Implementierung der Hyperschallbahn hat umfassende Auswirkungen auf die gesellschaftliche Entwicklung und insbesondere auf die gesamte europäische und globale Verkehrsmarktstrategie unter Einbeziehung anderer Verkehrsträger. In diesem Rahmen sind folgende Maßnahmen erforderlich:

Tarifverbund	Entwicklung eines europäischen Tarifverbunds im Hyperschallbahn-Netz zur Unterstützung der europäischen Integration in Anlehnung an die gegenwärtigen Tarifstrukturen des öffentlichen Nahverkehrs in Ballungsräumen
Metropolen	Untersuchung weiterer Konsequenzen der Hyperschallbahn für die europäische und weltweite Integration sowie speziell für die Intensivierung der Verflechtungen zwischen Metropolen
Luftverkehr	Entwicklung von Strategien für die Ausrichtung des verbleibenden Luftverkehrs und die Entwicklung der großen Flughäfen nach Einführung der Hyperschallbahn
Zusatzsysteme	Einbindung weiterer in Entwicklung befindlicher innovativer Verkehrssysteme als Ergänzung zur europäischen und weltweiten Hyperschallbahn
Zeitzonen	Reduzierung zeitlicher Nutzungsbeschränkungen interkontinentaler Hyperschallbahn-Verbindungen auf Grund der Zeitverschiebung durch partielle interkontinentale Synchronisation der Tagesabläufe und Fahrpläne
Atlantikquerung	Entwicklung von Lösungen für die Zusatznutzung der Atlantikquerungen und anderer Unterwassertunnel für Anwendungen außerhalb der Hyperschallbahn

Handlungsfeld Technikentwicklung

In den vorausgegangenen Kapiteln konnte die Systemtechnik der Hyperschallbahn in ihren Dimensionen und Kosten überwiegend nur modellhaft, in Szenarien und nach Plausibilität im Vergleich zu existierenden technischen Anwendungen abgebildet werden. Dies betrifft besonders die Magnetschwebetechnik im Verbund mit der Vakuumtechnik und die Atlantiktunnel. Um das technologische Wissen über die Systemelemente der Hyperschallbahn zu vertiefen und die Belastbarkeit von Kostenkalkulationen zu erhöhen, sind vorrangig folgende Maßnahmen erforderlich:

Nutzungsdauer	Systemkompatible Definition der technischen Nutzungsdauer von Teilelementen der Hyperschallbahn
Fahrzeuge	Definition der Anforderungen und Parameter für die Entwicklung der Fahrzeug-technik und -gestaltung unter den Bedingungen der Hyperschallbahn
Vakuum	Entwicklung der Vakuumtechnologie einschließlich der Dimensionierung der Vakuumröhren im Zusammenwirken mit der Magnetschwebetechnik und unter den Bedingungen des Linienbetriebs
Energie	Schaffung der Voraussetzungen für die anforderungsgerechte Energieversorgung des Betriebs auf den Hyperschallbahn-Linien

Tunnelbau	Weiterentwicklung der Tunnelbautechnologien mit dem Ziel der Erhöhung des Bautempos und der Reduzierung der spezifischen Tunnelbaukosten
Röhreneinschub	Entwicklung von anforderungsgerechten Einschubtechnologien für die Vakuumröhren in Tunnelbauwerken
Schwebetunnel	Weiterentwicklung der Technologie der Schwebetunnel für die Atlantik-querung im Hyperschallbahn-Systemverbund
Trassierung	Vertiefung der Trassierungsgrundsätze aus den fahrdynamischen Prämissen in ihrer Wirkung auf die Baukosten und die Fahrzeit
Stationen	Gestaltung von Verkehrsstationen und Depots entsprechend den ver-kehrlichen, betrieblichen, sicherheitstechnischen und wirtschaftlichen Anforderungen

Handlungsfeld Netzgestaltung

Die Netzgestaltung für die Hyperschallbahn muss vorrangig die Anforderungen des weltweiten Verkehrsmarktes, die Interessen der internationalen, nationalen und lokalen Standortpolitik, die Systemkompatibilität und technische Machbarkeit sowie die Wirtschaftlichkeit und Finanzierbarkeit berücksichtigen. Dafür ist die Umsetzung folgender Maßnahmen erforderlich:

Netzarchitektur	Vereinbarung der interkontinentalen Netzarchitektur in ihrer Einheit aus kontinentalen Netzen und interkontinentalen Linien
Abgrenzung	Abgrenzung kontinentaler Hyperschallbahn-Netze untereinander nach politischen, volkswirtschaftlichen, verkehrlichen und betrieblichen Prämissen
Stationen	Auswahl der Hyperschallbahn-Stationen nach international einheitlichen entwicklungspolitischen, systemtechnischen, verkehrlichen und betriebs-wirtschaftlichen Kriterien
Linienauswahl	Einvernehmliche Festlegung geeigneter Linien des europäischen Hyperschall-bahn- Netzes nach entwicklungspolitischen, systemtechnischen, verkehrlichen und wirtschaftlichen Prämissen
Globale Linien	Flankierende global abgestimmte Entwicklung interkontinentaler Linien zur Verbindung der Kontinentalnetze und zur Mitnutzung innerhalb des kontinentalen Hyperschallbahn-Verkehrs
Stufenplan	Entwicklung von Szenarien für die Gestaltung und den etappenweisen Ausbau des europäischen Hyperschallbahn-Netzes in Abhängigkeit von der Ent-wicklung des Verkehrspotenzials, abgestuft nach Dringlichkeit und Wirtschaft-lichkeit
Zubringer	Ermittlung der Anforderungen an den Neu- und Ausbau des Zubringerver-kehrs für Hyperschallbahn-Stationen außerhalb von Metropolen unter Berück-sichtigung bereits vorhandener Infrastrukturplanungen
Lokalplanung	Bestimmung geeigneter lokaler Standorte für Stationen und Depots der Hyper-schallbahn in den Metropolen in Verknüpfung mit dem vorhandenen Landverkehr

Handlungsfeld Finanzierung und Wirtschaftlichkeit

Die Schaffung einer europäischen Hyperschallbahn verursacht äußerst hohe Kosten, die von vielen Staaten über sehr lange Zeiträume zu tragen sind, ist aber auch mit einem dauerhaft hohen Ertragspotenzial verbunden. Die Realisierung des Systems erfordert neue Finanzierungsstrategien und definierte Rahmenbedingungen für einen wirtschaftlichen Betrieb. In diesem Zusammenhang ist die Umsetzung folgender Maßnahmen geboten:

Business Model	Definition eines interkontinental einheitlichen Geschäftsmodells für den Bau und Betrieb der Hyperschallbahn
Finanzierung	Entwicklung einer internationalen Finanzierungsstrategie mit Schaffung der zur Umsetzung erforderlichen Finanzierungsquellen
Projektphasen	Abgrenzung der zeitlichen Projektphasen der externen Finanzierung und des eigenwirtschaftlichen operativen Betriebs bei Definition eines systemspezifischen Wirtschaftlichkeitsrahmens
Kostenmodelle	Entwicklung bzw. Weiterentwicklung belastbarerer Kostenmodelle für alle System-elemente in Abhängigkeit von der weiteren Technikentwicklung
Kostenrisiken	Identifikation und Quantifizierung der sonstigen Kosten zusätzlich zu den system-relevanten Kosten und Vertiefung der Einschätzung von system-relevanten Kostenrisiken
Preisniveau	Vertiefung der perspektivischen Entwicklung und regionalen Differenzierung des Preisniveaus des Luftverkehrs sowie der Übertragung auf die kontinentalen und interkontinentalen Hyperschallbahn-Netze
Zusatzerträge	Identifikation und Quantifizierung möglicher Zusatzerträge aus dem Systembetrieb in Ergänzung zu den Verkehrserlösen

Handlungsfeld Prozesssteuerung

Die Hyperschallbahn ist ein Massenverkehrsmittel mit hochverdichteten Verkehrsströmen über kontinentale und globale Distanzen. Die Steuerung des Betriebs, der Abfertigung und der Energieversorgung sind von entscheidender funktionaler Bedeutung für das System. Folgende Maßnahmen stehen im Vordergrund:

Betriebsablauf	Entwicklung der Grundlagen für die vollautomatische Betriebssteuerung über ganze Linien unter den fahrdynamischen Bedingungen der Hyperschallbahn bei Gewährleistung der Betriebssicherheit
Fahrplan	Fahrplangestaltung für das europäische Hyperschallbahn-Netz in Koordination mit den Fahrplänen für interkontinentale Linien und für andere Kontinentalnetze unter Berücksichtigung der maximalen zeitlichen Nutzbarkeit
Kapazität	Untersuchung der Preis-Nachfrage-Elastizität im Hyperschallbahn-Netz und daraus abgeleitete Preisstrategie als Instrument der Kapazitätssteuerung im Netz
Passagiere	Entwicklung neuer Abfertigungs- und Verkehrsleitsysteme zur sicheren und schnellen Steuerung großer Passagierströme in den Stationen und Zügen

| Energie | Steuerung des Energieverbrauchs im Verbund aus Magnetschwebetechnik und Vakuumsystem unter der Prämisse der technisch-wirtschaftlichen Optimierung |
| Vakuum | Entwicklung eines Betriebs- und Steuerungsprozesses der regelmäßigen Vakuumerzeugung und -regulierung unter den Bedingungen des Linienbetriebs |

Handlungsfeld Fahrtverträglichkeit

Während der Zugfahrten mit der Hyperschallbahn sind die Passagiere nahezu permanent wirkenden, häufig wechselnden und relativ großen Beschleunigungen ausgesetzt. Diese Einwirkungen können sich negativ auf das Wohlbefinden und die Akzeptanz auswirken mit der Folge, dass das ermittelte Verlagerungspotenzial auf die Hyperschallbahn nicht vollständig ausgeschöpft wird. Vorbeugend ist daher die Umsetzung folgender Maßnahmen erforderlich:

Grenzwerte	Definition fahrdynamischer Prämissen und Grenzwerte (u.a. Maximum, Dauer, Wechseldynamik und Richtungskombination von Beschleunigungen) unter dem Aspekt der Fahrtverträglichkeit
Trassierung	Vertiefung der Trassierungsgrundsätze aus den fahrdynamischen Prämissen in ihrer Wirkung auf die Fahrtverträglichkeit
Medizin	Entwicklung wirksamer Möglichkeiten der medizinischen Unterstützung der Verträglichkeit von Fahrten mit der Hyperschallbahn
Mixed reality	Weiterentwicklung von Anwendungen der mixed reality zur Unterstützung des Wohlbefindens und der Orientierung der Passagiere während der Fahrt

Handlungsfeld Robustheit und Stabilität

Die Hyperschallbahn muss in ihrer technischen Komplexität und weltweiten Vernetzung hohen Sicherheitsanforderungen genügen. Das System soll in seiner Robustheit und Stabilität in der Lage sein, unerwartete externe und interne Betriebseinwirkungen und Bedrohungen schnell und effizient zu neutralisieren. Folgende Untersuchungen stehen dabei besonders im Vordergrund:

Naturereignisse	Vorhersage der Einwirkung von Erdbeben und sonstigen Naturkatastrophen auf das System, Maßnahmen zum vorbeugenden Schutz und zur Beseitigung der Folgen dieser Ereignisse
Boykotte	Möglichkeit des Ausschlusses von Staaten vom Bau und Betrieb der Hyperschallbahn, die gegen die Charta der Vereinten Nationen verstoßen
Ausfälle	Vorkehrungen gegen Ausfälle in der Energieversorgung, bei der Vakuumerzeugung und –regulierung und gegen sonstige technische Ausfälle bei schneller Wieder-herstellung eines stabilen Systembetriebs
Rettung	Entwicklung von Rettungskonzepten unter Systembedingungen, darunter zur Befreiung aus den Zügen in den Vakuumröhren oder aus Tunneln unter Wasser

Glossar

Abfertigung vorbereitende, begleitende und nachbereitende Handlungen für die Beförderung der Passagiere und ihres Gepäcks in den Verkehrsstationen und Zügen der Hyperschallbahn

Abschreibung Wertminderung bei Vermögensgegenständen, an die im Finanzierungsmodell für die Hyperschallbahn die planmäßige Tilgung zinsloser Darlehen synchron gekoppelt wird

Absenktunnel in flachen Gewässern mit ebenem Grund verlaufender Tunnel, dessen Segmente bei der Tunnelherstellung an Land gefertigt, in einen ausgehobenen Graben des Gewässergrundes abgesenkt und dort eingebaut werden

Angebot-Szenarien Beschreibung verschiedener Angebote der Hyperschallbahn, die vollständig nachgefragt werden, aber nur auf die partielle Abschöpfung des Verlagerungspotenzials abzielen, mit Bewertung des daraus resultierenden wirtschaftlichen Ergebnisses

Atlantiktunnel Tunnel nach Nordamerika und Südamerika, die Vakuumröhren der Hyperschallbahn verankern und anteilig aus Schwebetunneln in den Tiefseebereichen sowie aus Bohr- und Absenktunneln in den Schelfbereichen bestehen

Atmosphärischer Luftdruck mittlerer Luftdruck der Atmosphäre, der auf Meereshöhe 1.013 mbar beträgt

Ballungsraum Verstädterter Raum mit höherer Einwohnerzahl und hoher Siedlungsdichte sowie mindestens einer Großstadt als Ballungskern

Blockzeit im Luftverkehr die Zeitspanne zwischen dem Entfernen der Bremsklötze vor dem Start und dem Anlegen der Bremsklötze nach der Landung

Bruttoinlandsprodukt Gesamtwert aller Waren und Dienstleistungen, die während eines Jahres innerhalb der Grenzen einer Volkswirtschaft als Endprodukte nach Abzug aller Vorleistungen hergestellt wurden

cW-Wert Koeffizient für den Strömungswiderstand eines Körpers, wenn dieser Körper von einem Fluid (Gas oder Flüssigkeit) umströmt wird

Destination Zielstandort oder Zielregion eines Fluges

Elektrodynamisches Schweben Magnetschwebesystem, das auf abstoßenden Magnetkräften basiert, wobei Magnetspulen am Fahrzeug starke Magnetfelder erzeugen, die während der Bewegung hohe Ströme in den Reaktionsspulen der Magnetfahrbahn hervorrufen

Elektromagnetisches Schweben Magnetschwebesystem, das auf anziehenden Magnetkräften beruht, wobei Elektro- oder Permanentmagnete an der Magnetfahrbahn mit Unterstützung durch eine aktive Luftspaltregelung das Tragen und Führen der Fahrzeuge bewirken

Europanetz Kontinentalnetz der Hyperschallbahn, das den Kontinent Europa und angrenzende Regionen in Nahost und Nordafrika bedient, und durch integrierte Interkontinentallinien mit anderen Kontinenten verbunden ist

Evakuierung in Vakuumröhren der Hyperschallbahn durch Absaugen Reduzierung des Luftdrucks vom atmosphärischen Druck bis zum erforderlichen Vakuumdruck

Fahrdynamik Spezialgebiet der Dynamik, das sich mit der Bewegung von Fahrzeugen befasst und Ermittlungen zu Bewegungsparametern (darunter Weg, Zeit, Geschwindigkeit und Beschleunigung) beinhaltet

Flugzeit nach einer EU-Verordnung die Dauer ab dem Zeitpunkt, zu dem sich ein Flugzeug in Bewegung setzt, um zu starten, bis zu dem Zeitpunkt, zu dem es am Ende des Fluges zum Stillstand kommt

Gate-Funktion Funktion großer Verkehrsstandorte der Hyperschallbahn, benachbarte Kontinentalnetze zu verknüpfen sowie eine Sammel- und Verteilungsfunktion zwischen kontinentalen und interkontinentalen Linien zu übernehmen

Geschlossene Bauweise Verfahren unter Anwendung unterirdischer und bergmännischer Bauweisen sowie unter Einsatz von Tunnelbohrmaschinen beim Tunnelbau mit größerer Überdeckung

Gradiente Höhenverlauf einer Verkehrstrasse in Bezug zum Streckenverlauf, bestehend aus geneigten und horizontalen Geraden sowie aus Kuppen- und Wannenausrundungen

Gravitationsgesetz Gesetz der klassischen Physik, nach dem jeder Massenpunkt auf jeden anderen Massenpunkt mit einer anziehenden Gravitationskraft einwirkt

Grobvakuum Vakuumbereich zwischen Unterdruck und Feinvakuum von 300 mbar bis 1 mbar

High Speed Rail Eisenbahnsystem zwischen Metropolen für Geschwindigkeiten ab 250 km/h mit spezieller Infrastruktur und Fahrzeugtechnik gegenüber dem konventionellen Eisenbahnnetz

Hyperloop Verkehrssystem, bei dem sich Kapseln in einer weitgehend evakuierten Röhre auf Luftkissen gleitend mit maximal 1.200 km/h fortbewegen

Hyperschall Geschwindigkeit oberhalb der fünffachen Schallgeschwindigkeit, also oberhalb von Mach 5 bzw. 6.175 km/h bei 20 °C Lufttemperatur

Hyperschallbahn Magnetschwebebahn in evakuierten Röhren mit einer maximalen Geschwindigkeit oberhalb der Hyperschallgeschwindigkeit nach dem Konzept des

Vacuum Tube Train und mit Anwendung auf interkontinentalen und kontinentalen Verkehrsrelationen

Hyperschall-Flugzeug Flugzeug, das mit Hyperschallgeschwindigkeit fliegen kann

Instandhaltung im Hyperschallbahn-Netz Maßnahmen zum Erhalt oder der Wiederherstellung des funktionsfähigen Zustands eines Objekts während seines Lebenszyklus bei Finanzierung aus den Einnahmen des operativen Betriebs

Interkontentallinie Linie der Hyperschallbahn zwischen Metropolen verschiedener Kontinente, bestehend aus durchgehenden Vakuumröhren mit mindestens einer Vakuumröhre pro Richtung und Verkehrsstationen an den Standorten der Metropolen entlang der Linie

Investition im Hyperschallbahn-Netz Neubau, Erweiterung oder Ersatz von Systemelementen bei Finanzierung durch zinslose Darlehen der beteiligten Staaten und aus Einnahmen des operativen Betriebs

Kontinentallinie Linie der Hyperschallbahn zwischen Metropolen innerhalb eines Kontinentalnetzes, bestehend aus durchgehenden Vakuumröhren mit einer Vakuumröhre pro Richtung und Verkehrsstationen an den Standorten der Metropolen

Kontinentalnetz Netz von Hyperschallbahn-Linien zwischen Metropolen eines Kontinents, bestehend aus Kontinentallinien und integrierten Interkontinentallinien sowie mit Umsteigemöglichkeit zwischen den Linien in den Verkehrsstationen an den Standorten der Metropolen entlang der Linien

Kostendegression Sinkende Stückkosten eines Gutes mit jeder zusätzlich produzierten Einheit dieses Gutes, zumeist bei Produkten mit hohen Fixkosten

Kuppenausrundung angepasste Gradiente für den allmählichen Übergang von einem Steigungsabschnitt in einen Gefälleabschnitt durch Einfügung eines vertikalen Bogenelements

Längsbeschleunigung Änderung des Bewegungszustandes in Fahrtrichtung, bei der Hyperschallbahn durch gleichmäßige Beschleunigung und durch gleiche Beschleunigungsbeträge beim Anfahren und Bremsen

Langstator-Bauweise Fahrantrieb von Magnetbahnen, bei dem die Magnetfahrbahn wie der Stator eines Elektromotors agiert und die Magnete am Fahrzeug dem Rotor entsprechen

Life Cycle Costing Kostenmanagement-Methode, die die Kostenentwicklung eines Produkts über einen Lebenszyklus von der Entwicklung bis zur Rücknahme vom Markt betrachtet

Linienflug in einem Flugplan hinterlegtes Angebot des gewerblichen Luftverkehrs für eine bestimmte Relation und Flugzeit unabhängig von der Auslastung des Flugzeugs

Liniennetz Verkehrsinfrastruktur einer Region im Verbund aus mehreren Verkehrslinien, die über Verkehrsstationen für den Quell-, Umsteige- und Zielverkehr miteinander verknüpft sind

Logarithmische Spirale Spirale mit proportional zur Bogenlänge ansteigendem Bogenradius, bei der sich mit jeder Umdrehung um ihren Pol der Abstand von diesem Pol
um den gleichen Faktor verändert

Mach Verhältnis der Geschwindigkeit eines Körpers zur Schallgeschwindigkeit
(1.235 km/h bei 20 °C Lufttemperatur)

Magnetschwebebahn Spurgeführtes Landverkehrsmittel, das durch magnetische Kräfte
in der Schwebe gehalten, in der Spur geführt, angetrieben und gebremst wird

Metropole Großstadt, die einen politischen, sozialen, kulturellen und wirtschaftlichen
Mittelpunkt einer Region oder eines ganzen Landes bildet und bei mehr als zehn
Millionen Einwohnern als Mega-City bezeichnet wird

Mindest-Zugfolgezeit bei der Hyperschallbahn Zeitbedarf für den Bremsvorgang bis
zum Stillstand eines Zuges unter der Prämisse, dass sich im Bremsabschnitt kein
vorausfahrender Zug aufhalten darf

Mittlere Reiseweite verkehrsträgerspezifischer Quotient aus Passagierverkehrsleistung
und Personenverkehrsaufkommen, gemessen über einen bestimmten Zeitraum

Mixed reality Umgebungen oder Systeme, die die natürlichen Wahrnehmungen eines
Nutzers mit einer künstlichen computererzeugten Wahrnehmung vermischen

Modal Split in der Verkehrsstatistik die Verteilung der Verkehrsleistung auf verschiedene Verkehrsträger, im Personenverkehr in der Regel auf Basis der Kenngröße
Passagierkilometer

Nachfrage-Szenarien Beschreibung verschiedener Entwicklungen der Nachfrage nach
Angeboten der Hyperschallbahn, die auf die vollständige Abschöpfung des Verlagerungspotenzials abzielen, mit Bewertung des daraus resultierenden wirtschaftlichen Ergebnisses

Nonstop-Flug Flug, bei dem zwischen Ausgangs- und Zielpunkt keine Zwischen-
landung erfolgt

Nutzungsdauer Zeitraum der Nutzung einer Anlage bzw. eines Systemelements von der
Inbetriebnahme bis zum Ersatz

Offene Bauweise Verfahren beim Tunnelbau in geringer Tiefe und bei gleichmäßiger
Geländehöhe durch Einbau vorgefertigter Tunnelsegmente von der Geländeoberfläche
aus in eine Baugrube

Passagierkilometer betriebswirtschaftliche Messzahl zur Ermittlung der Verkehrsleistung als Produkt aus der Anzahl beförderter Passagiere und der zurückgelegten
Wegstrecke

Platzkilometer betriebswirtschaftliche Messzahl zur Ermittlung der Platzkapazität der
Fahrzeuge als Produkt aus der Anzahl der angebotenen Plätze und der zurückgelegten
Wegstrecke

Potenzialstandort im Wesentlichen Flughäfen mit überregionalen Verkehrsangeboten,
die für eine Verkehrsverlagerung auf das Hyperschallbahn-Netz geeignet sein können

Preis-Nachfrage-Elastizität volkswirtschaftliche und betriebswirtschaftliche Kennzahl
zur Messung der Abhängigkeit der Nachfrage von einer Preisänderung

Punkt-Punkt-Verbindung direkte Verkehrsverbindung zwischen zwei Punkten, die im Unterschied zur Verkehrslinie keine Zwischenhalte einschließt

Quell- und Zielverkehr von einem Quellgebiet ausgehender Verkehr und in einem Zielgebiet endender Verkehr

Querneigung Neigung der Fahrbahn in Grad rechtwinklig zur Fahrbahnachse zur Reduzierung der Fliehkräfte während der Bogenfahrt

Querschnitt der Fahrzeuge bei der Hyperschallbahn aus dem Durchmesser der Fahrzeugrümpfe ermittelter Flächenwert unter der Annahme eines annähernd kreisförmigen Fahrzeugquerschnitts

Referenzjahr festgelegtes Jahr als Basis für die Vergleichbarkeit langfristiger Entwicklungen und dynamischer Zeitreihen

Reisezeit Zeitverbrauch von der Verkehrsquellezum Verkehrsziel einschließlich der Fahrzeiten, Halte- und Umsteigezeiten

Saugvermögen mittlerer Volumenstrom durch den Querschnitt der Ansaugöffnung einer Vakuumpumpe in Volumeneinheit pro Zeiteinheit

Schelf in Ozeanen leicht seewärts geneigte Plattform mit geringer Meerestiefe in Randbereichen der Kontinente am Übergang zum Tiefseebereich

Schwebetunnel unterhalb der Meeresoberfläche im Tiefseebereich schwebender Tunnel, mit Tragseilen am Meeresgrund zum Halten in horizontaler und vertikaler Richtung befestigt, gegebenenfalls zusätzlich mit Pontons an der Meeresoberfläche verbunden

Scramjet Staustrahltriebwerk von Luftkörpern mit Überschallverbrennung, bei dem die Kompression der dem Verbrennungsraum zugeführten Luft durch Ausnutzung der hohen Strömungsgeschwindigkeit des Gases selbst in einem feststehenden, enger werdenden Einlauf erfolgt

Sitzladefaktor Betriebswirtschaftliche Messzahl zur Kapazitätsauslastung im Luftverkehr als Quotient aus der Anzahl der beförderten Passagiere und der Anzahl der angebotenen Sitzplätze

Skaleneffekt Resultat der Nutzung des Gesetzes der Massenproduktion, wonach bei zunehmender Produktionsmenge die Produktionskosten pro Stück (Stückkosten) sinken

Superkavitation Bildung und Auflösung von dampfgefüllten Hohlräumen (Blasen) hinter einem sehr schnell von Flüssigkeiten umströmten Körper

Szenariotechnik Methode der strategischen Planung zur Analyse und zusammenhängenden Darstellung möglicher Entwicklungen unter Beschreibung alternativer künftiger Situationen

Topografie Teilgebiet der Kartografie, das sich mit der Vermessung, Darstellung und Beschreibung der Erdoberfläche und der mit der Erdoberfläche verbundenen Objekte befasst

Transitflug Linienflug, der einen Kontinent mit einem Hyperschallbahn-Netz überquert und somit Verlagerungspotenzial für das kontinentale Hyperschallbahn-Netz darstellt

Transrapid in Deutschland entwickelte Magnetschwebebahn-Technologie für den Hochgeschwindigkeitsverkehr unter Anwendung des elektromagnetischen Magnetschwebesystems

Trassierung Entwerfen und Festlegen der Linienführung eines Landverkehrsweges in Lage, Höhe und Querschnitt unter Verwendung von Geraden und Bogenelementen

Überdeckung Abstand zwischen der Oberkante eines Tunnels und der Oberkante des darüber befindlichen Geländes

Übergangsbogen Trassierungselement für den allmählichen Übergang von einem geraden in einen Kreisabschnitt oder zwischen Kreisabschnitten mit unterschiedlichen Radien bzw. Bogenrichtungen

Unausgeglichene Seitenbeschleunigung der durch die Querneigung der Fahrbahn nicht eliminierte Anteil der Seitenbeschleunigung in einem Bogenabschnitt

Vacuum Tube Train vorgeschlagenes und seit dem 20. Jahrhundert international diskutiertes Zugsystem für Geschwindigkeiten von 6.400 bis 8.000 km/h auf der Basis der Magnetschwebetechnik in evakuierten Röhren, unter anderem für den Einsatz durch einen Atlantiktunnel zwischen Nordamerika und Europa (Kurzform Vactrain)

Vakuumregulierung Wiederherstellung des Evakuierungsdrucks in den Vakuumröhren der Hyperschallbahn in der täglichen Betriebspause

Vakuumröhre evakuierte Röhre, durch die sich Züge der Hyperschallbahn auf einer einspurigen Fahrbahn mit Magnetschwebetechnik in nur einer Richtung bewegen

Verbundtarif In regionalen Verkehrsverbünden angewendetes vereinheitlichtes Preissystem, das überwiegend durch degressive Tarifgestaltung im Vergleich zur Streckenlänge gekennzeichnet ist

Verfügbarkeit bei der Hyperschallbahn gegenüber der täglichen Betriebsdauer eingeschränkte zeitliche Nutzbarkeit des Zugangebots interkontinentaler Linien aufgrund der Zeitverschiebung zwischen den Kontinenten

Verkehrserlös Produkt aus Passagierverkehrsleistung und mittlerem Preisniveau (Yield im Luftverkehr)

Verkehrsleistung betriebswirtschaftliche Messzahl als Produkt aus der Anzahl beförderter Passagiere und der zurückgelegten Wegstrecke im Personenverkehr mit der Maßeinheit Passagierkilometer

Verkehrslinie öffentliche nach Fahrplan betriebene Verkehrsverbindung, bestehend aus End- und Zwischenhaltestellen

Verkehrsstärke aus einem Verkehrsstrom ermittelte Anzahl der Verkehrseinheiten zwischen zwei Punkten in einer bestimmten Zeitspanne

Verkehrsstrom Kenngröße der Verkehrsplanung zur Erfassung der Ortsveränderungen zwischen zwei Punkten in einer bestimmten Zeitspanne

Verlagerungspotenzial Anteile des Luft- und Landverkehrs, die geeignet sind für eine Verlagerung auf die Hyperschallbahn

Vertikalbeschleunigung senkrecht zur Fahrtrichtung wirkende Beschleunigung in Abhängigkeit von der Trassierung und der Gradiente, die als Kuppen- oder Wannenbeschleunigung wirksam wird und auch durch die Erdkrümmung verursachte Beschleunigungsanteile umfasst

Vor- und Nachlaufzeit im Hyperschallbahn-System Fahrtdauer auf Strecken des Zubringerverkehrs zwischen einer Verkehrsstation und einem Potenzialstandort abseits der Verkehrsstation

Wannenausrundung angepasste Gradiente für den allmählichen Übergang von einem Gefälleabschnitt in einen Steigungsabschnitt durch Einfügung eines vertikalen Bogenelements

Yield mittleres Preisniveau im Luftverkehr als Quotient aus dem Verkehrserlös und der Passagierverkehrsleistung

Zubringerverkehr Verkehrsverbindungen zwischen Potenzialstandorten und Verkehrsstationen der Hyperschallbahn, wenn sich die Potenzialstandorte nicht direkt an den Standorten der Verkehrsstationen befinden

Zugumlauf bei der Hyperschallbahn die Zeit vom Fahrtbeginn ab einer Station bis zum erneuten Fahrtbeginn von derselben Station im Rahmen des Fahrplanbetriebs

Quellenverzeichnis

1. „Die Welt" 28.03.2004, „High Speed durchs Wasser"
2. „Flightradar24" Online Flugdaten per 15.03.2017
3. International Maglev Board (IBM) Online, Facts & Research, abgerufen im Mai 2022
4. Shanghai Maglev Transportation Development (SM) Online, abgerufen im Mai 2022
5. JR Maglev SCMAGLEV-Projekt Online, abgerufen im Mai 2022
6. China Railway Rolling Stock Corporation (CRRC) 24.05.2019 News Center
7. SpaceX 12.08.2013, Studie "Hyperloop Alpha"
8. „Die Welt" 04.08.2015, „Airbus patentiert Hyperschall-Jet"
9. European Space Agency (ESA) Online, Projekt LAPCAT, abgerufen im Mai 2022
10. "SPIEGEL" 29.06.2018, Hyperschall-Jet von Boeing
11. "Stern" 09.04.2018, Effekt der Superkavitation bei U-Booten
12. Transrapid International GmbH 2009, Beschreibung des Transrapid-Systems
13. DLR Online, Fakten zur ISS, abgerufen im Mai 2022
14. AfA-Tabellen 2020 des deutschen Bundesministeriums der Finanzen
15. American Airlines, Geschäftsbericht 2019
16. Delta Airlines, Geschäftsbericht 2019
17. United Airlines, Geschäftsbericht 2019
18. Lufthansa, Geschäftsbericht 2019
19. International Airlines Group, Geschäftsbericht 2019
20. Air France KLM, Geschäftsbericht 2019
21. „Zeit" Online 31.01.2020, Auslastung der TGV-Züge
22. Umrath, März 1997, Grundlagen der Vakuumtechnik
23. Festo Didactic SE, Stand Februar 2027, Grundlagen Vakuumtechnik
24. Busch Vacuum Solutions Online, Produktübersichten, abgerufen im Mai 2022
25. Leybold GmbH Online, Produktübersichten, abgerufen im Mai 2022
26. Pfeiffer Vacuum Technology AG Online, Produktübersichten, abgerufen im Mai 2022
27. Vacuum Guide Online, Formeln Vakuumtechnik, abgerufen im Mai 2022
28. International Maglev Board (IBM) Online, Energieverbrauch, abgerufen im Mai 2022
29. CIA World Factbook, Energieverbrauch der Staaten 2015
30. Statista Prognose EU 2005–2020, Entwicklung des Energieverbrauchs
31. Antwort der deutschen Bundesregierung auf Bundestagsanfrage vom 29.04.1998
32. Geschäftsberichte europäischer Flughäfen 2017
33. Megastadt Neom (Saudi-Arabien), offizielle Website
34. Haramin High Speed Rail (Saudi-Arabien), offizielle Website
35. Europäische Bahnen, Fahrplan-Informationssysteme 2021

36. Rhein-Ruhr-Express (RRX), offizielle Website
37. „Verkehrsrundschau" 06.06.2014, Modernisierung Katowice – Krakow
38. Nationale Infrastrukturkommission 2018, „High Speed North England"
39. BBC Online 15.01.2016, High Speed Rail Link Glasgow – Edinburgh
40. High Speed Railway London – North-West (HS2), offizielle Website
41. LITRA Stand 2013, Ausbau Hochgeschwindigkeitsverkehr in Europa
42. Bundesverkehrswegeplan Deutschland 2030, Stand 03.08.2016
43. High Speed Railway Construction Programme Polen, Stand 2014
44. Global Construction Review 26.01.2022, High Speed Line Casablanca-Agadir
45. Times of Israel Online 21.08.2017, Bahnstrecke Jerusalem – Tel Aviv
46. SNCF Réseau 19.04.2016, Ligne Nouvelle Provence Côte d'Azur
47. Global Railway Review 06.08.2017, High Speed Palermo – Catania
48. Airlines Online, Technische Daten der Flugzeugtypen, abgerufen im Mai 2022
49. Deutsche Bahn, Geschäftsberichte 2018 und 2019
50. Airbus, Global Market Forecast 2018–2037
51. Boeing, Market Outlook 2018–2037
52. Japan, Aircraft Worldwide Market Forecast 2018–2037
53. International Air Transport Association (IATA), Annual Review 2018
54. International Civil Aviation Organization (ICAO), Annual Report 2017
55. "Aviation Management" 05.06.2019, IATA Passagiererlöse im Luftverkehr
56. IATA 13.03.2018, Airlines Financial Monitor
57. IATA 16.10.2014, Passenger Forecast
58. Entfernungsrechner Luftlinie Online, abgerufen am 15.03.2017
59. UVEK Schweiz Online, Daten zum Gotthard-Basis-Tunnel, abgerufen im Mai 2022
60. Verkehrsprojekt Deutsche Einheit VDE 8 Online, abgerufen im Mai 2022
61. Eisenbahntechnische Rundschau ETR, Dezember 2017, VDE 8
62. „Tunnel" Mai 2014, Kaiser-Wilhelm-Tunnel in Betrieb genommen
63. „Strukturae" Daten Ingenieurbauwerke Online, Kanaltunnel, abgerufen im Mai 2022
64. „JR-plus" Online, Seikan-Tunnel, abgerufen im Mai 2022
65. Femern A/S Online, Fehmarnbelt-Tunnel, abgerufen im Mai 2022
66. „Strukturae" Daten Ingenieurbauwerke Online, Viadukt Millau, abgerufen im Mai 2022
67. DB AG, Infrastrukturzustands- und Entwicklungsbericht (IZB) 2018
68. Norwegian Public Roads Administration 22.09.2015, Fjord-Schwebetunnel
69. Diverse Geoplanner-Systeme Online, Erstellung der Höhenprofile von Routen
70. World Gas Conference Tokyo Juni 2003, Kosten der Alliance Gas Pipeline
71. „Kaieteur News" 01.08.2021, Kosten der Langeled Pipeline
72. Deutscher Bundesverband der Windenergie (BWE) 22.01.2017, Infocenter
73. Conseil européen pour la recherche nucléaire (CERN) Online, abgerufen im Mai 2022
74. Einkaufsführer DirektIndustry Online, Vakuumpumpen, abgerufen im Mai 2022
75. „Die Welt" 14.07.2014, Magnetbahnprojekt in Japan
76. „Ingenieur" 08.07.2014, Magnetbahn Tokio – Osaka
77. Vieregg&Rössler GmbH 1994, Wirtschaftlichkeit des Transrapid Berlin-Hamburg
78. Planungsgemeinschaft Metrorapid-Transrapid für NRW und Bayern, 21.01.2002
79. Swissmetro 31.05.1999, Hauptstudie
80. Eurostat 2019, Strompreise der Industriekunden in Europa
81. „Today's Railways Europe" Dezember 2010, Daten zu Eurostar-Zügen
82. Quellen nicht zuordenbar, Daten zu großen Bahnhöfen, abgerufen im Mai 2022
83. Österreichischer Rundfunk Online, Wien Hauptbahnhof, abgerufen im Mai 2022
84. China Internet Information Center 15.04.2004, Preise der Magnetbahn Shanghai

85. „Augsburger Allgemeine" 04.02.2013, Baukosten der Magnetbahn Shanghai
86. „Süddeutsche Zeitung" 17.05.2010, Ausbau der Magnetbahn Shanghai
87. Quellen nicht zuordenbar, Fakten zum Airbus A 380, abgerufen im Mai 2022
88. „Eisenbahnjournal" 04.06.2012, Planungskosten für Schienenprojekte
89. Statista, Bruttoinlandsprodukt europäischer Staaten 2017
90. Eurostat 2019, Personenverkehrsleistung nach Verkehrsträgern in Europa 2017
91. Statista, Verkehrsleistung High Speed Rail europäischer Staaten 2017

Printed in the United States
by Baker & Taylor Publisher Services